尚硅谷

程序员硬核技术丛书

剑指JavaWeb

技术详解与应用实践

尚硅谷教育 ◎ 编著

电子工业出版社.

Publishing House of Electronics Industry

北京·BEIJING

内 容 简 介

本书以深入浅出的方式，为读者全面讲解了 JavaWeb 开发的知识和技能。本书注重实战经验的传授，通过实际案例和项目实践，帮助读者理解概念并运用这些知识解决真实的开发问题。每一章都提供丰富的示例代码和详细的知识阐述，使读者能够轻松理解并快速上手。本书共有 14 章，主要内容有 HTML、CSS、XML 解析、Tomcat、HTTP、Servlet、Thymeleaf、会话控制、JavaScript、Vue、AJAX、过滤器、监听器。本书案例贴近实际工作需求。

本书广泛适用于 Java 的学习者与从业人员，以及院校计算机相关专业的学生，也是 Java 学习的必备书籍。

图书在版编目（CIP）数据

剑指 JavaWeb：技术详解与应用实践 / 尚硅谷教育编著. —北京：电子工业出版社，2024.7
（程序员硬核技术丛书）
ISBN 978-7-121-48021-8

Ⅰ. ①剑… Ⅱ. ①尚… Ⅲ. ①JAVA 语言－程序设计 Ⅳ. ①TP312.8

中国国家版本馆 CIP 数据核字（2024）第 111906 号

责任编辑：李　冰
印　　刷：山东华立印务有限公司
装　　订：山东华立印务有限公司
出版发行：电子工业出版社
　　　　　北京市海淀区万寿路 173 信箱　邮编：100036
开　　本：850×1 168　1/16　印张：24　字数：783 千字
版　　次：2024 年 7 月第 1 版
印　　次：2024 年 7 月第 1 次印刷
定　　价：108.00 元

凡所购买电子工业出版社图书有缺损问题，请向购买书店调换。若书店售缺，请与本社发行部联系，联系及邮购电话：（010）88254888，88258888。

质量投诉请发邮件至 zlts@phei.com.cn，盗版侵权举报请发邮件至 dbqq@phei.com.cn。

本书咨询联系方式：libing@phei.com.cn。

前 言

亲爱的读者，当你翻开这本书的时候，相信你对 Java 肯定不陌生。Java 已经诞生将近 30 年了，是当前程序开发中使用率最高的计算机语言之一，它从诞生到现在一直受到企业和开发者青睐。它可以开发桌面应用、JavaWeb 后台程序、移动端的应用程序等，特别在 JavaWeb 后台程序开发方面，Java 的优势体现得淋漓尽致。

JavaWeb 技术的演进不仅证明了技术的进步，也为开发者持续学习带来了挑战。从最初的 Servlet 到强大而灵活的 Spring 全家桶框架，再到不断创新的前端技术，JavaWeb 一直在不断适应和引领着行业的发展。本书将引导你深入了解 JavaWeb 这一技术栈的方方面面，助你在激烈的竞争中脱颖而出。

本书共 14 章，在这本书中，我们将以循序渐进的方式引导你学习 JavaWeb 整个技术栈，并且每一章都配备了实际项目示例。通过动手编码，你将更深入地理解所学知识，并能够更自信地应对实际项目中的挑战。做项目可以让我们学完理论知识后立刻进入到应用层面，真正地做到学以致用。

首先，我们聚焦于前端的页面制作技术，主要内容包括 HTML、CSS 等。了解这些技术将使你能够构建更美观的用户界面，提升用户体验。

其次，我们会深入探讨 JavaWeb 的基础知识，包括 Web 容器、Servlet 的核心概念、Thymeleaf 服务器渲染技术。通过对 HTTP、请求—响应模型、会话管理等基础概念的深入理解，你将能够建立对 JavaWeb 开发的坚实基础。

再次，会给大家介绍 JavaScript 和 Vue 框架，通过学习这些技术，你将能够构建更动态、交互性更强的用户界面，提升用户体验。在此基础上再介绍一个重要技术，它就是异步请求（AJAX），主要学习的是通过 Vue 框架实现 Ajax 数据渲染。大家不止掌握 Thymeleaf 的服务器渲染，还能掌握 Ajax 渲染，从而能够完成各种类型的项目。

最后，是一个完整的项目实战，该项目几乎覆盖本书中所有的知识体系。通过将概念付诸实践，你能够更深入地理解和巩固所学的 JavaWeb 技术。

阅读本书要求读者具备一定的编程基础，必须掌握 Java 编程语言的基础语法和 SQL 查询语言。读者如果不具备以上条件，可以关注"尚硅谷教育"公众号，免费获取相关学习资料。

本书中涉及的所有安装包、源码及视频课程资料，读者均可以通过关注"尚硅谷教育"公众号，回复"剑指 JavaWeb"关键字免费获取。

最后，希望本书能够成为你在 JavaWeb 开发领域的得力伙伴。愿你在学习的过程中获得乐趣，不断挑战自我，构建出色的网络应用。愿学习的旅程充满收获与成就！

在编写本书的过程中，我们得到了无数人的支持与帮助。感谢电子工业出版社的李冰老师，是您的精心指导使得本书能够最终面世。也感谢所有为本书内容编写提供技术支持的老师们所付出的努力。

目 录

第1章

Web 开发概述

当今是高速发展的互联网时代，大家经常使用计算机上的浏览器或者手机购物、刷新闻、娱乐，以及学习等。这些丰富多彩的应用，背后的软件系统是基于 Web 技术开发的。Web 应用程序可以分为服务器端和客户端两部分，其中所有的程序逻辑都在 Web 服务器中，网页的交互功能极其有限，一般都是单击链接，跳转到另一个网页上。本书将带领大家揭秘 Web 开发背后的奥秘，了解 Web 开发的工作原理，理解并掌握 Web 开发相关技术，包括前端开发和后端开发两方面，从而快速上手开发 Web 应用。本章主要介绍 Web 开发的相关概念，包括 B/S 结构和 C/S 结构、服务器端和客户端、请求与响应等，了解 Web 开发涉及的技术知识，为后续学习做好准备。

1.1 Web 开发简介

Web 开发是指为 Internet 或 Intranet 构建和维护网站的过程所涉及的工作，该网站可通过 Web 浏览器访问并托管在本地硬件或云服务器上。Web 开发包括从单个纯文本网页到复杂 Web 应用程序的所有内容。

开发网站的主要方法包括编码和网络标记。然而，还有许多开发任务也涉及 Web 开发，如脚本、安全配置、内容开发和电子商务基础设施。Web 开发涉及两方面，即 Web 前端开发和 Web 后端开发。

Web 前端开发的重点是提供用户界面，供用户进行观看和操作。例如，我们在网上看到的各种美观的 Web 网页，就是通过浏览器来解释 HTML 实现的。当然，要显示出各种美观的界面，并且让用户方便地操作，只有 HTML 是不够的，还需要使用 CSS 技术来控制界面的显示样式和效果，如字体、字号、背景色、间距、一些动画效果等，以及使用 JavaScript 语言实现数据获取、分析处理和业务相关的逻辑等。

Web 后端开发的主要工作是对于数据的管理。通常包括数据的存储（增加、删除、修改）和查询。这听起来似乎很简单，其实有的业务流程非常复杂，例如，淘宝购物过程，一个购买操作就涉及很多逻辑处理。如果设计用户量非常大，需要响应百万级以上的客户访问，就需要精心地设计架构，做好多服务分布式、集群式来处理大量的用户请求。

1.1.1 体系结构

常见的网络应用程序体系结构有两种：一种是基于客户端/服务器端的 C/S 结构；另一种是基于浏览器/Web 服务器的 B/S 结构。

C/S 结构，全称为 Client/Server，表示所有的显示和业务逻辑都在客户端，服务端提供数据，如图 1-1 所示。

- 客户端：与用户进行交互，用于接收用户的输入（操作）、展示服务器端的数据，以及向服务器端传递数据等。
- 服务器端：与客户端进行交互，用于接收客户端的数据、处理具体的业务逻辑、传递给客户端其需要的数据等。

B/S 结构，全称为 Browse/Server。浏览器负责网页显示，Web 服务器负责业务逻辑，数据放在数据库服务器，属于典型的三层/多层架构，如图 1-2 所示。

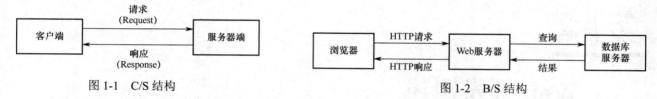

图 1-1　C/S 结构　　　　　　　　　　　　图 1-2　B/S 结构

- 浏览器：主要负责向 Web 服务器提交 HTTP 请求（POST/GET 等方式），以及接收 Web 服务器的 HTTP 响应，解释 HTML 并显示网页。常见的浏览器包括 IE 浏览器、谷歌浏览器、火狐浏览器等。
- Web 服务器：用来接收浏览器提交的 HTTP 请求，以及执行响应的服务端代码（如 Java 程序片段、Servlet 类等），并将执行结果返回给浏览器。常见的 Web 服务器有 Tomcat 服务器、Apache 服务器、IIS 服务器等。
- 数据库服务器：用来提供数据的结构化存储和管理机制。支持关系数据库的服务器有 MySQL、SQLServer、Oracle 等，支持非关系数据库的服务器有 Redis、HBase、MangoDB 等。

本书介绍的 Web 程序开发属于 B/S 结构，其遵循请求响应机制，由浏览器发出请求，服务器端接收后进行处理并做出响应。

1.1.2　服务器端与客户端

Web 开发主要包括两部分，即服务器端与客户端，如图 1-3 所示。

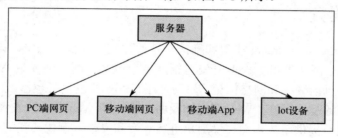

图 1-3　服务器端与客户端

"服务器"是一个非常宽泛的概念。从硬件的角度来讲，服务器是计算机的一种，它比普通计算机运行更快、负载更高、价格更贵。服务器在网络中为其他客户机（如 PC 机、智能手机、ATM 等终端，甚至是火车系统等大型设备）提供计算或者应用服务。从软件的角度来讲，服务器其实就是安装在计算机上的一个软件。根据其作用的不同，服务器又可以分为各种不同的类型，如应用服务器、数据库服务器、Redis 服务器、DNS 服务器、ftp 服务器等。

综上所述，服务器其实就是一台安装了服务器软件的高性能计算机。常见的服务器硬件设备，包括刀片服务器、塔式服务器、机房等。由于服务器是一台计算机，所以它必须在安装操作系统后，才能够安装使用其他服务器软件。常见的服务器操作系统包括 Linux 系统、UNIX 系统，以及 Windows Server 系统等。

- Linux 系统：使用得最多的服务器操作系统，安全稳定、性能强劲、开源免费（或需要少许费用）。
- UNIX 系统：和硬件服务器捆绑销售，版权不公开。
- Windows Server 系统：源代码不开放，费用高昂，运维成本较高。

硬件服务器在安装好系统后，就可以安装应用软件了，像我们熟知的 Tomcat、MySQL、Redis、FastDFS、ElasticSearch 等都属于服务器应用软件，它们分别提供自己特定的服务器功能。如果一台服务器上安装了 Tomcat，我们就把这台服务器叫作 Tomcat 服务器。

Web 服务器是一个容器，也是一个连接用户与程序之间的中间件。Web 服务器由硬件和软件共同构成。服务器硬件，指能够提供服务让其他客户端访问的设备。服务器软件，本质上是一个应用程序，由代码编写而成，运行在服务器设备上，能够接收请求并根据请求给客户端响应数据、发布静态或动态资源。

Web 服务器主要用来接收客户端发送的请求和响应客户端请求。Web 服务器可以向浏览器等客户端提供文档、放置网站文件供全世界浏览，还可以放置数据文件供其下载。Web 服务器有很多，流行的 Web 服务器有 Tomcat、Apache、JBoss（Redhat）、GlassFish（Oracle）、Resin（Caucho）、Weblogic（Oracle）、WebSphere（IBM）等。

- Tomcat：是一个免费且开放源代码、运行 Servlet 和 JSP Web 应用软件的基于 Java 的 Web 应用软件容器，在中小型系统和并发访问用户不是很多的场合下被普遍使用，且比绝大多数商用应用软件服务器要好，也是本章重点介绍的 Web 服务器。
- Apache：是世界上应用最多的 Web 服务器，优势主要在于源代码开放、有一支开放的开发队伍、支持跨平台应用，以及可移植等。Apache 的模块支持非常丰富，虽在速度和性能上不及其他轻量级 Web 服务器，属于重量级产品，所消耗的内存也比其他 Web 服务器要高。
- JBoss（Redhat）：是一个基于 J2EE 的开放源代码的应用服务器。JBoss 代码遵循 LGPL 许可，可以在任何商业应用中免费使用。JBoss 是一个管理 EJB 的容器和服务器，支持 EJB 1.1、EJB 2.0 和 EJB 3.0 的规范。但 JBoss 核心服务不包括支持 Servlet/JSP 的 Web 容器，一般与 Tomcat 或 Jetty 绑定使用。
- GlassFish（Oracle）：是一款强健的商业兼容应用服务器，达到产品级质量，可免费用于开发、部署和重新分发。开发者可以免费获得源代码，还可以对代码进行更改，目前市场应用不是很广。
- Resin（Caucho）：是 CAUCHO 公司的产品，是一个 Application Server，对 Servlet 和 JSP 提供了良好的支持，性能也比较优良，Resin 自身采用 Java 语言开发，目前市场上的应用属于上升趋势。
- Weblogic（Oracle）：是美国 Oracle 公司出品的一个 Application Server，确切来说是一个基于 JavaEE 架构的中间件，WebLogic 是用于开发、集成、部署和管理大型分布式 Web 应用、网络应用和数据库应用的 Java 应用服务器。将 Java 的动态功能和 Java Enterprise 标准的安全性引入大型网络应用的开发、集成、部署和管理之中，需要付费使用。
- WebSphere（IBM）：是 IBM 的软件平台。它包含了编写、运行和全天候监视随需应变 Web 应用程序和跨平台、跨产品解决方案所需的整个中间件基础设施，如服务器、服务和工具。WebSphere 提供了可靠、灵活和健壮的软件，需要付费使用。

客户端与服务器端相对应，是为客户提供本地服务的程序，用于接收用户的输入（操作）、展示服务器端的数据，以及向服务器端传递数据等。常见的客户端包括 PC 端网页、移动端网页、移动端 App、lot 设备等。

1.1.3　请求与响应

前面提到了 Web 开发遵循请求响应机制，下面简单介绍一下什么是请求和响应。

我们把服务器端应用程序中的各个功能称为业务，如商城项目中的用户注册、用户登录、添加购物车、提交订单、结算订单等。而每项业务的完成，都需要通过请求和响应来实现。

- 请求从客户端发送给服务器端，主要用于将客户端的数据传递给服务器端。
- 响应从服务器端发送给客户端，主要用于将服务器端的数据传递给客户端。

为了方便大家理解，可以对比生活中点菜的过程，如图 1-4 所示。

顾客来到餐厅，通过服务员点菜，这个过程可以看作浏览器向服务器端发出请求，而服务器端将点菜结果反馈给后厨，然后做完后再端给顾客，类似服务器端作出响应，将结果返回给浏览器的过程。

请求消息包括请求行、请求头、请求参数。发送请求需要借助 HttpServletRequest 请求域对象传递数据，HttpServletRequest 是一个接口，它的父接口是 ServletRequest，在开发中常用的是带协议的 HttpServletRequest 请求对象。

响应信息包括响应行、响应头、响应体。做出响应需要借助 HttpServletResponse 响应域对象。HttpServletResponse 是一个接口，它的父接口是 ServletResponse，在开发中通常使

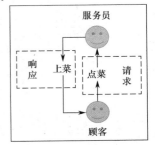

图 1-4　点菜过程

3

用带协议的 HttpServletResponse 响应对象。

另外，请求的转发与重定向是 Web 应用页面跳转的主要手段，在 Web 应用中使用非常广泛。转发在服务器端内部完成，浏览器感知不到，整个过程只发送一次请求。而对于重定向，浏览器是有感知的，服务器端以 302 状态码通知浏览器访问新地址，整个过程需要发送两次请求。关于请求和响应，接下来会在第 7 章详细介绍。

1.1.4　工作原理

Web 开发的工作原理如图 1-5 所示。客户端发起请求，服务器端收到请求，然后将资源发送回客户端，客户端接收资源并显示出来。这就是 Web 的工作原理，它确保我们能够轻松地访问网站，并获取所需的信息。

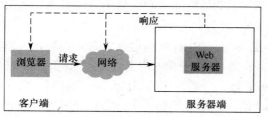

图 1-5　Web 开发的工作原理

具体步骤如下。

（1）用户打开客户端，启动浏览器程序，并在浏览器中指定一个 URL（统一资源定位器），浏览器便向该 URL 所指向的 Web 服务器端发出请求。

（2）服务器端接收到请求后，根据请求的 URL 路径，调用相应的处理程序，如 Java、PHP、Python 等。

（3）处理程序通过数据库、文件系统等方式获取数据，将数据处理成 HTML、JSON 等格式，再返回给服务器端。

（4）服务器端将处理程序返回的数据封装成 HTTP 响应，通过网络传输给浏览器。

（5）浏览器接收到响应后，解析 HTML、CSS、JavaScript 等资源，渲染出网页。如果响应中包含 JavaScript 代码，浏览器会执行该代码来更新网页内容。

1.2　Web 开发技术体系

Web 开发相关技术包括客户端技术、服务器端技术，以及持久层技术，如图 1-6 所示。

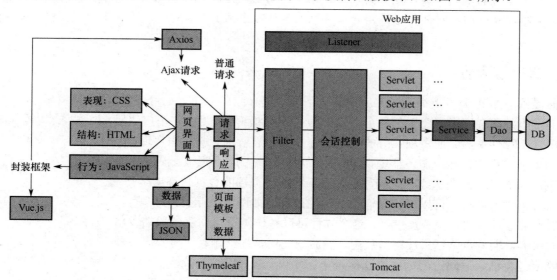

图 1-6　Web 开发技术体系

- 客户端技术：包括 HTML、CSS、JavaScript、Vue、AJAX、Axios 等。
- 服务器端技术：包括 Tomcat、Servlet、Request、Response、Thymeleaf、Cookie、Session、Filter、Listener 等。

- 持久层技术：包括 MySQL、JDBC、数据库连接池、DBUtils 等。

本书主要介绍客户端技术、服务器端技术和持久层技术，SQL 语言对于有一定 Java 基础的开发人员来说，相信不会陌生，这里将不再赘述。

Web 开发既包括前端页面开发，又包括后端接口实现。

1.2.1　客户端技术

下面对客户端相关技术进行简单介绍。

HTML、CSS 和 JavaScript 俗称"前端三剑客"。HTML 负责页面的整体骨架和内容展示；CSS 负责美化页面，让内容展示得更美观；JavaScript 则负责页面的逻辑代码部分，如页面的动态修改行为等。学习了这三项技术就能搭建出简单的静态页面。

1. HTML

HTML 的全称为 HyperText Markup Language，中文名称为超文本标记语言。超文本标记语言不是编程语言，没有逻辑可言，只是一套标记语言。标记语言就是预先设定好了一些标签，有对应的显示效果而已。HTML 文件也称作 Web 页面，其只包含文本和标签，基本结构包括文档头、<html>标签、<head>标签、<body>标签等。

2. CSS

CSS 的全称为 Cascading Style Sheet，中文名称为层叠样式表。它是由 W3C 协会制定并发布的一个网页排版式标准，是对 HTML 语言功能的补充。CSS 是用来描述 HTML 文档样式的一种标记型语言，描述了在媒体上的标签应该如何被渲染。本书将重点介绍 CSS 基本语法及简单应用。

3. JavaScript

JavaScript 是一种直译式脚本语言，是一种动态类型、弱类型、解释型的、基于对象的脚本语言。JavaScript 脚本语言不依赖操作系统，仅需要浏览器的支持。目前，JavaScript 已被大多数的浏览器所支持。也就是说，只要机器上的浏览器支持 JavaScript 脚本语言，JavaScript 脚本在编写后就可以带到任意机器上使用。

虽然它外观看起来像 Java，且 JavaScript 的语法与 Java 是大致相仿的，但除此之外这两门编程语言之间没有任何联系。

4. Vue

Vue 是一套用于构建用户界面的渐进式框架，同时也是一个 JavaScript 框架。Vue 框架遵循前后端分离的开发理念，是轻量级的，有很多独立的功能或库，使用 Vue 时可以根据项目需求来选用它的一些功能。一方面，Vue 的核心库只关注视图层，不仅易于上手，还便于与第三方库或既有项目整合；另一方面，当与现代化的工具链，以及各种支持类库结合使用时，Vue 也完全能够为复杂的单页应用提供驱动。

5. AJAX

AJAX 的全称为 Asynchronous JavaScript And XML。Asynchronous 指"异步的"，顾名思义，AJAX 指的是异步的 JavaScript 和 XML。它是一种创建交互式网页应用的网页开发技术。简单来说，AJAX 是一种用于创建快速动态网页的技术，它可以令开发者只向服务器端获取数据。

使用原生的 JavaScript 程序执行 AJAX 极其烦琐，为了降低 XMLHttpRequest 的 AJAX 请求封装复杂性，以及便于后续增加请求响应等拦截器的常用功能，还可以考虑使用第三方类库 Axios。

6. Axios

Axios 是目前最流行的前端 AJAX 框架之一。Axios 是一个独立开发功能目标明确的请求类库，它基于 Promise，是一个既可用于浏览器，又可用于 Node.js 服务器的 HTTP 请求模块。希望大家通过学习了解 AJAX 异步请求和渲染数据的过程，掌握 Axios 框架的使用，能够编写代码实现向前端页面响应数据。

1.2.2　服务器端技术

下面对服务器端相关技术进行简单介绍。

1. XML 配置文件

XML 的全称为 Extensible Markup Language，叫作可扩展标记语言。它和前面提到的 HTML 很相似，都属于标记语言，不过两者用途不同，HTML 主要是用来显示页面数据的，而 XML 用来传输和存储数据。XML 技术由 W3C 组织发布，目前推荐遵守的是 W3C 组织于 2000 年发布的 XML 1.0 规范。它是独立于软件和硬件的信息传输工具，并且作为一种纯文本格式，应用十分广泛，有能力处理纯文本的软件都可以处理 XML。

XML 作为独立于软件和硬件的信息传输工具，它可以存储数据、作为数据交换的载体，但最常见的还是作为配置文件使用，给应用程序提供配置参数的文件，并且还可以初始化设置一些有特殊格式的文件。

2. Tomcat 服务器

本书介绍的 Web 服务器为 Tomcat 服务器，它是一个免费开源的 Web 服务器，属于轻量级应用服务器，在很多中小型系统中被普遍使用。因为 Tomcat 是由 Java 代码编写的，所以还需要准备 JDK 环境。另外，为了提高开发效率，本书将借助 IntelliJ IDEA（简称 IDEA）开发工具编写 Java 程序。

Tomcat 是 Apache 软件基金会（Apache Software Foundation）的 Jakarta 项目中的一个核心项目，由 Apache、Sun 和其他一些公司及个人共同开发而成。由于 Sun 的参与和支持，最新的 Servlet 和 JSP 规范得以在 Tomcat 中体现。由于 Tomcat 技术先进、性能稳定，而且免费，因而深受 Java 爱好者的喜爱并得到了部分软件开发商的认可，成为目前比较流行的 Web 应用服务器。

3. HTTP

HTTP，全称为 Hyper Text Transfer Protocol，中文名称为超文本传输协议，是一个属于应用层的面向对象的协议。它适用于分布式超媒体信息系统，经过十几年的使用与发展，得到不断完善和扩展。

HTTP 是学习 JavaWeb 开发的基石，不了解 HTTP，就不能说掌握 Web 开发。绝大多数的 Web 开发，都是构建在 HTTP 之上的 Web 应用。在 Web 开发过程中，要涉及客户端与服务端的交互，这要求我们对 HTTP 应有深入的了解。理解和掌握 HTTP，将有助于我们更好地学习和掌握 Servlet 技术，以及其他相关的 Web 开发技术，这也是我们学习 HTTP 的目的所在。

4. Servlet 核心技术

Servlet 是 Server Applet 的简称，称为小服务程序或服务连接器，是使用 Java 语言编写的服务器端程序，具有独立于平台和协议的特性，主要功能在于交互式地浏览和生成数据，生成动态 Web 内容。在整个 Web 应用中，Servlet 主要负责接收处理请求、协同调度，以及响应数据。因此，我们可以把 Servlet 称为 Web 应用中的控制器。

由于 Web 开发基于 HTTP，而 Servlet 规范其实就是对 HTTP 面向对象的封装，Servlet 实现了接收客户端的请求数据，并生成响应结果最终返回给客户端的过程。同时，Servlet 也是本书的一个重点内容，主要包括 Servlet 的生命周期、体系结构、请求与响应，以及如何应用等。

Servlet 章节涉及很多源码分析和相关接口。例如，ServletConfig 接口，用于封装 Servlet 的配置信息；ServletContext 接口，代表 Servlet 上下文，即当前 Web 应用；HttpServletRequest 接口是 ServletRequest 接口的子接口，封装了 HTTP 请求的相关信息；HttpServletResponse 接口是 ServletResponse 接口的子接口，封装了服务器端针对于 HTTP 响应的相关信息。

5. Thymeleaf 页面渲染

Thymeleaf 是一个现代化的、在服务器端渲染 XML/XHTML/HTML5 等内容的 Java 模板引擎。类似 JSP、

Velocity、FreeMaker 等，它也可以轻易地与 Spring MVC 等 Web 框架进行集成作为 Web 应用的模板引擎。它的主要作用是在静态页面上渲染显示动态数据。面向于后端开发人员，它是一个自然语言的模板，语法非常简单，相比其他模板引擎，上手较快，比较适合简单的单体应用。不足之处在于，Thymeleaf 不是高性能的模板引擎，如果我们要开发高并发应用，并且需要实现页面跳转功能，最好使用前后端分离技术。

值得一提的是，Thymeleaf 是 SpringBoot 官方推荐使用的视图模板技术，能够与 SpringBoot 完美整合，而且 Thymeleaf 不经过服务器端运算仍然可以直接查看原始值，对于前端工程师而言，其同样很友好。

6. 会话控制技术

会话控制是一种面向连接的可靠通信方式，通常根据会话控制记录判断用户登录的行为。一次会话，是指从浏览器开启到浏览器关闭的整个过程，在此期间，浏览器和服务器之间会发生连续的一系列请求和响应，就像从拨通电话到挂断电话聊天的全过程。Web 应用的会话状态是指服务器与浏览器在会话过程中产生的状态信息。

会话控制涉及两类会话技术。一类是客户端的会话技术，实现把会话数据保存在客户端的操作，如 Cookie 技术。Cookie 是通过 HTTP 扩展实现的，即在 HTTP 请求头里面增加 Cookie 字段，用于存储客户端信息。另一类是服务端的会话技术，实现把会话数据保存在服务端的操作，如 Session 技术。Session 是基于 Cooike 的，在 Cookie 基础上做了进一步完善，解决了 Cookie 的一些局限问题。

7. Filter（过滤器）和 Listener（监听器）

JavaWeb 的三大组件分别是 Servlet、Filter 和 Listener。过滤器是 JavaWeb 技术中最为实用的技术之一。过滤器是一个实现了特殊接口 Filter 的 Java 类，其作用是对目标资源进行过滤，即实现对 Servlet、JSP、HTML 文件等请求资源的过滤功能。它是一个运行在服务器端的程序，优先于 Servlet、JSP 或 HTML 文件等请求资源执行。Servlet API 中，提供了大量的监听器来监听 Web 应用事件，其中 Listener 实现类是最为常用的。

以上就是 Web 开发涉及的所有技术点，本书第 14 章还提供了一个书城项目的综合案例，融合了全书所有内容，带领大家动手实践，以进一步了解 JavaWeb 在实际开发中的应用。

1.3　本章小结

本章主要对 Web 开发相关内容进行了概述，介绍了网络应用程序的两种常见体系结构，一种是基于客户端/服务器端的 C/S 结构，另一种是基于浏览器/Web 服务器的 B/S 结构。本书还介绍了 Web 程序开发属于 B/S 结构，以及 Web 开发的工作原理，并介绍了服务器端和客户端、请求与响应等相关知识，还介绍了本书涉及的 Web 开发技术，包括客户端技术和服务器端技术。

第2章

HTML

Web 开发既包括前端页面开发，又包括后端接口实现。本书内容由浅入深，从前端知识入手讲解。众所周知，前端开发的"三剑客"HTML、CSS 和 JavaScript 中，HTML 负责页面的整体骨架和整体内容展示，CSS 负责美化页面，让内容展示得更美观，JavaScript 则负责页面的逻辑代码部分，如页面的动态修改行为等。学习了这三项技术就能搭建出简单的静态页面，本章主要介绍 HTML 相关知识，第 3 章和第 10 章将分别对 CSS、JavaScript 展开介绍。

本书基于 IDEA2022.3 版本，创建 JavaWeb 项目来实现所有代码，并在该项目下创建多个模块，其中第 2 章到第 13 章各对应一个单独的模块。

首先，创建 JavaWeb 项目，具体步骤如下。

（1）单击菜单栏的"File"选项，选择"New"，然后选择下一级"Project..."，如图 2-1 所示。

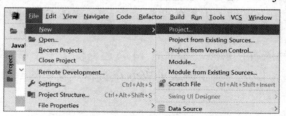

图 2-1　创建 Project

（2）进入 New Project 新窗口，填写项目名称、路径等信息，填写完成后单击"Create"即可创建完成，如图 2-2 所示。

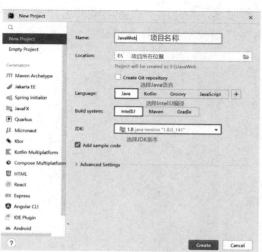

图 2-2　填写项目名称、路径等信息

然后，在 JavaWeb 项目中，创建 chaper02_html 模块来存放本章的所有代码。创建项目和创建模块的步骤类似，具体如下。

（1）单击菜单栏的"File"选项，选择"New"，然后选择下一级"Module..."，如图 2-3 所示。

图 2-3　创建 Module

（2）进入 New Module 新窗口，填写模块名称、路径等信息，然后单击"Create"即可创建完成，如图 2-4 所示。

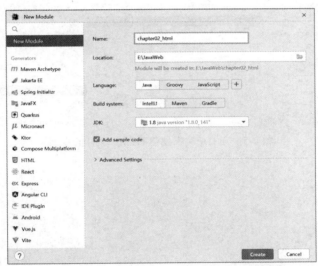

图 2-4　在 New Module 新窗口填写模块名称、路径等信息

创建完项目及模块后，下面将正式进入本章 HTML 的学习。

2.1　HTML 简介

HTML 已经在 1.2.1 节介绍了，接下来我们看一下 HTML 的基本结构：

```html
<!-- 文档头，即文档版本声明，用来设置html的版本-->
<!DOCTYPE html >
<!-- 骨架标签 -->
<html>
    <head>
        <!-- 并非页面的展示内容，而是页面的一些基本设置-->
        <meta charset="utf-8" >
        <title>Title</title>
    </head>
    <body>
        <!-- 页面展示的内容 -->
        Hello World!
    </body>
</html>
```

- <!DOCTYPE>，文档版本声明，就是告诉浏览器应该以什么方式来解释这个 HTML 文件。需要注意的是，文档版本声明语句必须放在第一行，而且不需要区分大小写。"<!DOCTYPE html>"是基于 HTML5 而言的，主要作用是告诉浏览器本网页的文档模式为标准模式。
- <html>标签，在文档头的下方会有一组<html></html>标签成对出现。这个标签对是唯一的，它是最外层的标签，所有的其他标签都应该在这对<html></html>标签中。简单地说，所有的网页内容都需要编写到<html></html>标签中。
- <head>标签，头标签，其标签内放置的是当前网页的一些描述性信息，并且一个网页只能有一对<head></head>标签。
- <body>标签，主体标签，其标签中放置的是网页的具体内容，如文字、图片等。

例如，创建 HelloWorld.html 文件，编写代码实现在页面中输出"Hello，World！"字符串。

在 IDEA 中创建 HTML 文件的步骤如图 2-5 所示，右键单击该模块，选择"New"，然后选择"HTML File"进行创建。

图 2-5　在 IDEA 中创建 HTML 文件的步骤

代码如下。

```html
<!DOCTYPE html >
<html>
  <head>
    <title></title>
    <meta charset="utf-8">
  </head>
  <body>
    Hello, World!
  </body>
</html>
```

使用浏览器运行 HelloWorld.html 文件如图 2-6 所示，结果是成功显示"Hello，World！"。

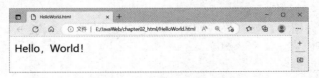

图 2-6　使用浏览器运行 HelloWorld.html 文件

注意，HTML 文件的运行方式有两种。一种是针对本地 HTML 文件，直接左键双击该文件，自动跳转浏览器，如图 2-7 所示。另一种是借助 IDEA 工具打开 HTML 文件，如图 2-8 所示，选择文件右侧的浏览器，单击即可。由于涉及文件路径的问题，我们暂时选择第一种，直接双击 HTML 文件。

图 2-7　双击本地文件打开 HTML 文件

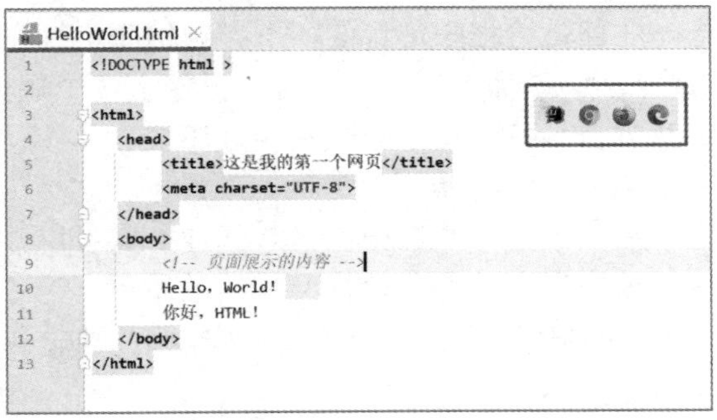

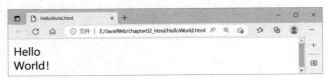

图 2-8　借助 IDEA 打开 HTML 文件

另外，HTML 文件的扩展名可以是".html"或".htm"，这是两种常见的命名约定。".html"扩展名使用长文件名格式，而".htm"扩展名是为了与过去的 DOS 命名格式兼容而存在的。从使用效果上来说，无论是".html"还是".htm"扩展名，浏览器都可以正常解析和显示 HTML 文件，它们没有实质上的区别。

2.2　基本语法

学习 HTML 就是学习 HTML 预先设定好的标签和效果。对于前端页面而言，"万物皆标签"。标签，即标记，也就是超文本，指特殊格式和固定命名的字符串。每个标签都有自己的显示效果，例如，"<input>"变成一个输入框，而"<button>"变成一个按钮。本书基于 HTML5，接下来学习其标签的语法。

标签是由"<"开始、由">"结束的，并且标签名不区分大小写。标签可以分为双标签和单标签（也叫自结束标签）。

双标签就是 2.1 节案例中所使用的标签的形式，由两个标签组成，一个代表开始，一个代表结束。结束的标签中要使用斜杠"/"并在其后加标签名，如"</body>"。需要注意的是，双标签的标签名都是相同的，要成对出现，语法格式如下。

`<标签名>被标记的内容</标签名>`

单标签也叫自结束标签，顾名思义，单标签不是成对出现的，单标签只需要一个标签，结尾以斜杠"/"来结尾。例如，"<br/>"，该标签表示的含义是换行。

例如，修改 HelloWorld.html 文件，在 Hello 和 World 之间添加换行标签，具体代码如下。

```
<!DOCTYPE html >
<html>
  <head>
    <title></title>
    <meta charset="utf-8">
  </head>
  <body>
    Hello<br/>World!
  </body>
</html>
```

添加换行后，使用浏览器打开 HelloWorld.html 文件查看效果，如图 2-9 所示，在 Hello 和 World 之间成功换行。

图 2-9　使用浏览器打开 HelloWorld.html 文件

从上面两个案例可以看出：标签与标签出现了嵌套。后面的编码过程中我们经常会遇到"双标签中嵌套单标签，双标签中嵌套双标签"的情况。

任何的程序、代码都有注释，注释是给程序员看的，不影响程序运行。HTML 中注释符的格式由小于号 "<" 后接感叹号 "!"、2 个短横线 "--" 加上注释的内容，再接上 2 个短横线 "--" 和大于号 ">" 构成。另外，注释内容支持换行，也就是支持多行注释。语法格式如下。

```
<!--要注释的内容-->
```

注释通常用于说明代码含义。其实在实际开发中，书写注释不仅可以帮助程序员记忆代码功能，还可以大大提升代码的可读性。建议尽量多书写注释，以提升代码的质量。

另外，值得注意的是，编写 HTML 代码，我们必须要遵守以下语法规则。

（1）根标签有且只能有一个。

（2）无论是双标签还是单标签都应该正确关闭。

（3）标签可以嵌套但不能交叉嵌套。

（4）注释不能嵌套。

（5）一般情况下，属性必须有值，值必须加引号，单引号或双引号均可。

（6）标签名不区分大小写，但建议使用小写。

2.3　基础标签

下面对常用的标签展开讲解。基础标签包括标记文本、超链接、列表，以及标题标签、段落标签、图像标签等。首先介绍<head>标签中的两个标签，即<title>标签和<meta>标签。

（1）<title>标签是双标签，包括开始和结束两个标签，表示网页的标题。

例如，修改 HelloWorld.html 文件，在<title>标签中填写内容，具体代码如下。

```
<title>这是我的第一个网页</title>
```

使用浏览器打开 HelloWorld.html 文件查看效果，添加 title 标签如图 2-10 所示，可以看到显示了该网页的标题。

图 2-10　添加<title>标签

（2）<meta>标签是一个单标签，可以用来在 HTML 文件中模拟 HTTP 的响应头报文。该标签包含一个 charset 属性，可以设置文件的字符编码。注意，乱码的根本原因是**编码和解码使用的编码方式不一致**，因此保证编码和解码格式一致是避免乱码产生的重要前提。

例如，修改 HelloWorld.html 文件的编码格式为 "GBK"，并在<body>标签中添加带有中文的字符串 "你好，HTML！"，具体代码如下。

```
<!DOCTYPE html >
<html>
  <head>
    <title>这是我的第一个网页</title>
    <meta charset="GBK">
  </head>
  <body>
    <!-- 页面展示的内容 -->
    Hello, World!
    你好，HTML!
  </body>
</html>
```

访问该文件，如图 2-11 所示，发现出现中文乱码。

图 2-11　修改 HelloWorld.html 文件的编码格式为"GBK"

再次修改编码格式为"UTF-8"后访问文件结果，如图 2-12 所示，发现中文显示正常。

图 2-12　修改 HelloWorld.html 文件的编码格式为"UTF-8"

用户访问网站主要是为了获取网站相关内容，对于他们来说，该网站是否能轻松获得相关的内容是最重要的事情。所谓内容指的不只是文本，还包括其他形式的信息，如图像、视频、音频等。接下来，介绍表示网页中不同形式内容的标签，也就是用在\<body\>标签中的标签，主要包括标记文本、超链接、列表、标题、段落、图像等标签。

2.3.1　行内标签

使用标签标记普通文本，包括设置文本为粗体、斜体，以及文本带有下画线、删除线等形式，常用的标签如下。

- \<b\>标签或\<strong\>标签，表示将标记的文本显示为粗体，其语法格式如下。

```
<b>……</b>
<strong>……</strong>
```

- \<i\>标签，表示将标记的文本显示为斜体。其语法格式如下。

```
<i>……</i>
```

- \<u\>标签，表示将标记的文本显示为带下画线的文本，通常用来描述拼写错误等提示。其语法格式如下。

```
<u>……</u>
```

- \<s\>标签，表示将标记的文本显示为加删除线的文本，通常用来描述不存在、不相关的事物。其语法格式如下。

```
<s>……</s>
```

下面分别对以上标签进行演示。创建 section03.html 文件，示例代码如下。

```
<!DOCTYPE html >
<html>
  <head>
    <title>基础标签</title>
    <meta charset="UTF-8">
  </head>
  <body>
    I like <b>apples</b> and <b>oranges</b><br/>
    我喜欢吃苹果和香蕉，最喜欢<strong>葡萄</strong><br/>
    我喜欢吃<i>苹果</i>和<i>香蕉</i><br/>
    Web 的全称是<u>World Wide Web</u><br/>
    今日优惠已经<s>结束</s>
  </body>
</html>
```

使用浏览器访问该文件查看效果，测试标记文本的标签如图 2-13 所示。

结果表明，添加了标签的文本呈现了不同形式的变化。

图 2-13　测试标记文本的标签

2.3.2　标题标签

HTML 中提供了 h1、h2、h3、h4、h5、h6 标签用来定义标题。所谓标题就是以几个固定字号显示的文字。其中，h1 的级别最高，h6 的级别最低，重要程度依次递减，而且标题标签是独占一行的。具体语法格式如下。

```
<h1>标题 1</h1>
<h2>标题 2</h2>
<h3>标题 3</h3>
<h4>标题 4</h4>
<h5>标题 5</h5>
<h6>标题 6</h6>
```

运行代码后，标题标签的页面效果如图 2-14 所示。

此外，我们也可以书写多个同级标题，在网页上通常用来将内容分作几个部分，每个部分一个主题。标题标签很好地构成了文件的大纲，示例代码如下。

```
<h1>Web 前端学习</h1>
<h2>第一章</h2>
<h3>第一节</h3>
<h3>第二节</h3>
<h3>第三节</h3>
<h2>第二章</h2>
<h3>第一节</h3>
<h3>第二节</h3>
<h3>第三节</h3>
```

运行代码后，多个同级标签的页面效果如图 2-15 所示。

图 2-14　标题标签的页面效果

图 2-15　多个同级标签的页面效果

2.3.3　段落标签

<p>标签，用来标识一个段落，该标签的表现形式会在段落上、下加入空白，也就是段落之间自动换行！语法格式如下所示。

```
<p>段落一</p>
```

此外，HTML 还提供了<hr>标签，用来表示段落级别的主题转换，它表现为一条水平线。值得一提的是，<hr>标签是一个单标签。

下面通过案例演示段落标签，示例代码如下。

```
<p>这是第一段</p>
<hr/>
<p>这是第二段</p>
```

测试段落标签如图 2-16 所示。

图 2-16　测试段落标签

2.3.4　超链接

超链接是指从一个网页指向一个目标的连接关系。在一个 Web 项目中各个网页就是由超链接连接起来的。在 HTML 中，使用<a>标签来指定一个超链接，其语法格式如下所示。

```
<a>……</a>
```

<a>标签间的内容会显示到页面上，在页面上单击超链接后，链接目标将显示在浏览器上，并且根据目标类型来打开或运行。

但并不是只要书写标签间的文字就可以实现超链接，HTML 为<a>标签提供了 href 属性，该属性用来指定单击链接之后要跳转的目标，标签的属性需要书写在标签中，如下代码所示。

```
<a href=""></a>
```

例如，想要链接到尚硅谷官网，就可以书写为如下形式。

```
<a href="http://www.atguigu.com">尚硅谷</a>
```

测试超链接标签如图 2-17 所示。

图 2-17　测试超链接标签

当在页面上单击"尚硅谷"文本的超链接时，会跳转到尚硅谷的官网，如图 2-18 所示。

图 2-18　单击超链接后跳转到尚硅谷官网

href 属性值可以使用绝对路径，也可以使用相对路径。接下来我们对绝对路径和相对路径进行相关介绍。

首先我们需要明确什么是路径。所谓路径就是用来描述当前文件和其他文件的位置关系。比如，a.html 文件在磁盘 E 的目录下，这样的位置关系就可以称之为路径，因为它准确地描述了 a.html 文件和磁盘 E 的关系。

本地绝对路径比较常见，比如，"E:\www\logo.jpg" 就是本地绝对路径，表示 E 盘下的 www 文件夹下的 logo.jpg。

而相对路径是相对于当前文件所在的路径来计算的路径。在相对路径中，使用 "." 表示当前文件所在的目录，使用 ".." 表示当前文件所在文件目录的上级目录，"./" 表示当前文件所在的目录下，"../" 表示当前文件所在目录的上级目录下。另外，"./" 可以省略，也就是路径前面不加 "./" 时也表示当前文件所在的目录下。

在上面的讲解中，出现了目录分隔符 "/" 和 "\"，它们用来表示文件路径中的层级关系。在 Windows 操作系统中能识别 "\" 和 "/"，而在 Linux 操作系统中只能识别 "/"，因此在 Web 网页中我们统一使用 "/" 作为目录分隔符。

针对以下目录，分析四种文件路径的使用情况。

```
├── 1.html
├── img1
│     └── img.jpg
│     └── test.html
├── src
│     └── 2.html
└── html
│     └── 3.html
```

（1）情况一：使用下级目录中的文件。

假设在编写 1.html 时，需要使用同目录中 img1 中的 img.jpg，那么可以在 1.html 中写为 "./img1/img.jpg"。需要注意的是，前面不加 "./" 时同样表示当前文件所在的目录下。也就是说，"img1/img.jpg" 也可以表示，使用同目录下 img1 中的 img.jpg。

（2）情况二：使用同级目录中的文件。

假设在编写 img1 目录下的 test.html 时，需要使用同目录下的 img.jpg，那么可以在 test.html 中写为 "./img.jpg"。与情况一相同，同样可以省略 "./"。

（3）情况三：使用上级目录中的文件。

假设在编写 src 目录下的 2.html 时，需要使用 img1 目录中的 img.jpg，那么可以在 2.html 中写为 "../img1/img.jpg"。

（4）情况四：使用多层上级目录中的文件。

假设在编写 html 目录中的 3.html 时，需要使用 img1 目录中的 img.jpg，那么可以在 3.html 中写为 "../../img1/img.jpg"。

接下来继续演示使用相对路径跳转新页面。在 section03.html 同级目录下创建 1.html，并在 1.html 文件中编写字符串 "我是一个新网页"，具体代码如下。

```html
<!DOCTYPE html >
<html>
  <head>
    <title>新网页</title>
    <meta charset="UTF-8">
  </head>
  <body>
      我是一个新网页
  </body>
</html>
```

然后，在 section03.html 文件中添加一行代码，跳转 1.html 网页。

```html
<a href="./1.html">跳转到 1.html 页面</a>
```

使用浏览器访问 section03.html，使用相对路径跳转页面如图 2-19 所示。

图 2-19　使用相对路径跳转页面

此时超链接的 href 属性使用的是相对路径，单击"跳转到 1.html 页面"，即可成功跳转，如图 2-20 所示。

图 2-20　跳转到 1.html 页面

对于 href 属性还有一点需要注意，最好不要将其值写为本地的绝对路径，否则经过 Web 服务器端将不能进行访问。

另外，<a>标签中的 target 属性指定跳转目标在哪里打开。它有两个属性值，分别是_self 和_blank。具体如下。

- _self 值：表示在当前页面加载，该值为默认项。
- _blank 值：表示在新窗口打开。

例如，在 section03.html 文件中，编写测试代码如下。

```
<!--在本页面打开-->
<a href="http://www.atguigu.com" target="_self">尚硅谷官网 1</a>
<!--在新页面打开-->
<a href="http://www.atguigu.com" target="_blank">尚硅谷官网 2</a>
```

运行代码查看效果，测试<a>标签中的 target 属性如图 2-21 所示。

图 2-21　测试<a>标签中的 target 属性

单击"尚硅谷官网 1"，如图 2-22 所示，跳转的网页在当前窗口打开，覆盖之前的网页，在当前页面加载新网页。

图 2-22　在当前页面加载新网页

单击"尚硅谷官网 2",如图 2-23 所示,跳转的网页在新窗口打开,之前的网页没有被覆盖。

图 2-23　新窗口加载网页

另外,书写标签属性时需要注意以下两点。

(1)双标签的属性应写在开始标签内部,并用空格分隔。如果有多个属性,它们之间也应用空格分隔。例如,<a href="https://www.atguigu.com" target="_blank">Link</a>。

(2)在书写属性值时,可以使用单引号或双引号将值包裹起来,也可以不使用引号。然而,建议在书写属性值时加上引号,并使用双引号来包裹值。这样可以增强代码的可读性和一致性。例如,<img src="image.jpg" alt="Image description">。

请注意,尽管在某些情况下可以省略引号,但使用引号是一种良好的编码风格,可以避免由于属性值中含有空格或特殊字符而引起的错误。

2.3.5　锚点

所谓锚点是指在 URL 地址中出现的片段标识符,也称为页面内链接。如果所请求的目标是一个大目标,那么可以使用<a>链接来将页面划分成大目标的一个一个小目标,之后在地址栏中输入这个小目标的标识之后跳转到小目标的位置。

<a>标签的 id 属性可以在页面中划分一个一个小目标,其属性的值可以是自定义的字母、数字,但是尽量不要使用数字开头来创建 test_anchors.html,示例代码如下。

```
<a id="test1">测试一</a>
测试内容<br/>
测试内容<br/>
测试内容<br/>
......
测试内容<br/>
......
测试内容<br/>
测试内容<br/>
测试内容<br/>
<a id="test2">测试二</a>
测试内容<br/>
测试内容<br/>
测试内容<br/>
......
测试内容<br/>
......
```

```
测试内容<br/>
测试内容<br/>
测试内容<br/>
```

在上面代码的基础上，直接在浏览器地址栏的地址后面加上"#test1"或"#test2"将跳转至其对应的页面标记的小目标位置。如图 2-24 所示，地址后面添加"#test2"的效果。

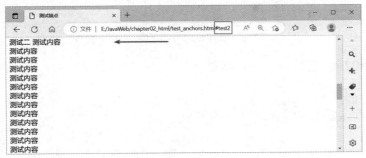

图 2-24　地址后加"#test2"跳转至对应位置

以上做法虽然可以跳转到小目标位置，但是每次都需要在地址栏上输入，比较麻烦，因此可以定义跳转到这个小目标的超链接。示例代码如下，在上面代码的顶端加上<a>标签来进行测试。

```
<a href="#test1">跳转到测试一的位置</a>
<a href="#test2">跳转到测试二的位置</a><br/>
```

上面代码中使用相对路径，只是写了"#test1"和"#test2"，那么路径将会解析为当前的文件地址。

锚点也可以链接到其他目标的小目标，示例代码如下。

```
<a href="./index.html#test1">跳转到 index.html 测试一的位置</a>
<a href="./index.html#test2">跳转到 index.html 测试二的位置</a>
```

上述代码中，单击任何一个链接将直接跳转到 index.html 的小目标位置。

2.3.6　图像标签

HTML 提供了<img>标签，可以向网页中嵌入图片。<img>标签是一个单标签，不需要书写标签对。<img>标签可以书写多个属性，下面将依次展开介绍。

<img>标签中可以书写 src 属性，用来指定要嵌入的图片的 URL 地址，地址可以是绝对路径也可以是相对路径。示例代码如下。

```
<!--相对路径-->
<img src="./images/logo.png" >
<!--绝对路径-->
<img src="E:/www/logo.png" >
```

上方代码在 src 属性中书写了绝对路径和相对路径，相对路径表示要嵌入图片的 URL 地址是当前目录下 images 文件夹下的 logo.png 图片，绝对路径表示要嵌入图片的 URL 是本地电脑 E 盘目录下的 www 文件夹下的 logo.png 图片。

<img>标签中可以书写 width 属性，设置图片的宽度；书写 height 属性，设置图片的高度。示例代码如下。

```
<img src="./images/logo.png" width="409" height="292"/>
```

<img>标签中还可以书写 alt 属性，用来指定<img>标签的备用内容，这个内容会在图像无法显示时出现。示例代码如下。

```
<img src="./images/logo.png" alt="尚硅谷 logo">
<img src="E:/www/logo.png" alt="尚硅谷 logo">
```

例如，在 section03.html 文件中，编写测试代码如下。

```
<img src="./images/logo.png" alt="尚硅谷 logo" >
```

但没有在 section03.html 同级目录 images 中添加图片，当图片无法加载时，会显示 alt 属性中的内容"尚硅谷 logo"，如图 2-25 所示。

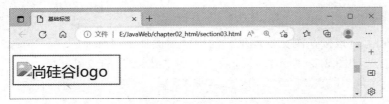

图 2-25　图片无法显示时的页面效果

<img>标签的常见用法是结合<a>标签，创建一个可以单击的图像链接。例如，在 section03.html 中编写测试代码如下。

```
<a href="http://www.atguigu.com">
  <img src=./images/logo.png alt="尚硅谷 logo">
</a>
```

上方代码实现了单击图像可以跳转尚硅谷官网的效果，在网页中插入图片运行代码查看效果，如图 2-26 所示。

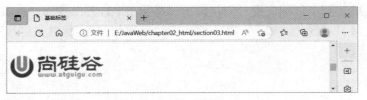

图 2-26　在网页中插入图片

单击图片，成功跳转尚硅谷官网，如图 2-27 所示。

图 2-27　成功跳转尚硅谷官网

2.3.7　列表

列表分为有序列表、无序列表和自定义列表三种，其中，有序列表就是按照字母或数字等顺序排列的列表项目。

在 HTML 中，使用<ol>标签来编写一个带有编号的列表。需要注意的是，<ol>标签只是定义了一个有序列表，列表中的每项内容需要使用<li>标签来表示。

无序列表与有序列表的表现形式相似，只不过无序列表是一个没有序号的列表。<ul>标签只是定义了一个无序列表，列表中的每项内容同样需要使用<li>标签来表示。

如图 2-28 所示，该图为我们常见的试卷截图，共有 4 道题，这就是有序列表的一种形式。

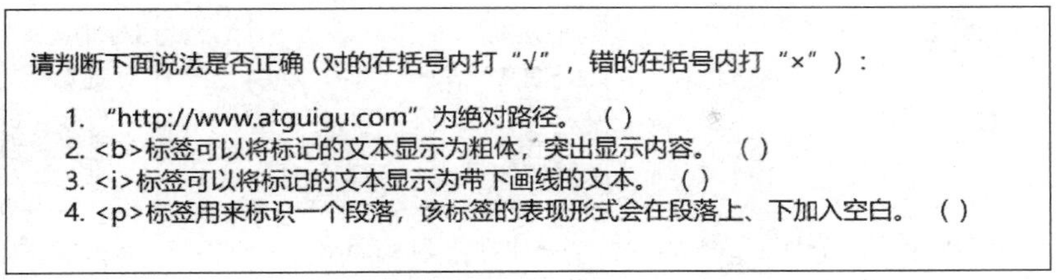

请判断下面说法是否正确（对的在括号内打"√"，错的在括号内打"×"）：
1. "http://www.atguigu.com" 为绝对路径。（　）
2. <b>标签可以将标记的文本显示为粗体，突出显示内容。（　）
3. <i>标签可以将标记的文本显示为带下画线的文本。（　）
4. <p>标签用来标识一个段落，该标签的表现形式会在段落上、下加入空白。（　）

图 2-28　有序列表

下面使用<ol>标签和<li>标签实现这个有序列表。具体代码如下。

```
请判断下面说法是否正确（对的在括号内打"√"，错的在括号内打"×"）：
<ol>
  <li>"http://www.atguigu.com"为绝对路径。（　）</li>
  <li>&lt;b&gt;标签可以将标记的文本显示为粗体，突出显示内容。（　）</li>
  <li>&lt;i&gt;标签可以将标记的文本显示为带下画线的文本。（　）</li>
  <li>&lt;p&gt;标签用来标识一个段落，该标签的表现形式会在段落上、下加入空白。（　）</li>
</ol>
```

另外，<li>标签的结束标签也可以省略，页面效果不会改变。

有序列表的 type 属性用于设置列表的编号类型，取值有 5 种，分别是 1（数字）、i（小写罗马字母）、I（大写罗马字母）、a（小写字母）、A（大写字母）。其默认值为 1，有序列表的编号按照选择的不同类型依次顺延，修改上述代码中<ol>标签的 type 属性值为 i，示例代码如下。

```
请判断下面说法是否正确（对的在括号内打"√"，错的在括号内打"×"）：
<ol type="i">
<li>"http://www.atguigu.com"为绝对路径。（）</li>
<li>&lt;b&gt;标签可以将标记的文本显示为粗体，突出显示内容。（）</li>
<li>&lt;i&gt;标签可以将标记的文本显示为带下画线的文本。（）</li>
<li>&lt;p&gt;标签用来标识一个段落，该标签的表现形式会在段落上、下加入空白。（）</li>
</ol>
```

运行代码查看页面效果，修改 type 属性值，如图 2-29 所示，编号变成了小写罗马字母。

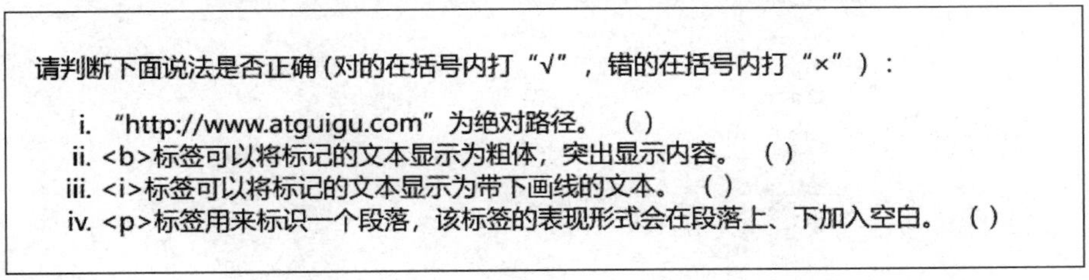

请判断下面说法是否正确（对的在括号内打"√"，错的在括号内打"×"）：
i. "http://www.atguigu.com" 为绝对路径。（　）
ii. <b>标签可以将标记的文本显示为粗体，突出显示内容。（　）
iii. <i>标签可以将标记的文本显示为带下画线的文本。（　）
iv. <p>标签用来标识一个段落，该标签的表现形式会在段落上、下加入空白。（　）

图 2-29　修改 type 属性值

无序列表也会按照<li>标签的顺序显示，只是不显示序列号，如图 2-30 所示。

下面使用<ul>标签和<li>标签实现这个无序列表。具体代码如下。

```
常见的蔬菜
<ul>
  <li>黄瓜</li>
  <li>茄子</li>
  <li>丝瓜</li>
  <li>苦瓜</li>
</ul>
```

常见的蔬菜
- 黄瓜
- 茄子
- 丝瓜
- 苦瓜

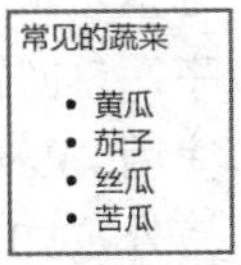

图 2-30　无序列表

无序列表的 type 属性有 4 种取值，分别是 disc（实心圆）、circle（空心圆）、square（实心正方形）、none（取消前缀）。其默认值为 disc，分别演示剩余的三种情况，如图 2-31、图 2-32 和图 2-33 所示。

常见的蔬菜	常见的蔬菜	常见的蔬菜
○ 黄瓜	■ 黄瓜	黄瓜
○ 茄子	■ 茄子	茄子
○ 丝瓜	■ 丝瓜	丝瓜
○ 苦瓜	■ 苦瓜	苦瓜

图 2-31　type 属性值为 circle　　图 2-32　type 属性值为 square　　图 2-33　type 属性值为 none

不管是有序列表还是无序列表，其中的<li>标签都可以嵌套有序、无序列表或其他标签。比如，<li>标签中可以嵌套超链接或者另一个无序列表，示例代码如下。

```
宠物列表
<ul>
    <li>
        <a href="https://baike.baidu.com">哺乳类动物</a>
        <ul>
            <li>狗</li>
            <li>猫</li>
            <li>鼠</li>
            <li>马</li>
        </ul>
    </li>
    <li>
        <a href="https://baike.baidu.com">爬行类动物</a>
        <ul>
            <li>蜥蜴</li>
            <li>蛇</li>
            <li>龟</li>
            <li>鳄鱼</li>
        </ul>
    </li>
</ul>
```

运行代码查看效果，列表嵌套如图 2-34 所示。

图 2-34　列表嵌套

代码中使用<ul>标签定义了无序列表，在其内部使用两个<li>标签。<li>标签内分别嵌套了<a>标签和新的<ul>标签，从而展示了 2 级列表的效果。

这里，读者可能会对什么时候使用有序列表或者无序列表产生疑惑。实际上如果改变列表中<li>标签的顺序，会使得这个列表对应的意义发生改变，那么应该使用<ol>标签；如果更改之后意义没有发生改变，那么使用<ul>标签更为合适。

另外，如果需要定义列表包含着一系列标题或者说明的组合，还可以使用自定义列表来实现。自定义列表需要使用三个标签，分别是<dl>标签、<dt>标签和<dd>标签，具体如下。

- <dl>标签：用来定义一个自定义列表。
- <dt>标签：用来定义自定义列表中的标题。
- <dd>标签：用来定义自定义列表中的说明。

下面通过一个案例来演示这三种标签的使用，示例代码如下。

```
<dl>
    <!--定义标题-->
    <dt>苹果</dt>
    <!--定义说明-->
    <dd>蔷薇科苹果属植物</dd>
    <dd>苹果的功效：益胃，生津，除烦，醒酒。主津少口渴，脾虚泄泻，食后腹胀，饮酒过度。</dd>
</dl>
```

从代码中可以看出，<dl>标签相当于有序列表的<ol>标签，用来定义列表；<dt>标签用来定义标题"苹果"；<dd>标签用来定义说明"蔷薇科苹果属植物"和"苹果的功效：益胃……"。运行代码查看效果，如图 2-35 所示。

图 2-35　自定义列表

其实每个自定义列表中可以有一个或多个<dt>标签，以及一个或多个<dd>标签。示例代码如下。

```
<dl>
    <!--定义标题-->
    <dt>苹果</dt>
    <!--定义说明-->
    <dd>蔷薇科苹果属植物</dd>
    <dd>苹果的功效：益胃，生津，除烦，醒酒。主津少口渴，脾虚泄泻，食后腹胀，饮酒过度。</dd>
    <dt>香蕉</dt>
    <dd>芭蕉科芭蕉属植物</dd>
    <dd>香蕉的功效：清热，补充能量，保护胃黏膜，降血压，通便润肠道，安神助睡眠，保持心情愉悦，抗癌，解酒。
    </dd>
</dl>
```

代码中使用<dt>标签定义了两个标题，苹果和香蕉。并对应配以说明，运行代码查看效果，如图 2-36 所示。

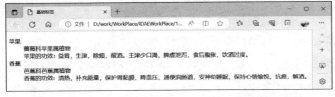

图 2-36　自定义列表中包含多个<dl>标签和<dd>标签

2.3.8　其他标签

还有一种标签，它们不是为了显示内容，只是实现某种功能，如换行、分割线，以及布局标签。

-
标签：可以在文本中生成一个换行。该标签是一个单标签，不需要包含其他的文本内容。
- <hr>标签：可以在文本中生成一条分割线。和
标签一样，该标签是一个单标签，不需要包含其他的文本内容。
- <span> 标签：没有具体的展示效果，只是用来页面局部布局。<span>标签可以和<span>标签共享一行，做水平布局。
- <div>标签：没有具体的展示效果，只是用来做页面局部布局。<div>标签独占一行，不会和其他标签共享一行，做垂直布局。

<span>标签用来表示无特殊语义的一些文本内容，其语法格式如下。

```
<span>……</span>
```

<div>标签语法格式如下。

```
<div>……</div>
```

通常情况下，<span>标签和<div>标签标记的内容需要使用 CSS 样式来进行修饰。下面创建 test_div_span.html 文件对这两个标签进行案例演示，示例代码如下。

```html
<!DOCTYPE html >
<html>
  <head>
    <title>测试 div</title>
    <meta charset="UTF-8">

    <style type="text/css">
      div{
        width: 200px;
        height: 200px;
      }

      .div1{
        background-color:#ABC;
      }
      .div2{
        background-color:#BCA;
      }
      .div3{
        background-color:#CBA;
      }
    </style>
  </head>
  <body>
    <div class="div1">div1</div>
    <div class="div2">div2</div>
    <div class="div3">div3</div>
    <br/>
    <span class="div1">span1</span>
    <span class="div2">span2</span>
    <span class="div3">span3</span>
  </body>
</html>
```

运行代码查看效果，测试<div>标签的页面效果如图 2-37 所示。

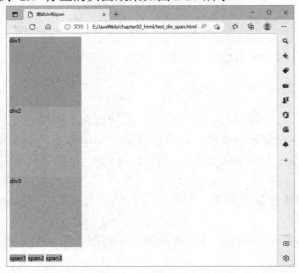

图 2-37　测试<div>标签的页面效果

结果表明，每个<div>标签独占一行，而所有<span>标签则默认共享一行。

2.3.9 实体

HTML 对空格和回车的处理比较特殊。在 HTML 文件中，一个空格和多个空格都会被当作一个空格来处理，一个回车和多个回车也会被当作一个空格来处理。

要在 HTML 中显示多个空格，则需要通过实体来实现。那什么是实体呢？在 HTML 中有些字符是系统预留下来的，如果想要使用这些预留下来的字符就要使用实体将它们表示出来。实体的格式是"&"符号后接字母。下面以表格的形式列出一些常用的实体，如表 2-1 所示。

表 2-1　常用的实体

符　　号	实　　体
空格	
单引号（'）	&apos;
双引号（"）	&quot;
大于号（>）	&gt;
小于号（<）	&lt;

修改 HelloWorld.html 文件，在"Hello，World！"后面添加多个" "（空格），然后访问该文件查看效果，如图 2-38 所示，发现"Hello，World！"后面间距变大了，成功添加了空格。

Hello，World！　　你好，HTML！

图 2-38　添加多个" "后的效果

2.4 表格

前面介绍了基础标签，本节学习如何使用 HTML 在网页中实现表格。在生活中表格的应用随处可见，因为使用表格来展示数据信息，可以使用户快速从表格中获取想要的信息。常见的表格如图 2-39 所示。

海产品购买清单			
品名	价格/斤（元）	重量（斤）	单项总价（元）
花龙虾	350	3.6	1260
三文鱼	48	1.8	86.4
象牙蚌	270	4	1080
基围虾	68	5	340
		总价（元）	2766.4

图 2-39　常见的表格

针对该表格，我们可以划分为 4 部分，划分后的表格如图 2-40 所示。

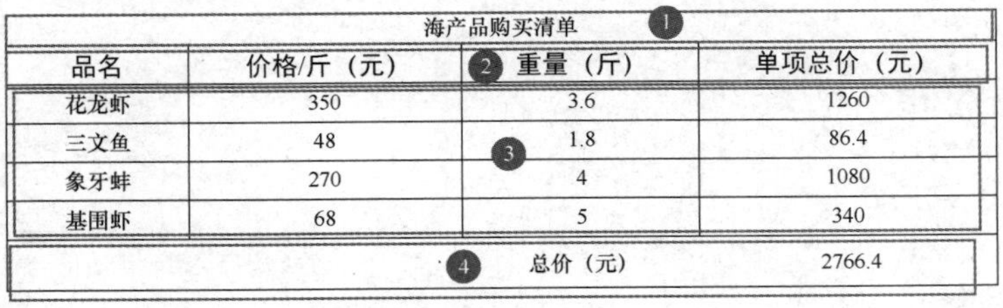

图 2-40　划分后的表格

对图 2-40 中的 4 部分对应情况进行梳理，如表 2-2 所示。

表 2-2　表格内容对应关系

序　号	表中对应名称
①	表格标题
②	表格表头
③	表格主体
④	表格脚注

也就是说，一个表格可以分为以上 4 个部分，HTML 提供了<table>标签来声明一个表格，而<table>标签内可以包含表格标题、表格表头、表格主体和表格脚注，分别对应如下标签。

- <caption>标签：用来展示一个表格的标题，通常作为<table>标签的第一个子元素。
- <thead>标签：用来定义一组带有表格标题的行（可选）。
- <tbody>标签：用来定义一组表格主体内容的行（可选）。
- <tfoot>标签：用来定义一组表格脚注内容的行（可选）。

在通常情况下，表格表头、表格主体、表格脚注的内部都有一行一行的数据，在 HTML 中使用<tr>标签来定义表格中的行。另外，HTML 还提供了<th>标签来定义每一行表头数据中的单元格、<td>标签来定义每一行表格主体，以及表格脚注中的单元格。

下面通过标签实现图 2-39 中的"海产品购买清单"案例，创建 test_table.html 文件，示例代码如下。为了方便演示，案例中会使用<table>标签的属性 border，用来显示表格的边框。

```html
<!DOCTYPE html >
<html>
<head>
    <title>测试表格标签</title>
    <meta charset="UTF-8">
</head>
<body>

<table border="1">
    <caption>海产品购买清单</caption>
    <thead>
    <tr>
        <th>品名</th>
        <th>价格/斤（元）</th>
        <th>重量（斤）</th>
        <th>单项总价（元）</th>
    </tr>
    </thead>
    <tbody>
    <tr>
        <td>花龙虾</td>
        <td>350</td>
        <td>3.6</td>
        <td>1260</td>
    </tr>
    <tr>
        <td>三文鱼</td>
        <td>48</td>
        <td>1.8</td>
        <td>86.4</td>
    </tr>
    <tr>
```

```
        <td>象拔蚌</td>
        <td>270</td>
        <td>4</td>
        <td>1080</td>
    </tr>
    <tr>
        <td>基围虾</td>
        <td>68</td>
        <td>5</td>
        <td>340</td>
    </tr>
    </tbody>
    <tfoot>
    <tr>
        <td></td>
        <td></td>
        <td>总价（元）</td>
        <td>2766.4</td>
    </tr>
    </tfoot>
</table>


</body>
</html>
```

对于 border 属性，如果设置其值为 0，意味着没有边框；如果将其值设置为 1，表示设置了 1px 大小的边框。其实在 HTML5 中不建议使用该属性，因为这属于样式的修饰。一般使用 CSS 来修饰边框，这里只对该属性简单提及。

运行代码查看效果，如图 2-41 所示。

大多数程序员使用 HTML 编写表格时，不太习惯使用<thead>、<tbody>和<tfoot>标签，而是会将它们省略，因此上面的例子也可以写成如下代码。

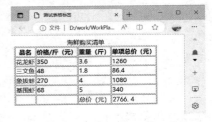

图 2-41　在网页中实现表格

```
<!DOCTYPE html >
<html>
<head>
    <title>测试表格标签</title>
    <meta charset="UTF-8">
</head>
<body>

<table border="1">
    <caption>海产品购买清单</caption>
    <tr>
        <th>品名</th>
        <th>价格/斤（元）</th>
        <th>重量（斤）</th>
        <th>单项总价（元）</th>
    </tr>
    <tr>
        <td>花龙虾</td>
        <td>350</td>
        <td>3.6</td>
```

```
        <td>1260</td>
    </tr>
    <tr>
        <td>三文鱼</td>
        <td>48</td>
        <td>1.8</td>
        <td>86.4</td>
    </tr>
    <tr>
        <td>象拔蚌</td>
        <td>270</td>
        <td>4</td>
        <td>1080</td>
    </tr>
    <tr>
        <td>基围虾</td>
        <td>68</td>
        <td>5</td>
        <td>340</td>
    </tr>
    <tr>
        <td> </td>
        <td> </td>
        <td>总价（元）</td>
        <td>2766.4</td>
    </tr>
</table>

</body>
</html>
```

运行代码可以看到，页面效果与图 2-41 相同。不过需要注意的是，即使在使用表格时省略了<tbody>标签，浏览器解析时也会自动将该标签加上。

另外，<th>标签和<td>标签中都支持 colspan 和 rowspan 属性。colspan 的英文原意是跨列、合并列，顾名思义在 HTML 中用来规定单元格可以横跨的列数；rowspan 的英文原意是行距、合并行，同样在 HTML 中用来规定单元格可以竖跨的行数。

下面将通过一个案例来演示 colspan 和 rowspan 属性的使用。

现有一个 2 行 3 列的表格，如表 2-3 所示。

表 2-3　2 行 3 列的表格

1-1	1-2	1-3
2-1	2-2	2-3

根据之前所学，我们可以通过如下代码实现该 2 行 3 列的表格。

```
<table border="1">
    <tbody>
        <tr>
            <td>  1-1  </td>
            <td>  1-2  </td>
            <td>  1-3  </td>
        </tr>
        <tr>
            <td>  2-1  </td>
            <td>  2-2  </td>
```

```
        <td>  2-3  </td>
      </tr>
    </tbody>
</table>
```

运行代码查看效果，如图 2-42 所示。

图 2-42　演示 2 行 3 列的表格

前面提到 colspan 属性，表示一个单元格可以横跨的列数。如果将其属性值设置为 2 会出现什么样的效果呢？下面将 2 行 3 列表格中的 1-1 单元格加上 colspan 属性并将其值设置为 2。示例代码如下。

```
<table border="1">
    <tbody>
      <tr>
        <td colspan="2">  1-1  </td>
        <td>  1-2  </td>
        <td>  1-3  </td>
      </tr>
      <tr>
        <td>  2-1  </td>
        <td>  2-2  </td>
        <td>  2-3  </td>
      </tr>
    </tbody>
</table>
```

运行代码查看效果，如图 2-43 所示。

图 2-43　添加 colspan 属性后的表格

从页面效果看，仿佛和我们预想的效果并不一样。初始的表格本来是 2 行 3 列，每个单元格横向占据 1 列。但是，1-1 单元格设置 conspan 属性并将其设置为 2 之后，1-1 单元格占 2 列、1-2 占 1 列、1-3 占 1 列，这样看来，第一行共变为了 4 列，而第二行依旧是 3 列，最终只有 1-3 这个单元格超出了。

前文提及 rowspan 属性表示一个单元格可以竖跨的行数。如果给 1-1 单元格加上 rowspan 属性并将其值设为 2，会不会出现类似的效果呢？下面通过代码进行验证。

```
<table border="1">
    <tbody>
      <tr>
        <td rowspan="2">  1-1  </td>
        <td>  1-2  </td>
        <td>  1-3  </td>
      </tr>
      <tr>
        <td>  2-1  </td>
        <td>  2-2  </td>
        <td>  2-3  </td>
      </tr>
```

```
    </tbody>
</table>
```

运行代码查看效果，如图 2-44 所示。

图 2-44　添加 rowspan 属性后的表格

从图 2-42 来看，表格本来是 2 行 3 列（每个单元格纵向占据 1 行），但是 1-1 单元格给 rowspan 设置值为 2 之后，1-1 单元格会向下一行多占据一行，纵向占 2 行、横向占 1 列，2-1 占 1 列、2-2 占 1 列、2-3 占 1 列，第二行总共变为 4 列，而第一行还是总共 3 列，最终结果 2-3 这个单元格超出了。

综上，如果需要合并单元格，为了不影响原来的表格大小，合并几个单元格，相应地则需要删除几个多余的单元格。

例如，给 1-1 单元格加上 rowspan 属性并将其值为 2，为保证原来表格大小，则需要删除 2-1 单元格，示例代码如下。

```
<table border="1">
    <tbody>
        <tr>
            <td rowspan="2">  1-1  </td>
            <td>  1-2  </td>
            <td>  1-3  </td>
        </tr>
        <tr>
            <!--删除 2-1 单元格-->
            <!--<td>  2-1  </td>-->
            <td>  2-2  </td>
            <td>  2-3  </td>
        </tr>
    </tbody>
</table>
```

合并后正常的单元格如图 2-45 所示。

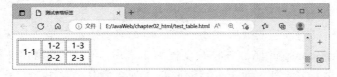

图 2-45　合并后正常的单元格

2.5　表单

学完表格，接着学习另一个常用的标签：表单。网页中通常使用表单提交数据，需要从客户端发起请求至服务器端，然后服务器端给出响应。下面，我们对创建表单涉及的标签进行简单介绍。

* <form>标签：用于创建一个表单。在<form>标签内，通常会放置一个或多个专门用于表单的标签，这些表单标签用于提供输入信息的不同方式，如文本框、单选、多选、下拉菜单等。
* <input> 标签：用于创建一个文本框。<input>标签可以设置 name 属性给该标签命名；设置 type 属性用来定义<form>标签中输入数据的类型，包括 4 种属性值，分别是 text（文本输入框）、password（密码框）、radio（单选框）和 checkbox（复选框）；还可以设置 value 属性值，用来表示文本输入框中默认显示的内容。

- <select>标签：用来实现下拉列表。该标签可以包含一个或多个<option>标签，用来表示下拉列表中的项。
- <textarea>标签：用来表示文本域。文本域可以用来输入多行文本，输入的内容中允许换行。
- <button>标签：用于创建一个提交按钮。

图 2-46 就是一个经典的用户登录表单，创建 test_form.html 文件，示例代码如下。

```html
<!DOCTYPE html >
<html>
<head>
    <title>测试表单标签</title>
    <meta charset="UTF-8">
</head>
<body>

<form>
    用户名：<input name="username" type="text"/><br/>
    密码：<input name="password" type="password"/><br/>
    <button>提交</button>
</form>

</body>
</html>
```

代码中定义了两个文本框，文本框类型分别是文本和密码。运行代码查看效果，如图 2-46 所示。

图 2-46　用户登录页面

此时输入信息，在用户名对应文本框中显示的是用户名文本，在密码对应文本框中无论输入什么都以"*"来显示，如图 2-47 所示。

图 2-47　输入用户名和密码

需要注意的是，虽然密码框在表单中展示为占位符"*"，好像被加密了，但是如果提交表单后就会发现实际上并没有被加密。提交表单后，查看浏览器地址栏，如图 2-48 所示。

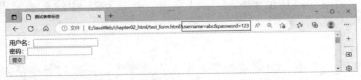

图 2-48　提交表单后，查看浏览器地址栏

2.5.1　表单标签的常用属性

<form>标签拥有两个常用属性，分别为 action 属性和 method 属性。

- action 属性：用来指定提交路径。
- method 属性：用来指定表单的请求方式，method 的值可以为 get 或 post。

前面案例中，可以发现表单中提交的值都在 URL 中以查询字符串的形式进行传递。其实，这是因为，此时<form>标签的 method 属性默认值为 get。method 的值除了 get，还可以为 post。当 method 的值为 get 时，数据将会以查询字符串方式提交；当 method 的值为 post 时，数据将会被打包在请求中。在实际使用中，为了安全起见，更建议在提交表单的时候使用 post 方式。

修改用户登录页面代码，实现登录成功后跳转到 success.html 页面，并设置表单提交方式为 post。

```html
<!DOCTYPE html >
<html>
<head>
    <title>测试表单标签</title>
    <meta charset="UTF-8">
</head>
<body>

<form action="success.html" method="post">
    用户名: <input name="username" type="text" /><br/>
    密码: <input name="password" type="password" /><br/>
    <button>提交</button>
</form>

</body>
</html>
```

success.html 页面的代码如下。

```html
<!DOCTYPE html >
<html>
  <head>
    <title>用户成功登录</title>
    <meta charset="UTF-8">
  </head>
  <body>
    登录成功!
  </body>
</html>
```

再次提交表单查看效果，如图 2-49 所示。

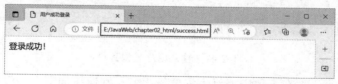

图 2-49　登录成功页面

结果表明，提交表单后成功跳转至 success.html 页面，并且 URL 中没有显示用户名和密码信息。

2.5.2　表单项标签

表单中的每一项，包括文本框、密码框、单选框、多选框等，都称为表单项，一个表单中可以包含多个表单项。

介绍表单项标签前，首先了解一下其常用属性，如 name 属性和 value 属性。

用户在使用一个软件系统时，有时需要一次性提交很多数据，在这种情况下肯定不可能要求用户一个数据一个数据地提交，而是将所有数据填好后一起提交。那么，由此会带来一个问题，服务器端如何从众多数据中识别出具体的用户信息呢（如收货人、所在地区、详细地址、手机号码等）？

很简单，需要给每个数据都起一个名字，发送数据时用名字携带对应的数据，接收数据时通过名字获取对应的数据。在各个具体的表单项标签中，我们通过 name 属性给数据起名字，通过 value 属性来保存要发送给服务器端的值。

但是，名字和值之间既有可能是一个名字对应一个值，也有可能是一个名字对应多个值。如此看来，这样的关系很像 Java 中的 map 集合，而事实上在服务器端就是使用 Map 类型来接收请求参数的。具体的类型是：Map<String,String[]>，即 name 属性就是 Map 的键，value 属性就是 Map 的值。

了解了 name 属性和 value 属性后，下面我们来看具体的表单项标签。前面的用户登录表单中已经介绍了文本框、密码框的用法，下面接着介绍其余表单项。

（1）单选框。

<input>标签的 type 属性为 radio 表示单选框，name 属性相同的 radio 为一组，组内互斥，即一组只能选择一个值。示例代码如下。

```
你最喜欢的季节是：
<input type="radio" name="season" value="spring" />春天
<input type="radio" name="season" value="summer" checked="checked" />夏天
<input type="radio" name="season" value="autumn" />秋天
<input type="radio" name="season" value="winter" />冬天


<br/><br/>


你最喜欢的汽车品牌是：
<input type="radio" name="animal" value="tiger" />路虎
<input type="radio" name="animal" value="horse" checked />宝马
<input type="radio" name="animal" value="cheetah" />捷豹
```

上述代码中呈现了两组属性，name 属性为 "season" 代表一组，name 属性为 "animal" 的代表另一组。用户在选择了一个 radio 并提交表单后，这个 radio 的 name 属性和 value 属性将组成一个键值对发送给服务器端。另外，设置 checked 属性，表示该 radio 默认被选。

值得注意的是，如果属性名和属性值一致，可以省略属性值，只写 checked 即可。单选框的页面效果如图 2-50 所示。

图 2-50　单选框的页面效果

（2）多选框。

<input>标签的 type 属性为 checkbox 表示多选框，与单选框的区别在于，name 属性相同的 checkbox 为一组，组内一次可以选择多个值。示例代码如下。

```
你最喜欢的球队是：
<input type="checkbox" name="team" value="Brazil"/>巴西队
<input type="checkbox" name="team" value="German" checked/>德国队
<input type="checkbox" name="team" value="France"/>法国队
<input type="checkbox" name="team" value="China" checked="checked"/>中国队
<input type="checkbox" name="team" value="Italian"/>意大利队
```

同单选框，这里设置 checked 属性，表示该 checkbox 默认被选。多选框的页面效果如图 2-51 所示。

图 2-51　多选框的页面效果

（3）下拉框。

下拉框用到了 2 种标签，其中，<select>标签用来定义下拉列表，<option>标签设置列表项。示例代码如下。

```
你喜欢的运动是：
<select name="interesting">
    <option value="swimming">游泳</option>
    <option value="running">跑步</option>
    <option value="shooting" selected="selected">射击</option>
    <option value="skating">滑冰</option>
</select>
```

name 属性在<select>标签中设置。value 属性在<option>标签中设置。<option>标签的标签体是显示出来给用户看的，提交到服务器端的是 value 属性的值。

值得注意的是，通过在<option>标签中设置 "selected="selected"" 属性实现默认选中的效果。同理，其可以简化为只写 selected。

下拉框的页面效果如图 2-52 所示。

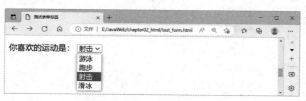

图 2-52　下拉框的页面效果

（4）按钮。

按钮分为普通按钮、重置按钮和提交按钮三种。普通按钮，表示单击后无效果，需要通过 JavaScript 绑定单击响应函数。重置按钮，表示单击后将表单内的所有表单项都恢复为默认值。提交按钮，表示单击后提交表单。

```
<!--普通按钮-->
<button type="button">普通按钮</button>
或
<input type="button" value="普通按钮"/>

<!--重置按钮-->
<button type="reset">重置按钮</button>
或
<input type="reset" value="重置按钮"/>

<!--提交按钮-->
<button type="submit">提交按钮</button>
或
<input type="submit" value="提交按钮"/>
```

以上三种按钮分别包含两种形式，下面每种按钮选其一进行演示，按钮的演示效果如图 2-53 所示。

图 2-53　按钮的演示效果

（5）隐藏域。

通过表单，隐藏域设置的表单项不会显示到页面上，用户看不到，但是提交表单时会一起被提交。一般，隐藏域用来设置一些需要和表单一起提交但是不希望用户看到的数据，如用户 id，示例代码如下。

```
<input type="hidden" name="userId" value="2233"/>
```

（6）多行文本框。

<textarea>标签表示多行文本框。示例代码如下。

```
自我介绍: <textarea name="desc"></textarea>
```

多行文本框的页面效果如图 2-54 所示，可以在其中输入多行文本。

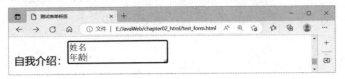

图 2-54　多行文本框的页面效果

值得注意的是，<textarea>标签没有 value 属性，如果要设置默认值，则其需要写在开始和结束标签之间。

```
自我介绍: <textarea name="desc">默认值书写位置</textarea><br/>
```

（7）文件上传。

<input>标签的 type 属性为 file 表示文件上传。示例代码如下。

```
需要上传的文件:<input type="file" name="file"/>
```

文件上传的演示效果如图 2-55 所示。

图 2-55　文件上传的演示效果

2.6　案例：小尚的个人资料修改

本节将结合之前所讲解的知识点，来实现一个经典案例。先来看一下要实现的页面效果，如图 2-56 所示。

观察图片可知，该案例用到了表格和表单的相关知识。表格用来固定布局，表单的相关内容用来标记需要修改的一些选项内容。

下面我们将从结构和表格两部分进行分析。

1. 结构分析

将图 2-56 进行划分，如图 2-57 所示。

图 2-56　案例：小尚的个人资料修改

图 2-57　结构划分

可以将该案例的整体结构看为一个 10 行 2 列的表格。其中，图中编号①和编号③两部分只有一个单元格，但是占据了 2 列的空间；编号②就是普通 8 行 2 列的表格，在结构上没有什么特殊的部分，这里不做具体讲解。

　　由此，创建 section06.html 文件，该案例的结构代码可以书写为如下代码。

```html
<!DOCTYPE html >
<html>
<head>
    <title>小尚的个人资料修改</title>
    <meta charset="UTF-8">
</head>
<body>
<table border="1">
    <thead>
    <tr>
        <td colspan="2">
                 
        </td>
    </tr>
    </thead>
    <tbody>
    <tr>
        <td>
                 
        </td>
        <td>
                 
        </td>
    </tr>
    <tr>
        <td>
                 
        </td>
        <td>
                 
        </td>
    </tr>
    <tr>
        <td>
                 
        </td>
        <td>
                 
        </td>
    </tr>
    <tr>
        <td>
                 
        </td>
        <td>
                 
        </td>
    </tr>
    <tr>
        <td>
                 
        </td>
        <td>
                 
        </td>
```

```
    </tr>
    <tr>
        <td>
                 
        </td>
        <td>
                 
        </td>
    </tr>
    <tr>
        <td>
                 
        </td>
        <td>
                 
        </td>
    </tr>
    <tr>
        <td>
                 
        </td>
        <td>
                 
        </td>
    </tr>
    </tbody>
    <tfoot>
    <tr>
        <td colspan="2">
                 
        </td>
    </tr>
    </tfoot>
</table>

</body>
</html>
```

运行代码查看效果，如图 2-58 所示。

2. 表单分析

根据表单中的相关内容对表单进行部分划分，如图 2-59 所示。

图 2-58　满足该案例结构的 10 行 2 列的表格

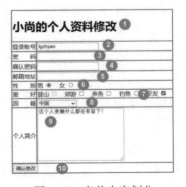

图 2-59　表单内容划分

图 2-59 中共被划分为了 10 个区域，下面将对每个区域进行详细介绍。

（1）图中编号①是标题部分，可以使用<h1>标签来实现。

（2）图中编号②是一个文本输入框，文本输入框内有默认值"lgzhyan"。登录账号默认是不允许修改的，因此还需要在<input>标签上加上 readonly（只读）属性。

（3）图中编号③、编号④是密码框，这里不多做讲解。

（4）图中编号⑤是一个文本输入框，对应的是邮箱地址。

（5）图中编号⑥是单选框，有两个选项："男""女"。从图 2-59 中可知，默认选中"男"，因此在"男"对应的标签上需要书写 checked。

（6）图中编号⑦是复选框，有五个选项："登山""郊游""养鱼""钓鱼""交友"。其中，"登山"不允许被选中，因此要使用 disabled 属性禁用；"交友"为默认选中项，需要使用 checked 属性。

（7）图中编号⑧是下拉列表。其默认项为"中国"，需要在其对应的<option>标签上书写属性 checked。

（8）图中编号⑨是个人简介。因为输入内容较多，所以使用文本域<textarea>标签实现比较合适，其中默认值为"这个人很懒什么都没有留下！"。

（9）图中编号⑩是确认修改按钮，这里不多做讲解。

分析后，代码实现就很简单了。最后整体代码的实现如下。

```html
<!DOCTYPE html >
<html>
<head>
    <title>小尚的个人资料修改</title>
    <meta charset="UTF-8">
</head>
<body>

<form>
    <table>
        <tr>
            <td colspan="2">
                <h1>小尚的个人资料修改</h1>
            </td>
        </tr>
        <tr>
            <td>登录账号</td>
            <td>
                <input type="text" name="userName" id="userName"
                value="lgzhyan" readonly/>
            </td>
        </tr>
        <tr>
            <td>密    码</td>
            <td>
                <input type="password" name="passwd" id="passwd"/>
            </td>
        </tr>
        <tr>
            <td>确认密码</td>
            <td>
                <input type="password" name="rePasswd" id="repasswd"/>
            </td>
        </tr>
        <tr>
            <td>邮箱地址</td>
            <td>
                <input type="password" name="email" id="email"/>
```

```
            </td>
    </tr>
    <tr>
        <td>性    别</td>
        <td>
            男
            <input type="radio" name="sex" id="radio1" checked/>
              
            女
            <input type="radio" name="sex" id="radio2"/>
        </td>
    </tr>
    <tr>
        <td>爱    好</td>
        <td>
            登山
            <input type="checkbox" name="hobby" id="checkbox1"
            value="1" disabled/>
              
            郊游
            <input type="checkbox" name="hobby" id="checkbox2" value="2"/>
              
            养鱼
            <input type="checkbox" name="hobby" id="checkbox3" value="3"/>
              
            钓鱼
            <input type="checkbox" name="hobby" id="checkbox4" value="4"/>
              
            交友
            <input type="checkbox" name="hobby" id="checkbox5"
            value="5" checked/>
              
        </td>
    </tr>
    <tr>
        <td>国    籍</td>
        <td>
            <select name="country" id="country">
                <option value="N">
                    &#45;&#45;请选择国家&#45;&#45;
                </option>
                <option value="C" selected>中国</option>
                <option value="J">日本</option>
                <option value="K">韩国</option>
            </select>
        </td>
    </tr>
    <tr>
        <td>个人简介</td>
        <td>
            <textarea name="profile" id="profile" cols="30" rows="10">
                这个人很懒，什么都没有留下！
            </textarea>
        </td>
```

```
      </tr>
      <tr>
        <td colspan="2">
          <button type="submit">确认修改</button>
        </td>
      </tr>
    </table>
</form>

</body>
</html>
```

运行代码查看效果，如图 2-60 所示。

图 2-60　该案例的页面实现

2.7　本章小结

　　本章介绍了 HTML 相关知识，介绍了 HTML 常用标签，包括标题标签、列表、超链接、图像标签，以及表格标签、表单标签等，并重点介绍了各个标签的简单应用。同时，本章提供了一个综合案例来应用 HTML 不同标签，讲练结合，锻炼读者的动手能力，使读者加速理解 HTML 相关知识。对于 Web 开发阶段，学习前端技术不必深究，掌握如何使用即可，希望初学者多加练习，尽快熟悉起来。

第3章

CSS

第 2 章学完 HTML 常用标签，我们可以实现页面的整体骨架和内容展示，为了使页面更加美观，我们需要继续学习另一种技术，即 CSS（Cascading Style Sheet，层叠样式表）。它是由 W3C 协会制定并发布的一个网页排版式标准，是对 HTML 语言功能的补充。CSS 是用来描述 HTML 文档样式的一种标记型语言，描述了在媒体上的标签应该如何被渲染。用一个比喻来帮助读者理解 CSS 的作用，HTML 相当于刚刚购买的毛坯房，而 CSS 相当于对毛坯房进行装修。通过使用 CSS 实现页面的内容与表现形式分离，极大地提高了工作效率。如今，CSS 被越来越多地应用到网页设计中。本章重点介绍 CSS 基本语法及简单应用。

3.1 CSS 入门

下面通过一个案例引入 CSS 样式。下面代码中定义了两个段落标签，现通过 style 属性设置其中一个段落标签的字体为红色，示例代码如下。

```
<!DOCTYPE html >
<html>
  <head>
    <title>CSS 入门测试</title>
    <meta charset="UTF-8">
  </head>
  <body>
    <p>这里是段落一</p>
    <p style="color: red">这里是段落二</font></p>
  </body>
</html>
```

运行代码查看效果，如图 3-1 所示，发现第二个段落的字体被成功设置为红色。

图 3-1　将字体设置为红色

在上述代码中，通过在 HTML 标签中添加 style 属性的方式是应用 CSS 样式的一种形式，被称为行内样式，接下来将详细介绍几种不同的 CSS 应用样式。

3.2 CSS 应用样式

CSS 作为美化页面的工具，用来描述 HTML 文档样式的标记语言。那么，如何将 CSS 样式应用到

HTML 标签上呢？这里提供了三种方法，分别为行内样式、内嵌样式和外链样式。下面分别对这三种引入方式进行详细介绍。

3.2.1 行内样式

行内样式利用 HTML 标签上的 style 属性来设置，CSS 属性作为 style 属性的属性值来进行书写。使用这种方式应用 CSS 样式的特点是只能在当前标签生效。行内样式的语法格式如下。

```
<标签名 style="属性名 1:属性值 1;属性名 2:属性值 2;...属性名 n:属性值 n">
标记出来的内容
</标签名>
```

了解了行内样式的基本语法后，下面使用行内样式，在 HTML 文件中使用 CSS 样式，示例代码如下。

```html
<!DOCTYPE html>
<html>
  <head>
    <title>测试行内样式</title>
    <meta charset="utf-8"/>
  </head>
  <body>
    <span style="color:red;font-size:100px;">
      小尚今天很高兴！
    </span>
    <span>小尚今天不高兴！</span>
  </body>
</html>
```

在上述代码中，第一个<span>标签中的 style 属性上设置了 CSS 样式 "color:red;font-size:100px;"，表示该标签中的字体会被设置为红色，字体大小会被设置为 100 像素。而第二个没有书写 CSS 样式的<span>标签中的文字就完全不会受到影响。

运行代码查看效果，测试行内样式如图 3-2 所示。

图 3-2　测试行内样式

需要注意的是，行内样式通常只在为单个元素提供少量样式时使用。在实际开发中，并不推荐使用这种方法来应用 CSS 样式。因为使用这种方式体现不出 CSS 的优点，比如针对整个文档或多个文档，在其对应标签上寻找对应样式依次修改时，使用该方式则会导致工程师的工作量大大增加。所以，即使这种方式编写简单、定位准确，但并不推荐使用。

3.2.2 内嵌样式

如果需要一次性设置多个标签的样式，显然一一设置去实现是不现实的，过于烦琐，那么我们可以借助另一种 CSS 应用样式，即内嵌样式，对其统一设置。

内嵌样式是将 CSS 样式直接编写到<head>标签中的<style>标签里。通过 CSS 选择器告诉浏览器给哪个标签设置样式，然后通过 CSS 选择器（选择器内容详见 3.4 节）中指定的元素，可以同时为这些元素设置样式，这样可以使样式进一步复用。使用这种方式应用 CSS 样式的特点是样式可以作用于当前整个页面，语法格式如下。

```
<style>
```

```
选择器{
    属性1:值1;
    属性2:值2;
    ...
    属性:值n;
}

</style>
```

下面使用内嵌样式在 HTML 文件中使用 CSS 样式，示例代码如下。

```
<!DOCTYPE html>
<html>
  <head>
    <title>测试内嵌样式</title>
    <meta charset="utf-8"/>
  </head>
  <body>
    <style>
      span{
        color:red;
      }
    </style>
    <span>小尚今天很高兴！</span>
    <span>小尚今天不高兴！</span>
  </body>
</html>
```

在上述代码中，使用了标签选择器（详见 3.4.1 节）选中了页面中所有的<span>标签，在对应花括号内将字体颜色设置为红色。也就是说，文档中的所有<span>标签都可以应用这个样式。

运行代码查看效果，测试内嵌样式如图 3-3 所示。

图 3-3　测试内嵌样式

3.2.3　外链样式

外链样式即外部链接样式，将 CSS 代码全部写入一个单独的后缀名为 ".css" 的文件（又称 CSS 外部样式表）中，然后使用<link>标签将该 CSS 文件引入当前 HTML 文件，对其标签内容进行修饰。使用这种方式应用 CSS 样式的特点是同一个 CSS 文件可以同时应用在多个 HTML 页面中。需要注意的是，<link>标签推荐必须写在<head>标签的里面。语法格式如下。

```
<link href="文件名.css" type="text/css" rel="stylesheet" />
```

可以看到<link>标签中书写了三个属性，具体如下。

- href 属性：其属性值是 CSS 样式文件的 URL。
- type 属性：该属性值代表使用<link>标签加载的数据类型，这里该属性值应为 "text/css"。
- rel 属性：rel 是英文单词 relation 的缩写，中文原意是关系。该属性值代表链接的文档与当前文档的关系，stylesheet 表示引入 CSS 样式。

下面通过一个例子来演示外链样式的具体用法。现在有三个文件，分别是 test.css（其中放置的是 CSS 代码）、test1.html 和 test2.html（这两个文件要同时使用 test.css）。

test.css 文件示例代码如下。

```
span{
  font-size:100px;
  color:blue;
}
```

注意：需要链接的 CSS 文件名要以.css 后缀名结尾，而且在 CSS 文件中是直接书写 CSS 代码的。

test1.html 文件示例代码如下。

```
<!DOCTYPE html>
<html>
  <head>
    <meta charset="utf-8"/>
    <title>test1.html</title>
    <!--将 test.css 链接到 test1.html 中，test.css 是 css 格式的文件，它是 test1.html 的样式表-->
    <link href="./test.css" type="text/css" rel="stylesheet">
  </head>
  <body>
    <span>小尚今天很高兴！</span>
  </body>
</html>
```

代码中加粗部分使用了<link>标签将 test.css 链接到 test1.html 中，此时<span>标签应用了 test.css 中的样式，将字体颜色设置为蓝色，字体大小设置为 100 像素。

运行代码查看效果，如图 3-4 所示。

图 3-4　测试<link>标签将 test.css 链接到 test1.html 中

test2.html 文件示例代码如下。

```
<!DOCTYPE html>
<html>
  <head>
    <meta charset="utf-8"/>
    <title>test2.html</title>
    <!--将 test.css 链接到 test2.html 中，test.css 是 css 格式的文件，它是 test2.html 的样式表-->
    <link href="./test.css" type="text/css" rel="stylesheet">
  </head>
  <body>
    <span>小尚今天不高兴！</span>
  </body>
</html>
```

这段代码与上段代码基本相同，这里不再对其赘述。

运行代码查看效果，如图 3-5 所示。

图 3-5　测试<link>标签将 test.css 链接到 test2.html 中

需要注意的是，为了方便代码解耦合，常见的 CSS 应用样式多选择外链引入方式。因此，对于后端开发人员来说，重点学习其引入方式，对于样式属性无须全部掌握，实际开发中我们直接引入前端开发人员编写好的 CSS 样式文件来使用即可。

3.3 CSS 常用操作

前面，我们通过入门案例及应用样式对 CSS 有了初步的认识，本节将详细介绍 CSS 的基础语法、注释符、选择器等内容。

3.3.1 基础语法

CSS 的基础语法由选择器和属性两部分组成。选择器可以告诉浏览器应该将样式作用于页面中的哪些标签，然后才能去修改这个标签对应的属性。语法格式如下。

```
选择器{
  属性1:属性值1;
  属性2:属性值2;
  ...
  属性:属性值 n;
}
```

另外，关于书写 CSS 语法格式有三点需要注意，具体如下。

（1）每组"属性:属性值"的后面需要书写分号。

（2）最后一个"属性:属性值"的后面可以不写分号。但是更建议书写上分号，以避免后续书写新的样式时，忘记分号产生错误。

（3）CSS 语法格式中，不管是一个空格还是多个空格，都会被解释成一个空格。因此，可以利用空格来美化 CSS 代码。

3.3.2 注释符

任何语言都需要注释，CSS 也不例外。在 CSS 中需要使用"/*"和"*/"来注释，然后将需要注释的内容书写在"/*"和"*/"符号之间。语法格式如下。

```
/*要注释掉的内容*/
```

值得一提的是，CSS 中的注释可以注释一行或者多行，但在 CSS 中只能使用"/*"和"*/"进行注释，不支持"//"或者"#"，示例代码如下。

```
/*
这是 CSS 注释符，可以注释多行
这是 CSS 注释符，可以注释多行
这是 CSS 注释符，可以注释多行
这是 CSS 注释符，可以注释多行
*/

选择器{
  属性1:属性值1;        /*这是 CSS 注释符，可以注释一行*/
  属性2:属性值2;
  ...
  属性:属性值 n;
}
```

3.3.3 颜色设置

在 CSS 中颜色的表示方式与我们生活中颜色的表示方式略有差距，本节将对 CSS 中颜色的表示方式进行介绍。

CSS 中的颜色使用常用关键字、rgb 颜色值和十六进制颜色值三种方式来表示，下面分别对其进行讲解。

- 关键字：关键字与平时表示颜色的方式是最为相近的，直接使用基本颜色的单词。比如 red、blue、pink 等。
- rgb 颜色值：rgb 颜色值不仅是 CSS 中颜色值常用的表示方式，也是计算机中常见的表示方式。计算机中的颜色按照不同比例的红（red）、绿（green）、蓝（blue）混合而成，因此也经常被称为 RGB 颜色，在 CSS 中可以通过"rgb(r,g,b)"格式来设置颜色。值得一提的是，"rgb(r,g,b)"中 r、g、b 的值支持的范围是 0～255。比如"rgb(0,0,0)"代表的是黑色。
- 十六进制颜色值：十六进制由"#"开头，后面的 6 位分别由十六进制的值组成，每两位表示一个颜色，总共 3 组。比如"#FF00CC"前面两个 F 代表红色、中间的两个 0 代表绿色、最后的 CC 代表蓝色。值得一提的是，如果 6 位十六进制值中，三组值的两个数字都相等，那么就可以进行简写。比如刚刚提过的"#FF00CC"可以简写为"#F0C"。

综上，CSS 语法规则总结为以下几点。

（1）CSS 样式由选择器和声明组成，而声明又由属性和值组成。

（2）属性和值之间用冒号隔开。

（3）多条声明之间用分号隔开。

（4）使用"/*...*/"声明注释。

3.4 选择器

前面提到 CSS 由选择器和属性两部分组成，并且在介绍内嵌样式时用到了标签选择器。其实，CSS 选择器除了标签选择器，还包括类选择器、ID 选择器、组合选择器等。接下来对不同的选择器进行详细介绍。

3.4.1 标签选择器

标签选择器也叫作元素选择器。简单来说，是通过 HTML 文档中的标签名作为选择器来使用的。

标签选择器的使用十分简单，只需将 HTML 标签写在选择器位置，就可以告诉浏览器已经选中了该标签。以<p>标签为例，语法格式如下。

```
p{
    属性 1:属性值 1;
    属性 2：属性值 2;
    ...
    属性：属性值 n;
}
```

该标签包含的三个常见属性，分别如下所示。

- color 属性：用来设置标签中字体的颜色，其属性值为 3.3.3 节中讲解的三种方式。
- background-color 属性：用来设置标签的背景颜色，其属性值为 3.3.3 节中讲解的三种方式。
- font-size 属性：用来设置标签内文字的大小，单位是 px，像素的缩写。

例如，可以使用<p>、<h3>或者<a>标签，甚至可以使用<html>标签来作为选择器的名字，示例代码如下。

```
<!DOCTYPE html>
<html>
  <head>
    <meta charset="utf-8"/>
    <style>
      p{
        font-size:30px;
      }
```

```
        h3{
            font-size:40px;
        }
        a{
            font-size:50px;
        }
        html{
            background-color:yellow;
        }
    </style>
  </head>
  <body>
    <p>这是一个 p 标签</p>
    <h3>这是一个 h 标签</h3>
    <a href="#">这是一个 a 标签</a>
  </body>
</html>
```

运行代码查看效果，如图 3-6 所示。

图 3-6　测试标签选择器

对于一些特有标签，浏览器已经对其设置了初始样式。使用标签选择器可以覆盖浏览器自带的样式。比如浏览器对<h3>标签默认设置了大小，我们可以使用标签选择器来覆盖浏览器自带的字号大小，设置<h3>标签的初始字号。示例代码如下。

```
<!DOCTYPE html>
<html>
    <head>
        <meta charset="utf-8"/>
        <style>
            h3{
                font-size:40px;
            }
        </style>
    </head>
    <body>
        <h3>这是第一个 h3 标签</h3>
        <p>这是第一个段落</p>
        <h3>这是第二个 h3 标签</h3>
        <p>这是第二个段落</p>
    </body>
</html>
```

代码中使用标签选择器为<h3>标签设置了字号为 40px，覆盖了浏览器自带的字号。

运行代码查看效果，如图 3-7 所示。

图 3-7　使用标签选择器为\<h3\>标签设置了字号为 40px

3.4.2　类选择器

　　类是指具有相同特征的一类事物的总称。在 CSS 中，也可以将具有一系列相同特征的标签归到一类里。

　　在 CSS 中使用类选择器，需要先在 HTML 标签中使用 class 属性，并且为其定义一个自定义的名字，然后在 CSS 中使用 ".自定义的类名"来进行选择，示例代码如下。

```
<!DOCTYPE html>
<html>
<title>demo03.html</title>
    <head>
        <meta charset="utf-8"/>
        <style>
            .t{
                color:red;
            }
        </style>
    </head>
    <body>
        <p>生活是
            <span class="t">一幅五彩斑斓的画卷</span>,
            用心情点缀每个精彩的瞬间
        </p>
        <p>生活就像音乐。它必须靠耳朵、感觉和直觉来创作，而不是靠
            <strong class="t">规则</strong>。
        </p>
    </body>
</html>
```

　　这段代码中，第一个\<p\>标签中的\<span\>和第二个\<p\>标签中的\<strong\>在进行修饰的时候都需要将字体颜色设置为红色，这个是共同特征，可以将这二者归在一类。然后在\<span\>和\<strong\>标签中使用 class 属性指定了一个自定义的类名，最后在 CSS 中使用 ".类名"的方式选中\<span\>和\<strong\>标签，并设置字体颜色为红色。

　　运行代码查看效果，如图 3-8 所示。

图 3-8　测试类选择器

　　我们也可以使用 "标签名.类名"的方式，选择具有类名的标签。示例代码如下。

```
<!DOCTYPE html>
<html>
```

```
<title>demo04.html</title>
    <head>
        <meta charset="utf-8"/>
        <style>
            span.t{
                color:red;
            }
        </style>
    </head>
    <body>
        <p>生活是
            <span class="t">一幅五彩斑斓的画卷</span>,
            用心情点缀每个精彩的瞬间
        </p>
        <p>生活就像音乐。它<span class="t">必须</span>靠耳朵、感觉和直觉来创作,
            而不是靠
            <strong class="t">规则</strong>。
        </p>
    </body>
</html>
```

上面代码选择了属于 t 这个类的<span>标签,将其字体颜色设置为红色。与上一段代码相比,<strong>标签所包含的"规则"字体颜色没有变为红色。

运行代码查看效果,如图 3-9 所示。

图 3-9   测试使用"标签名.类名"的方式

一个标签有可能属于多个类。比如小尚这个学生还没有毕业就去实习了,那么这个标签既属于学生这个类,又属于职员这个类。也就是说,在 HTML 中标签会书写多个类,此时就需要使用多个空格将多个类隔开。示例代码如下。

```
<!DOCTYPE html>
<html>
<title>demo05.html</title>

    <head>
        <meta charset="utf-8"/>
        <style>
            .t{
                color:red;
            }
            .t1{
                font-size:60px;
            }
        </style>
    </head>
    <body>
        <p>生活是
            <span class="t">一幅五彩斑斓的画卷</span>,
            用心情点缀每个精彩的瞬间。
```

```
        </p>
        <p>生活就像音乐。它<span class="t t1">必须</span>靠耳朵、感觉和直觉来创作,
            而不是靠
            <strong class="t1">规则</strong>.
        </p>
    </body>
</html>
```

在这段代码中,t 这个类中设置了字体颜色为红色;t1 这个类中设置了字体大小为 100 像素。值得一提的是,第二个<p>标签中的<span>标签同时属于 t 和 t1 两个类,因此文字"必须"的字体会变为红色,字体大小是 100 像素。

运行代码查看效果,如图 3-10 所示。

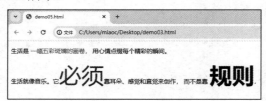

图 3-10　测试多个类选择器

如果要选择同时具有多个类的选择器,可以使用".类名 1.类名 2"的方式,具体代码如下。

```
<!DOCTYPE html>
<html>
<title>demo06.html</title>
    <head>
        <meta charset="utf-8"/>
        <style>
            .t{
                color:red;
            }
            .t1{
                font-size:60px;
            }
            .t.t1{
                background-color:yellow;
            }
        </style>
    </head>
    <body>
        <p>生活是
            <span class="t">一幅五彩斑斓的画卷</span>,
            用心情点缀每个精彩的瞬间。
        </p>
        <p>生活就像音乐。它<span class="t t1">必须</span>靠耳朵、感觉和直觉来创作,
            而不是靠
            <strong class="t1">规则</strong>。
        </p>
    </body>
</html>
```

在上面这段代码中,通过".t.t1"的方式,选择了第二个<p>标签中同时具有 t 和 t1 两个类的<span>标签,将其文字"必须"的背景色变为黄色。

运行代码查看效果,如图 3-11 所示。

图 3-11 测试同时具有多个类的选择器

3.4.3 ID 选择器

ID 选择器中的 ID 是英文"identity"的缩写,中文原意是"身份标识号码",代表唯一的意思。

ID 选择器与类选择器相似。唯一的区别就是,在使用 ID 选择器选择时,使用"#"号加自定义的类名而不是点号"."加自定义类名。同时在 HTML 中使用 id 属性,然后赋予自定义的值。示例代码如下。

```
<html>
    <head>
        <meta charset="utf-8">
        <title></title>
        <style>
            #i{
                color:yellow;
            }
        </style>
    </head>
    <body>
        <p>让 <span>天下</span> 没有
            <span id="i">难学的</span> 技术.
        </p>
    </body>
</html>
```

上述代码中,<span>标签上定义了 id 属性,赋予自定义的值"i"。在 CSS 中使用 ID 选择器对自定义类名"i"设置了字体颜色。

运行代码查看效果,如图 3-12 所示。

图 3-12 测试 ID 选择器

本节的开头提及过 ID 是唯一的。在一个 HTML 文档中,id 属性的属性值仅能使用一次。这里需要为读者特别提及一点,实际上浏览器通常是不检查 HTML 中 id 的唯一性。也就是说设置了多个有相同 id 属性值的标签,也可能为这些标签应用相同的样式。但因为这种情况具有不确定性,因此在实际应用时,我们是非常不建议这样使用的。

下方代码在部分浏览器中是可以运行的,但是并不能保证代码都可以正常运行。具体如下。

```
<!DOCTYPE html>
<html>
    <head>
        <meta charset="utf-8">
        <title></title>
        <style>
```

```
            #i{
                color:yellow;
            }
        </style>
    </head>
    <body>
        <p>让
            <span id="i">天下</span> 没有
            <span id="i">难学的</span> 技术.
        </p>
    </body>
</html>
```

我们在 Google 浏览器中运行这段代码,是可以正常运行的。两个\<span\>标签中包含的文字都变为黄色。运行代码查看效果,如图 3-13 所示。

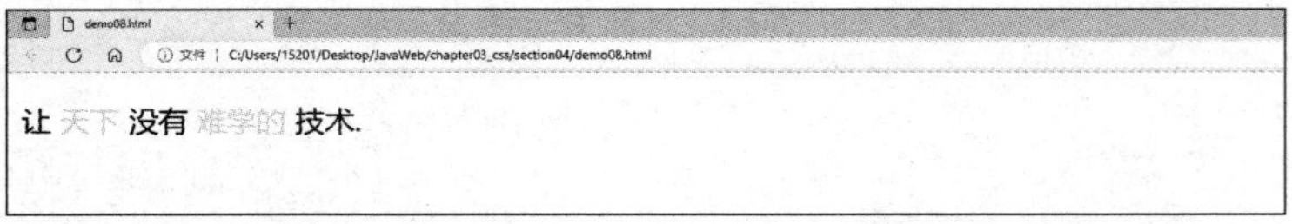

图 3-13　测试 id 不唯一的情况

3.4.4　组合选择器

组合选择器可以同时让多个选择器使用同一样式,这样可以选中同时满足多个选择器的元素。语法格式如下。

```
选择器 1,选择器 2....选择器 n{}
```

假设现在有一个需求:使得如下代码中所有标题标签中的字体颜色显示为红色。

(1) 不使用组合选择器的写法如下。

```
<!DOCTYPE html>
<html>
    <head>
        <meta charset="utf-8">
        <title></title>
        <style>
            h1{color:red;}
            h2{color:red;}
            h3{color:red;}
            h4{color:red;}
            h5{color:red;}
            h6{color:red;}
        </style>
    </head>
    <body>
        <h1>标题</h1>
        <h2>标题</h2>
        <h3>标题</h3>
        <h4>标题</h4>
        <h5>标题</h5>
        <h6>标题</h6>
    </body>
</html>
```

通过上面这段代码可以发现,虽然可以达到需求中想要的效果,但是逐个选择标题标签,并且赋予相同的样式让代码产生了冗余。

运行代码查看效果，如图 3-14 所示。

图 3-14   测试不使用组合选择器的情况

（2）使用组合选择器的写法如下。

而使用组合选择器就可以避免产生冗余，使用组合选择器来改写上述这段代码，改写后代码如下。

```html
<!DOCTYPE html>
<html>
  <head>
    <meta charset="utf-8">
    <title></title>
    <style>
      h1,h2,h3,h4,h5,h6{
        color:red;
      }
    </style>
  </head>
  <body>
    <h1>标题</h1>
    <h2>标题</h2>
    <h3>标题</h3>
    <h4>标题</h4>
    <h5>标题</h5>
    <h6>标题</h6>
  </body>
</html>
```

在这段代码中，使用了组合选择器将<h1>～<h6>的标签一起选中，设置相同样式。运行代码后，页面效果同样为图 3-14 所示的效果。

对比两段代码，明显后者更为简洁。因此在实际开发中遇到这种情况，我们更推荐使用组合选择器来实现。

除了以上提到的选择器，还包括通配符选择器、伪类选择器、层次选择器，以及其他选择器等，更多详细内容可以参考 CSS 官网。

3.5   本章小结

本章主要介绍了 CSS 的基础语法和简单应用，包括基础语法、注释符、颜色设置、应用样式、选择器等基础知识，同时结合案例对其内容进行了应用。希望初学者了解 CSS 相关知识，重点掌握 CSS 样式的应用，能够独立编写代码，实现简单的静态页面，并学会对其他 CSS 属性或者选择器等举一反三，灵活应用。

第4章

XML 配置文件

从本章开始，我们将暂时告别前端知识，进入 Web 后端技术的学习。接下来，我们会陆续学习 XML 配置文件、Tomcat 服务器、HTTP、Servlet 核心技术等 Web 后端的基础知识。本章主要介绍 XML 配置文件，重点掌握 XML 文件的作用，了解如何解析 XML 文件，为以后学习和使用 Java 框架做铺垫。

4.1 XML 简介

XML 技术由 W3C 组织发布，目前推荐遵守的是 W3C 组织于 2000 年发布的 XML1.0 规范。它是独立于软件和硬件的信息传输工具，并且作为一种纯文本，应用十分广泛，有能力处理纯文本的软件都可以处理 XML。

4.1.1 什么是 XML

XML 的全称为 Extensible Markup Language，叫作可扩展标记语言。它和前面学习的 HTML 很相似，都属于标记语言，不过两者的用途不同，HTML 主要用来显示页面数据，而 XML 则用来传输和存储数据。"可扩展"的字面意思指 XML 允许自定义格式，但是这不代表开发人员可以随便编写 XML 文件。如图 4-1 所示，在 XML 基本语法规范的基础上，第三方应用程序、框架会通过设计 XML 约束的方式强制规定配置文件的内容，规定之外的都是不允许的，因此编写 XML 文件不仅需要遵循 XML 基本语法，还要符合第三方应用程序或框架给定的 XML 约束。

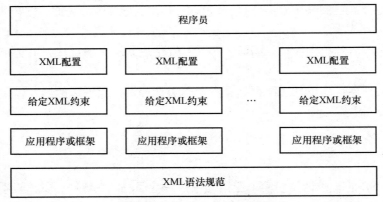

图 4-1 XML 语法规范

XML 语言独立于计算机、操作系统和编程语言，凭借其简单、可扩展、交互性和灵活性在计算机行业得到了广泛应用和支持，例如最基本的网站、应用程序的配置信息，一般都采用 XML 文件来描述。

4.1.2 XML 文件的应用

XML 作为独立于软件和硬件的信息传输工具，它可以存储数据、作为数据交换的载体，但最常见的还是作为配置文件使用，例如 JavaEE 框架、SSM 框架大部分都是使用 XML 作为配置文件。

配置文件是给应用程序提供配置参数的文件，并且还可以初始化设置一些有特殊格式的文件。

常见的配置文件类型有 properties 文件、XML 文件、YAML 文件和 JSON 文件。

- properties 文件以 "key-value" 键值对的形式存在。例如，Druid 连接池就是使用 properties 文件作为配置文件。
- XML 文件主要是树形结构，相比 properties 文件更灵活一些。例如，Web 项目的核心配置文件就是使用 XML 文件作为配置文件。
- YAML 文件的层次结构由缩进程度来表示。例如，SpringBoot 就是使用 YAML 作为配置文件。
- JSON 文件中数组用 "[]" 表示，对象用 "{}" 表示，对象内部的属性依然使用键值对表示。通常用来做文件传输，也可以用来做前端或者移动端的配置文件。

相信学过 Java 基础的读者，已经对 properties 文件有所了解，下面主要对比一下 properties 文件和 XML 文件，YAML 文件和 JSON 文件这里暂不涉及。

properties 文件的示例代码如下。

```
atguigu.jdbc.url=jdbc:mysql://192.168.198.100:3306/dbname
atguigu.jdbc.driver=com.mysql.cj.jdbc.Driver
atguigu.jdbc.username=root
atguigu.jdbc.password=atguigu
```

properties 文件是最简单的一种配置文件，编写过程中需要注意以下要求。

- 由键值对组成。
- 键和值之间的符号是等号。
- 每一行都必须顶格写，前面不能有空格等其他符号。

XML 文件的示例代码如下。

```xml
<?xml version="1.0" encoding="UTF-8"?>
<web-app xmlns="http://xmlns.jcp.org/xml/ns/javaee"
        xmlns:xsi="http://www.w3.org/2001/XMLSchema-instance"
        xsi:schemaLocation="http://xmlns.jcp.org/xml/ns/javaee  http://xmlns.jcp.org/xml/
ns/javaee/web-app_4_0.xsd"
        version="4.0">

    <!-- 配置 SpringMVC 前端控制器 -->
    <servlet>
        <servlet-name>dispatcherServlet</servlet-name>
        <servlet-class>org.springframework.web.servlet.DispatcherServlet</servlet-class>

        <!-- 在初始化参数中指定 SpringMVC 配置文件的位置 -->
        <init-param>
            <param-name>contextConfigLocation</param-name>
            <param-value>classpath:spring-mvc.xml</param-value>
        </init-param>

        <!-- 设置当前 Servlet 创建对象的时机是在 Web 应用启动时 -->
        <load-on-startup>1</load-on-startup>

    </servlet>
    <servlet-mapping>
        <servlet-name>dispatcherServlet</servlet-name>
        <!-- url-pattern 配置斜杠表示匹配所有请求 -->
        <url-pattern>/*</url-pattern>
    </servlet-mapping>
</web-app>
```

通过上述代码可以看出， XML 文件格式与 properties 文件格式大不相同。properties 配置文件容易理解，但只能赋值，适合简单的属性配置。而 XML 配置文件结构清晰，可以有多种操作方式，更加灵活，但编写过程比较复杂。

4.2　XML 基本语法

一个标准的 XML 文件一般由以下几部分组成，分别为文档声明、元素、属性、注释和特殊字符。

XML 文件形成了一种树结构，整体来看是由一个标记结点和一个根结点组成，它从"根部"开始，然后扩展到"枝叶"。标记结点指的是文档声明，它只能出现在 XML 文件最开始的地方，根结点则有且仅有一个，然后文件中所有的数据都会以某种形式存储到根结点的子结点中。下面分别介绍 XML 文件的组成部分。

1. 文档声明

XML 文件的文档声明必须放在第一行，以"<?xml"开头，以"?>"结束，在 XML 文件的文档声明中，常见的两个属性为 version 和 encoding。其中 version 用来指定 XML 文件的版本，一般选择 1.0 版本，该属性是必须属性；encoding 用来指定 XML 文件的字符集，默认为 UTF-8，该属性是可选属性。示例代码如下。

```
<?xml version="1.0" encoding="UTF-8"?>
```

其中，version 表示版本号，encoding 表示字符集。对于 XML 文件，如果声明必须遵循上述格式，当然，也可以不声明。

2. 元素

元素是 XML 中最重要的组成部分，也叫作标签。类似 HTML，所有元素均可拥有文本内容和属性，标签的用法也和 HTML 标签一样，分为开始标签和结束标签，标签中间写的是标签内容，标签内容可以是文本，也可以是其他子标签。如果标签没有任何内容，那么可以定义为单标签，如<begin/>。标签可以嵌套，但是不能交叉嵌套，必须保证父标签与子标签的逻辑关系。值得注意的是，一个 XML 文件只能有一个根标签。另外，标签名必须符合标识符的命名规则，具体如下。

（1）标签名不能使用 XML、xMl、XmL 等类似的单词。

（2）标签名不能使用空格、冒号等特殊符号。

（3）标签名严格区分大小写，建议使用小写字母。

（4）标签名可以包含字母、数字，以及其他字符，但不能以数字开头。

（5）父标签与子标签不能重名。

3. 属性

属性是元素的一部分，它必须出现在元素的开始标签中，不能出现在结束标签中。属性的定义格式如下所示。

```
属性名="属性值"
```

其中属性值不能为空，且必须使用单引号或双引号括起来。一个元素可以有 0 个或多个属性，多个属性之间用空格隔开，但不能出现同名的属性。属性名也要符合标识符的命名规则。例如，前面 XML 文档声明示例中的 version 和 encoding 属性。

4. 注释

XML 文件的注释，以"<!--"开头，以"-->"结尾，注释不能写在 XML 文档声明前且不允许嵌套，并且支持多行注释。示例代码如下。

```
<!--注释的内容-->
```

5. 特殊字符

XML 中共有 5 个特殊的字符，分别为"&""<"">""""和"'"。如果配置文件中的值包括这些特殊字符，就需要进行特别处理。XML 对于上述字符提供两种转义方式，一种是通过预定义的实体引用表示，一种是采用"<![CDATA[…]]>"特殊标签，将包含特殊字符的字符串封装起来。

例如，标签由"<"和">"组成，而对于大于号或小于号的使用，就可以借助实体引用。五个特殊字符对应的 XML 转义序列如表 4-1 所示。

表 4-1　五个特殊字符对应的 XML 转义序列

	对 应 符 号	实 体 引 用
小于	<	&lt;
大于	>	&gt;
单引号	'	&apos;
双引号	"	&quot;
和（and）	&	&amp;

例如，显示如下标签：<tcode></tcode>，标签内的文本内容为"<tcode>我喜欢写代码</tcode>"。
示例代码如下。

```
&lt;tcode&gt;我喜欢写代码&lt;/tcode&gt;
```

第二种方式是将特殊字符放到 CDATA 区，CDATA 内部的所有东西都会被 XML 解析器忽略，XML 解析器会将其当作文本原封不动地输出。当 XML 文件中需要编写一些不希望 XML 解析器进行解析的内容，例如，程序代码、SQL 语句或其他，就可以写在 CDATA 区中。

CDATA 区的定义格式如下所示。

```
<![CDATA[文本数据]]>
```

示例代码如下。

```
<![CDATA[
    select * from employee where salary > 20 and salary < 100;
]]>
```

4.3　XML 约束

由于用户可以自定义 XML 标签，在开发过程中，每个人都可以根据需求来定义 XML 标签，这样就导致项目中的 XML 难以维护。因此，需要使用一定的规范机制来约束 XML 文件中的标签书写。XML 约束，即编写一个文件来约束 XML 文件的书写规范。它是由第三方应用程序或框架提供的，开发人员不必自己编写，只需引入使用即可。同样为 XML 文件，如果引入不同的 XML 约束，其内容也将大不相同。XML 约束主要包括 DTD 和 Schema 两种。

- DTD 约束：全称为 Document Type Definition，即文档类型定义，用来约束 XML。规定 XML 文件中元素的名称、属性，以及子元素的名称、顺序等。通常情况下，我们都是通过框架提供的 DTD 约束文档，编写对应的 XML 文件。常见使用 DTD 约束的框架有 MyBatis、Struts2、Hibernate 等。
- Schema 约束：新的 XML 约束，功能更强大，内置多种简单和复杂的数据类型，且支持命名空间，可以替代 DTD 约束。Schema 本身也是 XML 文件，但 Schema 文件的扩展名为.xsd，而不是.xml。

DTD 约束可以直接定义在 XML 文件中，也可以单独写成 DTD 文件，然后在 XML 中引入，引入外部 DTD 文件的语法格式如下。

```
<!DOCTYPE 根结点 PUBLIC "DTD名称" "DTD文件的URL">
```

或者

```
<!DOCTYPE 根结点 SYSTEM "DTD文件的URL">
```

其中，根结点指的是当前 XML 文件中的根标签。PUBLIC 表示当前引入的 DTD 是公共的 DTD。SYSTEM 表示引入系统中存在的文件。"DTD 文件的 URL"表示 DTD 存放的位置。

不过对于外部 DTD 约束，一个 XML 文件中只能引入一个 DTD 文件，并且 DTD 约束无法对 XML 中属性，以及标签中的数据进行数据类型的限定。Schema 约束对此进行了完善，它本身就是使用 XML 文件书写的，对 XML 的标签及属性，还有属性的数据类型、标签中子标签的顺序等具有严格的限定。如何编写约束文件，开发人员无须过多了解，只要掌握如何引入即可。

下面我们以 web.xml 的约束声明为例，进行简单说明。

```
<web-app xmlns="http://xmlns.jcp.org/xml/ns/javaee"
        xmlns:xsi="http://www.w3.org/2001/XMLSchema-instance"
        xsi:schemaLocation="http://xmlns.jcp.org/xml/ns/javaee        http://xmlns.jcp.org/
xml/ns/javaee/web-app_4_0.xsd"
        version="4.0">
```

其中，xmlns 用来指明根标签来自哪个命名空间。"xmlns:xsi"表示引入 W3C 的标准命名空间。"xsi:schemaLocation"用来指明引入的命名空间与哪个".xsd"文件对应，包含两个取值，第一个值为命名空间，第二个值为".xsd"文件的路径。

4.4　XML 解析

XML 解析指通过解析器读取 XML 文件，将数据解析成不同的格式。对 XML 的一切操作都是由解析开始的，因此解析非常重要。

4.4.1　解析方式简介

解析 XML 文件，主要有两种不同底层形式，一种是基于树形结构的 DOM 解析，另一种是基于事件流的 SAX 解析。DOM 是 W3C 组织推荐的处理 XML 的一种方式。SAX 不是官方标准，但它是 XML 社区实际上的标准，几乎所有的 XML 解析器都支持它。

- DOM（Document Object Model）：翻译为文档对象模型，是基于树形结构的 XML 解析，也是 Java 自带的 XML 解析方式。它要求解析器把整个 XML 文件装载到内存，并解析成一个 Document 对象。解析之后，元素与元素之间仍保留结构关系，方便对其进行增、删、改、查操作。不足之处在于，如果 XML 文件过大，可能会出现内存溢出问题。
- SAX（Simple API for XML）：基于事件流的 XML 文件解析。它是一种速度更快，更有效的方式，对 XML 文件逐行扫描，一边扫描一边解析，每执行一行，都会触发对应的事件。相比 DOM 解析方式，它不会出现内存问题，而且可以处理大的文件，但 SAX 解析只能从上到下按顺序读取文件，不能回写。

DOM 与 SAX 的对比如表 4-2 所示。

表 4-2　DOM 与 SAX 的对比

	DOM	SAX
速度	需要一次性加载整个 XML 文件，然后将其转换为 DOM 树，速度较差	顺序解析 XML 文件，无须将整个 XML 都加载到内存中，速度快
重复访问	将 XML 转换为 DOM 树之后，在解析时，DOM 树将常驻内存，可以重复访问	顺序解析 XML 文件，已解析过的数据，如果没有保存，将不能获得，除非重新解析
内存要求	内存占用较大	内存占用率低
增、删、改、查操作	可以对 XML 文件进行增、删、改、查操作	只能进行解析（查询操作）
复杂度	完全面向对象的解析方式，容易使用	采用事件回调机制，通过事件的回调函数来解析 XML 文件，略复杂

在这两种解析方式的基础上，基于底层 API 的、进行更高级封装的解析器也应运而生，比如面向 Java 的 JDOM、DOM4J 和 PULL 等。XML 解析技术体系如图 4-2 所示，DOM 解析相对简单，效率较高，后台多采用此种方式解析，需要重点掌握。而 SAX 解析主要适用于移动平台，这里了解即可。

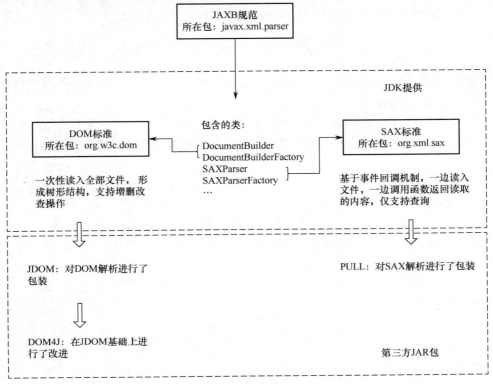

图 4-2　XML 解析技术体系

- JDOM（Java-based Document Object Model）：基于 Java 优化的文档对象模型。简化了 DOM 解析，针对 Java 进行了优化。
- DOM4J：DOM4J 是一个非常优秀的 Java XML API，具有性能优异、功能强大和极易使用的特点，同时它也是一个开放源代码的软件。如今，越来越多的 Java 软件都在使用 DOM4J 读写 XML。
- PULL：Android 内置的 XML 解析方式，类似于 SAX，都是轻量级的解析。区别在于，SAX 属于被动解析，一旦开始解析，则必须等待解析完成，期间不能控制事件的处理而主动结束。但 PULL 属于主动解析，可以在满足需要的条件后停止解析，不再获取事件，比 SAX 更加灵活。

接下来，我们重点介绍一下 DOM4J 的常用 API，以及解析 XML 文件的具体步骤。

4.4.2　DOM4J 解析

DOM4J 是一个简单、灵活的开放源代码库，由早期开发 JDOM 的团队分离出来后独立开发。与 JDOM 不同的是，DOM4J 使用接口和抽象基类，虽然 DOM4J 的 API 相对要复杂一些，但它提供了比 JDOM 更好的灵活性。DOM4J 可以用于处理 XML、XPath 和 XSLT，它基于 Java 平台，使用 Java 的集合框架，全面集成了 DOM、SAX 和 JAXP。下面介绍 DOM4J 常用的 API。

- 创建 SAXReader 对象，读取 XML 文件。

```
SAXReader saxReader = new SAXReader();
```

- 解析 XML 获取 Document 对象，需要传入要解析的 XML 文件的字节输入流。

```
Document document = saxReader.read(inputStream);
```

- 通过 Document 对象，获取 XML 文件中的根标签。

```
Element rootElement = document.getRootElement();
```

- 获取标签的子标签，包括获取所有子标签及根据指定标签名获取。

```
//获取所有子标签
List<Element> sonElementList = rootElement.elements();
//获取指定标签名的子标签
List<Element> sonElementList = rootElement.elements("标签名");
```

- 获取标签的名字。

```
String text = element.getName();
```

- 获取子标签体内的文本内容。

```
String text = element.elementText("标签名");
```

- 获取标签的某个属性的值。

```
String value = element.attributeValue("属性名");
```

了解了 DOM4J 的常用 API，接下来我们就可以应用它来解析文件了。使用 DOM4J 解析 XML 文件，具体步骤如下。

（1）导入 DOM4J 相应的 jar 包。

（2）创建解析器对象（SAXReader）。

（3）解析 XML 文件获得 Document 对象，Document 对象指的是加载到内存的整个 XML 文件。

（4）获取根结点 RootElement，根结点的类型为 Element 对象，指的是 XML 文件中的单个结点。

（5）获取根结点下的子结点。

下面演示使用 DOM4J 对 teachers.xml 文件进行解析。teachers.xml 文件示例代码如下。

```xml
<?xml version="1.0" encoding="UTF-8"?>

<teachers>
    <teacher id="1">
        <tname>王老师</tname>
        <tage>35</tage>
    </teacher>

    <teacher id="2">
        <tname>张老师</tname>
        <tage>50</tage>
    </teacher>
 </teachers>
```

使用 DOM4J 解析并遍历该文件，示例代码如下。

```java
//1、创建解析器对象
SAXReader reader = new SAXReader();
//2、使用解析器将 XML 文件转换为内存中的 document 对象
//注意：teachers.xml 位置是相对在项目根路径下查找 XML 文件
Document document = reader.read("teachers.xml");
//3、通过 Document 对象可以获取 XML 文件的根标签
Element rootElement = document.getRootElement();
//4、根据根标签获取所有根标签的子标签集合
List<Element> elements = rootElement.elements();
//5、遍历集合中的标签，并将所有的数据解析出来
for (Element element : elements) {
    //每次遍历就代表一个 teacher 信息
    System.out.println("正在遍历的标签名: "+element.getName());
    System.out.println("正在遍历标签的 id 属性值: "+element.attributeValue("id"));
    //获取 teacher 的子标签的内容
    String tname = element.elementText("tname");
    System.out.println("tname: "+tname);
```

```
    String age = element.elementText("tage");
    System.out.println("tage:"+age);
    System.out.println("==================================");
}
```

　　另外，DOM4J 还能够对 XML 文件进行增、删、改操作。例如，使用 DOM4J 对 teacher.xml 文件进行修改，演示添加新结点、修改 XML 文件的格式，该内容了解即可，示例代码如下。

```
SAXReader reader = new SAXReader();
Document document = reader.read("teachers.xml");
Element rootElement = document.getRootElement();
//添加一个新的 teacher 结点
Element newEle = rootElement.addElement("teacher");
//创建一个良好的 xml 格式
OutputFormat format = OutputFormat.createPrettyPrint();
//写入文件
XMLWriter xmlWriter = new XMLWriter(new FileWriter("teachers.xml"),format);
xmlWriter.write(document);
xmlWriter.close();
```

　　在 teachers.xml 文件中，使用 DOM4J 创建 XML 文件，并添加 teacher 结点，示例代码如下。

```
//1.创建 XML 文件
Document document = DocumentHelper.createDocument();
//2.添加根元素
Element root = document.addElement("teachers");
//3.添加元素结点
Element tcEle = root.addElement("teacher");
Element tcEle2 = root.addElement("teacher");
```

4.5　本章小结

　　本章介绍了 XML 的基础语法，明白一个标准的 XML 文件应该由文件声明、元素、属性、注释、特殊字符几部分组成。了解到 XML 文件的应用十分广泛，可以进行数据存储、数据交换，尤其经常用来作为各种应用程序的配置文件使用，这也是需要重点掌握的部分。还介绍了 XML 约束，学习到编写 XML 文件不仅需要遵循 XML 基本语法，还要符合第三方应用程序或框架给定的 XML 约束。最后介绍了 XML 解析，并重点讲解了使用 DOM4J 解析 XML 文件的全过程。通过本章学习，相信初学者将会对 XML 产生更深一步的理解，也为后续的学习奠定坚实的基础。

第5章

Tomcat

在正式开发 Web 应用之前，需要搭建 Web 开发环境，即安装 Web 服务器，运行 Web 应用程序。本章介绍的 Web 服务器为 Tomcat 服务器，它是一个免费开源的 Web 服务器，属于轻量级应用服务器，在很多中小型系统中被普遍使用。鉴于 Tomcat 是由 Java 代码编写的，所以还需要准备 JDK 环境，另外，为了提高开发效率，本书将借助 IntelliJ IDEA（简称 IDEA）开发工具编写 Java 程序。本章内容主要包括 Tomcat 如何进行下载、安装和项目部署，以及 Tomcat 与 IDEA 工具的整合使用，最后带领大家手把手编写动态 Web 工程。

5.1　Tomcat 简介

Web 服务器由硬件和软件共同构成。服务器硬件指能够提供服务让其他客户端访问的设备。服务器软

件本质上是一个应用程序，由代码编写而成，其运行在服务器设备上，能够接收请求并根据请求给客户端响应数据、发布静态或动态资源。服务器只是一台设备，必须安装服务器软件才能提供服务。通常情况下，我们可以把 Web 服务器理解成一台计算机主机，只不过这台计算机需要提供可靠的服务，对其在处理能力、稳定性、安全性方面的要求比普通计算机更高。如图 5-1 所示，为一个存放了很多服务器的机房。

关于 Web 服务器的作用及常见的 JavaWeb 服务器的简介已经在

图 5-1　一个存放了很多服务器的机房　1.1.2 节进行讲解。

5.1.1　什么是 Tomcat

Tomcat 是 Apache 软件基金会（Apache Software Foundation）的 Jakarta 项目中的一个核心项目，由 Apache、Sun 公司和其他一些公司及个人共同开发而成。由于 Sun 公司的参与和支持，最新的 Servlet 和 JSP 规范得以在 Tomcat 中体现。由于 Tomcat 技术先进、性能稳定，而且免费，因而深受 Java 爱好者的喜爱，并得到了部分软件开发商的认可，成为目前比较流行的 Web 应用服务器。Tomcat 服务器的结构图如图 5-2 所示。

Tomcat 的主要组件包括 Server 服务器、Service 服务、Connector 连接器和 Container 容器。Connector 连接器和 Container 容器是 Tomcat 的核心。一个 Container 容器和一个或多个 Connector 连接器组合在一起，加上其他一些支持组件共同组成一个 Service 服务，有了 Service 服务便可以对外提供服务能力。不过 Service 服务的正常运行需要一个生存环境，这个环境便是 Server 服务器，Server 服务器为 Service 服务的正常运行提供了生存环境，且 Server 服务器可以同时管理一个或多个 Service 服务。

对于企业来说，Tomcat 7.0 和 Tomcat 8.0 是使用比较广泛的版本。基本上 Tomcat 6.0 以下的版本都不再使用，下面我们将从 Tomcat 6.0 开始，对不同版本的 Tomcat 进行简单的介绍。

- Tomcat 6.x：支持 Servlet2.5、JSP2.1、EL。
- Tomcat 7.x：支持 Servlet3.0、JSP2.2、EL2.2、WebSocket1.1。
- Tomcat 8.x：支持 Servlet3.1、JSP2.3、EL3.0、WebSocket1.1。
- Tomcat 9.x：支持 Servlet4.0、JSP2.3、EL3.0、WebSocket1.1。

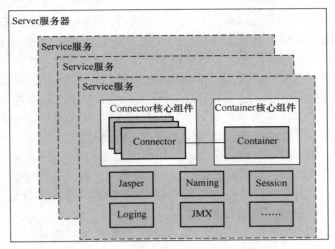

图 5-2　Tomcat 服务器的结构图

本书将基于 Tomcat 8.5.27 进行讲解。

5.1.2　安装 Tomcat

Tomcat 官网提供安装版和解压版两种版本的安装包，通常选择解压版即可，下载相应版本的安装包，直接解压就可以使用。

下面以 apache-tomcat-8.5.27-windows-x64.zip 压缩包为例，演示 Tomcat 的安装与部署。

首先进入 Tomcat 官方网站，下载该压缩包并进行解压。需要注意的是，为防止路径解析失败，请确保下载到非中文无空格的目录下。

如图 5-3 所示，将 Tomcat 解压到"D:\ProgramFiles\apache-tomcat-8.5.27"目录，这个目录包含 Tomcat 的 bin 目录、conf 目录等，称之为 Tomcat 的安装目录或根目录。

- bin：该目录下存放的是二进制可执行文件。如果是安装版，那么这个目录下会有两个 exe 文件：tomcat8.exe 和 tomcat8w.exe。前者是在控制台下启动 Tomcat，后者是弹出 GUI 窗口启动 Tomcat。如果是解压版，那么会有 startup.bat 和 shutdown.bat 文件，startup.bat 用来启动 Tomcat，但需要先配置 JAVA_HOME 环境变量才能启动，shutdawn.bat 用来停止 Tomcat。
- conf：这是一个非常重要的目录，这个目录下有四个最为重要的文件，具体如下。

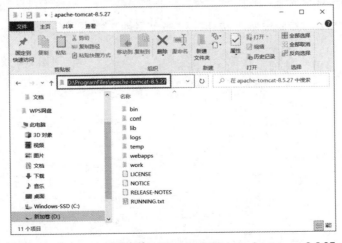

图 5-3　将 Tomcat 解压到 D:\ProgramFiles\apache-tomcat-8.5.27

① server.xml：配置整个服务器端信息。例如，修改端口号（默认 HTTP 请求的端口号是 8080）。

② tomcat-users.xml：存储 tomcat 用户的文件，这里保存的是 tomcat 的用户名及密码，以及用户的角色信

息。可以按照该文件中的注释信息添加 tomcat 用户，然后就可以在 Tomcat 主页中进入 Tomcat Manager 页面了。

③ web.xml：部署描述符文件，这个文件中注册了很多 MIME 类型，即文档类型。这些 MIME 类型是客户端与服务器端之间说明文档类型的，如用户请求一个 HTML 网页，那么服务器端还会告诉客户端浏览器响应的文档是 text/html 类型的，这就是一个 MIME 类型。客户端浏览器通过这个 MIME 类型就知道如何处理它了。当然是在浏览器中显示这个 HTML 文件了。但如果服务器端响应的是一个 exe 文件，那么浏览器就不可能显示它，而是应该弹出下载窗口。MIME 用来说明文档内容的类型。

④ context.xml：对所有应用的统一配置，通常我们不会去配置它。

- lib：Tomcat 的类库，里面是一大堆 jar 文件。如果需要添加 Tomcat 依赖的 jar 文件，可以把它存放到该目录中，当然也可以把应用依赖的 jar 文件存放到这个目录中，这个目录中的 jar 所有项目都可以共享，但这样你的应用存放到其他 Tomcat 下时就不能再共享这个目录下的 jar 包了，因此建议只把 Tomcat 需要的 jar 包存放到这个目录下。
- logs：这个目录中都是日志文件，记录了 Tomcat 启动和关闭的信息，如果启动 Tomcat 时有错误，那么异常也会记录在日志文件中。
- temp：存放 Tomcat 的临时文件，这个目录下的文件可以在停止 Tomcat 后删除。
- webapps：存放 Web 项目的目录，其中每个文件夹都是一个项目；如果这个目录下已经存在目录，那么都是 tomcat 自带的项目。其中，ROOT 是一个特殊的项目，在地址栏中访问：http://127.0.0.1:8080，没有给出项目目录时，对应的就是 ROOT 项目。可通过链接 http://localhost:8080/examples，进入示例项目。其中 examples 就是项目名，即文件夹的名字。
- work：运行时生成的文件，最终运行的文件都保存在这里。work 中的内容是通过部署 webapps 中的项目生成的！可以把这个目录下的内容删除，再次运行时会重新生成。当客户端用户访问一个 JSP 文件时，Tomcat 会通过 JSP 生成 Java 文件，然后再编译 Java 文件生成 class 文件，生成的 java 和 class 文件都会存放到这个目录下。
- LICENSE：许可证。
- NOTICE：说明文件。

5.1.3 配置环境变量

正式启动 Tomcat 前，我们还需要为其配置环境变量，包括 JAVA_HOME 和 CATALINA_HOME，步骤如下。

1. 配置 JAVA_HOME 环境变量

（1）右击"计算机/我的电脑/此电脑"按钮，选择"属性"选项，如图 5-4 所示。

（2）单击"高级系统设置"选项，如图 5-5 所示。

图 5-4　右击"此电脑"选择"属性"

图 5-5　单击"高级系统设置"选项

（3）单击"高级"选项卡中的"环境变量（N）..."按钮，如图 5-6 所示。

（4）在系统变量中单击"新建"按钮，创建"JAVA_HOME"变量，对应的变量值为 JDK 安装目录，如"D:\Program Files\Java\jdk1.8.0_141"，如图 5-7 所示（注意，这里先检查是否已经配置该环境变量，没有配置再新建）。

图 5-6　单击"环境变量（N）"按钮

图 5-7　创建"JAVA_HOME"变量

（5）找到"系统变量"的 Path 变量，将"%JAVA_HOME%\bin"加入 Path 环境变量中，并单击"确定"按钮，如图 5-8 所示。建议使用系统变量中的 Path 变量，而不是上面用户变量中的 Path 变量，它们的区别在于，系统变量适用于任意用户，用户变量仅适用于当前用户。

（6）验证环境变量是否配置成功。关闭之前的命令行窗口，再次打开一个新的命令行窗口，否则新配置的环境变量在原来的命令行窗口不起作用。Windows+R 键，再次输入 cmd，打开命令行窗口，然后输入 javac，发现在任意目录运行 javac 时不会提示"javac 不是内部或外部命令"，如图 5-9 所示，说明环境变量配置成功。

图 5-8　将"%JAVA_HOME%\bin"加入 Path 环境变量

图 5-9　验证环境变量是否配置成功

2. 配置 CATALINA_HOME 环境变量

CATALINA_HOME 环境变量，用来指定 Tomcat 的安装路径，为可选项。配置过程同上，打开"环境变量"管理页面，在系统变量中创建 CATALINA_HOME 环境变量，如图 5-10 所示。

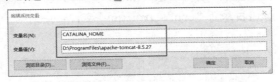

图 5-10　创建 CATALINA_HOME 环境变量

最后将"%CATALINA_HOME%\bin"加入 Path 变量中，如图 5-11 所示。

图 5-11　将"%CATALINA_HOME%\bin"加入 Path 变量

5.1.4　启动 Tomcat

配置好环境变量，接下来就可以正式启动 Tomcat 了。在 Tomcat 解压目录的 bin 目录下双击 startup.bat 启动 Tomcat 服务器，如图 5-12 所示，在浏览器地址栏访问"http://localhost:8080"进行测试。

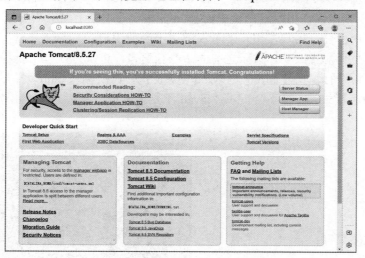

图 5-12　启动 Tomcat 并访问首页

如果启动失败，可能存在以下两种情况。

情况一：双击 startup.bat 后窗口一闪而过。

如果双击 startup.bat 后窗口一闪而过，请查看 JAVA_HOME 是否配置正确。双击 startup.bat 会调用 catalina.bat，而 catalina.bat 会调用 setclasspath.bat，setclasspath.bat 会使用 JAVA_HOME 环境变量，因此我们必须在启动 Tomcat 之前把 JAVA_HOME 配置正确。

情况二：启动失败，提示端口号被占用。

如果启动失败，提示端口号被占用，则将默认的 8080 端口修改为其他未使用的值，例如 8989 等。具体操作步骤如下，打开 Tomcat 解压目录下"conf\server.xml"文件，找到第一个<Connector>标签，修改 port 属性值，如图 5-13 所示。

图 5-13　查找<Connector>标签，修改 port 属性值

Web 服务器在启动时，实际上监听了本机上的一个端口，当有客户端向该端口发送请求时，Web 服务器就会处理请求。但是如果不是向其所监听的端口发送请求，Web 服务器不会做任何响应。例如，Tomcat 启动监听了 8989 端口，而访问的地址是"http://localhost:8080"，将不能正常访问。

5.2　IDEA 整合 Tomcat

为了使开发更加方便快捷，我们可以直接在 IDEA 工具中整合 Tomcat。在 IDEA 中配置好 Tomcat 后，可以直接通过 IDEA 工具控制 Tomcat 的启动和停止，而不用再去操作 startup.bat 和 shutdown.bat 命令。具体步骤如下。

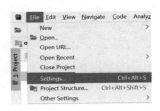

（1）单击"File"菜单，选择"Settings..."选项，如图 5-14 所示。

（2）进入 Settings 新窗口，选择"Build,Execution,Deployment"选项下的"Application Servers"选项，然后单击右侧的加号"+"，选择"Tomcat Server"，如图 5-15 所示。

图 5-14　单击"File"菜单，选择"Settings…"选项

（3）进入"Tomcat Server"新窗口配置 Tomcat 服务器，指定本地 Tomcat 的安装目录，如图 5-16 所示。然后单击"OK"按钮即可，接下来就可以在 IDEA 中使用 Tomcat 了。

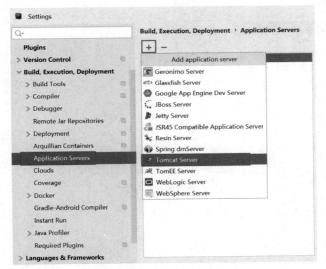

图 5-15　添加"Tomcat Server"

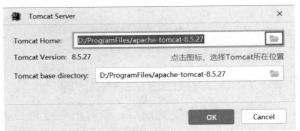

图 5-16　对 Tomcat 进行初始设置

5.2.1　创建动态 Web 工程

下面演示使用 IDEA 创建动态 Web 工程，动态 Web 工程即 Java 项目和 static web 项目的结合，也称为企业级 Java 项目，需要借助 Tomcat 服务器部署运行，步骤如下。

（1）单击"File"菜单，选择"New"选项下的"Module..."，如图 5-17 所示。

（2）进入"New Module"新窗口，创建普通项目，并为该动态 Web 项目命名，例如命名为"chapter05_tomcat"，且填写存储位置、选择 JDK 版本等信息，如图 5-18 所示。

（3）单击"Create"按钮，创建完成。然后单击"chapter05_tomcat"，选择"Add Framework Support"添加 Web 模块，如图 5-19 所示。

（4）进入"Add Frameworks Support"新窗口，勾选"Web Application"和"Create web.xml"，如图 5-20 所示。

最后单击"OK"按钮即可，至此一个动态 Web 项目就创建完成了。

图 5-17　创建 Module 模块

图 5-18　配置 Tomcat 服务器和 JDK 等

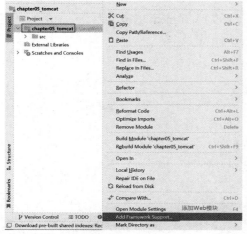

图 5-19　添加 Web 模块

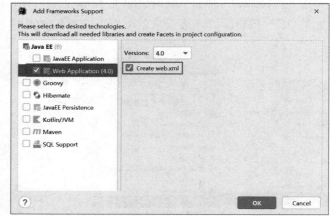

图 5-20　进入"Add Frameworks Support"新窗口

5.2.2　Web 工程的目录结构说明

动态 Web 项目创建完成后，查看该项目的目录结构，如图 5-21 所示。

"chapter05_tomcat"项目目录主要包括两部分，分别为 src 目录和 web 目录。index.jsp 可以被删除，由于 JSP 技术已经过时，因此该文件不必理会。

- src 目录：存放 Java 源代码的目录。
- web 目录：存放静态资源的目录，例如.html 文件、.css 文件、.js 文件或者图片、音频、视频等。
- WEB-INF 目录：该目录下的文件，是不能被客户端直接访问的。凡是客户端能访问的资源（*.html 或 *.jpg）必须跟 WEB-INF 在同一级目录，即放在 web 根目录下的资源，从客户端是可以通过 URL 地址直接访问的。
- web.xml 文件：是 Web 项目的核心配置文件。

另外，我们需要在 WEB-INF 目录下新建一个文件夹 lib，用于存放第三方 JAR 包，如图 5-22 所示。

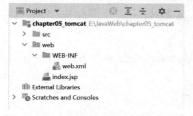

图 5-21　动态 Web 项目的目录结构

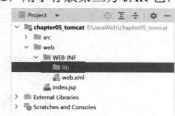

图 5-22　创建 lib 文件夹

注意，lib 文件夹必须放在 WEB-INF 目录下，且名称只能为 lib，不然无法部署到服务器端上，将导致代码运行失败。

接下来，需要将该项目部署到 Tomcat 服务器。如图 5-23 所示，单击"Edit Configurations"，进入"Run/Debug Configurations"新窗口。

图 5-23　单击"Edit Configurations"

在"Run/Debug Configurations"新窗口，单击"+"号，添加 Tomcat 服务器，如图 5-24 所示。

添加 Tomcat 服务器后，部署该项目。如图 5-25 所示，单击右下角"Fix"提示，选择该项目对应的"artifact"。

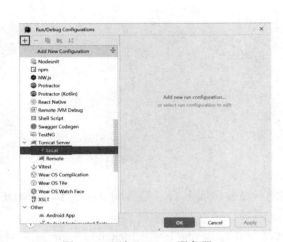

图 5-24　添加 Tomcat 服务器

图 5-25　选择该项目对应的"artifact"

chapter05_tomcat 项目对应的"artifact"是"chapter05_tomcat:war exploded"，它就是编译后的项目，将其部署到 Tomcat 服务器上，然后单击"OK"按钮即可，如图 5-26 所示。

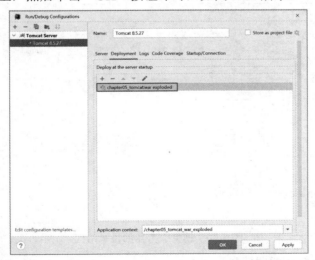

图 5-26　将"chapter05_tomcat:war exploded"部署到 Tomcat 服务器上

然后启动 Tomcat，在 IDEA 中可以看到上方菜单栏显示的"Tomcat 8.5.27"，单击其右侧绿色三角按钮即可，如图 5-27 所示。

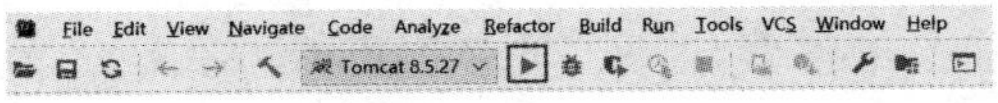

图 5-27　启动 Tomcat

查看控制台，如图 5-28 所示，左侧显示"√"，且右侧显示"Connected to server"表明 Tomcat 服务器启动成功。Tomcat 启动后，自动打开浏览器页面，如图 5-29 所示。

图 5-28　查看控制台

图 5-29　启动 Tomcat 后，自动打开浏览器页面

其实页面上显示的是 index.jsp 页面，示例代码如下，该页面后续不会使用，而且初始页面可以手动设置，接下来会详细介绍。

```jsp
<%@ page contentType="text/html;charset=UTF-8" language="java" %>
<html>
    <head>
        <title>$Title$</title>
    </head>
    <body>
        $END$
    </body>
</html>
```

5.2.3　Tomcat 相关配置

IDEA 整合 Tomcat 本质上是针对本地的 Tomcat 创建的一个镜像服务器，相当于一个副本，在 IDEA 中运行项目时，并不会直接调用本地的 Tomcat。

所有的镜像服务器都存放在"C:\Users\用户名\AppData\Local\JetBrains\IntelliJIdea2022.3\tomcat"目录下。例如，前面创建的 Web 工程对应的镜像服务器"8dedf0e8-6f2b-4e34-b825-9783dd3ade1e"，其目录结构如图 5-30 所示。

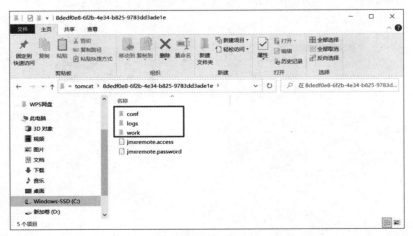

图 5-30　镜像服务器的目录结构

- conf 目录：镜像服务器的配置信息。
- logs 目录：日志目录。
- work 目录：工作目录。

对比本地的 Tomcat 服务器，镜像服务器中缺少了 bin 和 lib 目录，可以看出，镜像服务器仍然依赖于本地服务器端，conf、logs 和 work 是每个镜像服务器独用的，但 bin 和 lib 是所有镜像服务器共用的，统一从本地服务器端获取。

值得注意的是，本地服务器不能随意更换位置，且不能删除，以免镜像服务器无法找到，从而导致运行失败。

下面针对 IDEA 中的 Tomcat 镜像服务器进行相关配置。如图 5-31 所示，选择"Edit Configurations..."选项对其配置。

进入"Run/Debug Configurations"新窗口，可以设置 Tomcat 镜像服务器的名称、启动时自动弹出的浏览器网址、刷新机制、端口号等，如图 5-32 所示。

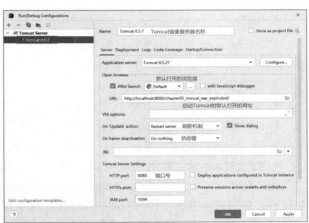

图 5-31　选择"Edit Configurations..."选项

图 5-32　配置 Tomcat 镜像服务器

1. 名称

针对"chapter05_tomcat"项目，Tomcat 镜像服务器的名称建议修改为"chapter05_tomcat_server"，见名知意，也避免了多个项目需要部署 Tomcat 时发生冲突。

2. 初始页面

在 IDEA 中启动镜像服务器时，会自动弹出浏览器打开初始页面，开发人员可以自行修改，使用哪个浏览器打开页面，以及设置启动 Tomcat 时默认打开的网址，不指定默认打开 index 页面，例如删掉 index.jsp，找不到页面则浏览器会报 404 错误，如图 5-33 所示。

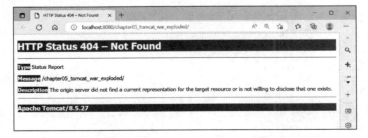

图 5-33　页面找不到显示 404 错误

另外，我们还可以手动设置初始页面，例如在 web 目录下创建 admin.html 页面，示例代码如下，并在"Run/Debug Configurations"页面设置默认打开网址 URL 为"http://localhost:8080/chapter05_tomcat_war_exploded/admin.html"。

```html
<html>
<head>
    <title>admin</title>
    <meta charset="utf-8">
</head>
```

```
<body>
admin 新页面
</body>
</html>
```

重新启动 Tmocat，浏览器页面如图 5-34 所示。

图 5-34　浏览器页面

3．刷新机制

启动 Tomcat 后，如果项目有变动，直接访问页面是无法看到变化的，这也证实了真正部署到服务器端上的项目是编译后的项目，本地修改并不会影响服务器端中的项目，此时可以刷新服务器端，分别有以下四种刷新情况，如图 5-35 所示。

- Update resources：表示只更新 web 目录下的资源。
- Update classes and resources：表示不仅更新 web 目录下的资源，还更新 src 目录下的类信息。
- Redeploy：表示重新在 Tomcat 服务器上部署项目，此时项目会被重新编译。
- Restart server：表示重启 Tomcat 服务器，相比重新部署，会耗费更多时间。

通常情况下，刷新服务器端推荐选用 "Redeploy"。另外，端口号一般不用改动，如果需要同时启动多个项目，则需要修改端口号，保证不同项目对应端口号不同才能正常运行。

了解了关于镜像服务器的基本配置，如图 5-36 所示，在 "Run/Debug Configurations" 窗口还可以设置该服务器端上部署的项目，"chapter05_tomcat_war_exploded" 项目就是 "chapter05_tomcat" 编译后的项目。

注意，上下文路径非常重要，在今后的项目开发中，我们将会经常见到它，这里暂且对其有一个认识即可。

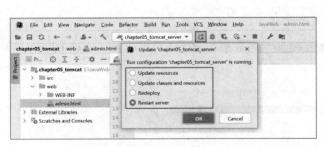

图 5-35　四种刷新情况

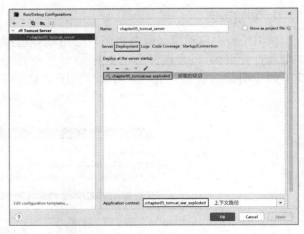

图 5-36　服务器上部署的项目

5.2.4　Web 工程编译后的项目结构说明

启动 Tomcat 后，IDEA 会自动对项目进行编译，编译后的项目一般放在 out 目录下。如图 5-37 所示，单击 "File" 菜单，选择 "Project Structure..." 选项。

进入 "Project Structure..." 新窗口，选择 "Project" 选项，查看编译后的 out 目录，如图 5-38 所示。如果此处为空，则需要手动添加 out 目录。

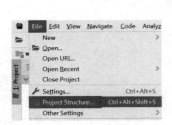

图 5-37　选择"Project Structure…"选项

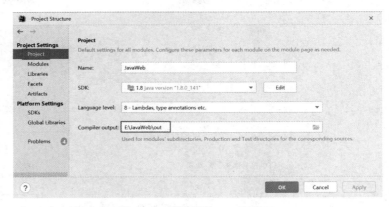

图 5-38　编译后的 out 目录

下面为"chapter05_tomcat"项目补充一些信息，包括类、第三方 JAR 包和图片等静态资源，如图 5-39 所示。重启服务器端，打开本地"E:\JavaWeb\out"目录，如图 5-40 所示。

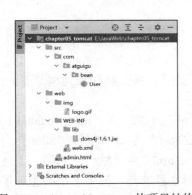

图 5-39　chapter05_tomcat 的项目结构

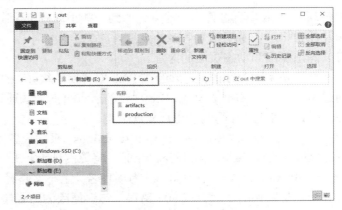

图 5-40　查看"E:\JavaWeb\out"目录

其中，artifacts 目录用来存放动态 Web 工程编译后的结果；production 目录用来存放 Java 类编译后的结果。打开 artifacts 目录，可以看到"chapter05_tomcat_war_exploded"项目。编译后的项目名称，虽然与原先有所不同，但并没有什么影响，只是一个名称而已，不必在意。然后进入"chapter05_tomcat_war_exploded"目录，查看该项目的目录结构，如图 5-41 所示。

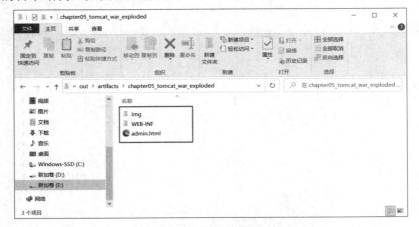

图 5-41　编译后的目录结构

不难发现，编译后的项目目录中存放的是本地项目中 web 目录下的所有内容。那么，本地项目中 src 目录的内容编译后存放在何处呢？其实在 WEB-INF 目录下多出了一个 classes 文件夹，如图 5-42 所示。而 src 目录中的 Java 代码，编译后生成的 class 文件全部放在该 classes 文件夹中。

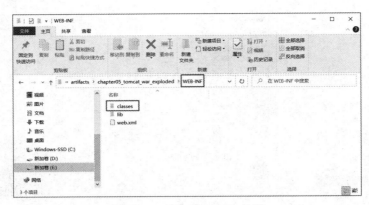

图 5-42　查看 WEB-INF 目录

5.3　常见问题

创建动态 Web 项目过程中，难免会遇到一些小问题，导致代码运行失败，下面总结了一些开发中常见的问题及注意事项，希望初学者多加注意，防患于未然。

（1）静态页面和动态页面的区别。

静态页面是实际存在的，无须经过 Web 服务器的编译，直接加载到客户浏览器上显示出来。动态页面需要通过 Web 服务器处理，动态 Web 项目的所有页面无法通过静态方式（直接复制网址到浏览器）打开。

（2）IDEA 默认打开的网址出现 404 问题。

前面介绍了可以在"Run/Debug Configurations"页面设置默认打开网址 URL，如"http://localhost:8080/chapter05_tomcat_war_exploded/index.html"。将该网址拆解开来，"localhost"为 IP 地址，"8080"为端口号，"chapter05_tomcat_war_exploded"为项目名（上下文路径），"index.html"为（默认）资源。上述四部分只要有一处是错误的，就会报 404 错误，错误原因为路径错误。值得注意的是，如果不小心删掉了项目名，如图 5-43 所示，可以在"Run/Debug Configurations"窗口的"Deployment"页面，找到"Application context"，重新复制一份该上下文路径到 URL 中。

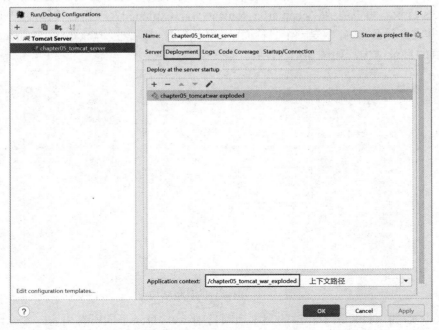

图 5-43　查看"Application context"上下文路径

需要注意的是，上下文路径是可以修改的，但对于初学者来说，建议使用默认值，不要随意修改。

（3）浏览器无法自动打开初始页。

如果启动 Tomcat 后，浏览器无法自动弹出页面，可以手动复制"Run/Debug Configurations"页面下的 URL 网址到浏览器。

（4）静态资源（页面、图片等）必须放在 web 目录下，lib 只能放在 WEB-INF 目录下，否则将找不到资源或 JAR 包。

（5）如果更新代码后，重新部署但依然无效，则需要找到编译后的项目位置，查看是否更新，如果没有更新则删除该项目，然后重新启动服务器端，进行部署运行。

5.4 本章小结

本章主要介绍了 Tomcat 相关知识，介绍了什么是 Tomcat，如何安装和配置 Tomcat，以及 IDEA 中如何使用和配置 Tomcat。Web 服务器是学习 Web 开发的必备内容，因此 Tomcat 的学习至关重要。本章实操内容较多，全程手把手带领大家操作，重点掌握 Web 工程的创建及 Tomcat 相关配置，能够区分本地项目的目录结构和编译后的目录结构，了解 IDEA 工具的一些默认机制，即自动对项目进行编译、创建镜像服务器。希望初学者能够对 Tomcat 的使用和配置勤加练习，熟练掌握。

第6章

HTTP

HTTP 是学习 JavaWeb 开发的基石，绝大多数的 Web 开发，都是构建在 HTTP 之上的。Web 开发过程涉及客户端与服务端的交互，这一点我们需要对 HTTP 有深入的了解。理解和掌握 HTTP，将有助于我们更好地学习和掌握 Servlet 技术，以及其他相关的 Web 开发技术。本章主要介绍 HTTP 会话方式、报文，以及浏览器监听 HTTP 的相关操作等。

6.1 HTTP 简介

HTTP 全称是 HyperText Transfer Protocol，原意是"超文本转移协议"，最初引入国内被翻译成"超文本传输协议"。本书在后面部分均称之为"超文本传输协议"。超文本的概念是泰德·纳尔森（Ted Nelson）在 1960 年代提出的。进入哈佛大学后，纳尔森一直致力于超文本协议和该项目的研究，但他从未公开发表过资料。1989 年，蒂姆·伯纳斯·李（Tim Berners Lee）在 CERN（欧洲原子核研究委员会，全称为 European Organization for Nuclear Research）担任软件咨询师的时候，开发了一套程序，奠定了万维网（WWW，全称为 World Wide Web）的基础。1990 年 12 月，超文本在 CERN 首次上线。1991 年夏天，继 Telnet 等协议之后，超文本转移协议成为互联网诸多协议的一分子。

当时，Telnet 协议解决了一台计算机和另外一台计算机之间一对一的控制型通信的要求。邮件协议解决了一个发件人向少量人员发送信息的通信要求。文件传输协议解决一台计算机从另外一台计算机批量获取文件的通信要求，但是它不具备一边获取文件一边显示文件或对文件进行某种处理的功能。新闻传输协议解决了一对多新闻广播的通信要求。而超文本要解决的通信要求是：在一台计算机上获取并显示存放在多台计算机里的文本、数据、图片和其他类型的文件。它主要包含两大部分，超文本转移协议和超文本标记语言（HTML）。随后，HTTP、HTML 以及浏览器的诞生，给互联网的普及带来了飞跃进展。

超文本传输协议是我们浏览网页、观看在线视频或者听在线音乐等必须遵守的规则。正是在这样的规则下，浏览器才能向万维网服务器端发送万维网文档请求，然后服务器端会将请求的文档发送回浏览器。在浏览器和服务器之间的请求和响应的交互，必须按照规定的格式和规则进行，这些格式和规则构成了超文本传输协议。

6.1.1 什么是 HTTP

HTTP 是一个属于应用层的面向对象的协议。它适用于分布式超媒体信息系统，经过十几年的使用与发展，不断完善和扩展。由于其简洁、快速的方式，是现今在 WWW 上应用得最多的协议，本书基于 HTTP1.1 版本。值得一提的是，HTTP1.1 后支持可持续连接。HTTP 作为应用层协议，详细规定了浏览器和万维网服务器端之间互相通信的规则，是通过因特网传送万维网文档的数据传送协议。

客户端与服务端通信时，传输的内容我们称之为报文。HTTP 是一个通信规则，这个规则规定了客户端发送给服务器端的报文格式，也规定了服务器端发送给客户端的报文格式。HTTP 包括请求和响应两种报文，客户端发送给服务器端的报文称为"请求报文"，服务器端发送给客户端的报文称为"响应报文"。

　　类比生活中的案例，HTTP 可以看作租房时签署的租房协议，用于规范多方需遵守的规则，又好比以前人们通过书信方式通信时，信封上要遵循的规范。例如，用户（客户端）访问京东网页（服务器端）进行购物，就是客户端和服务器端之间互相通信的过程。用户给服务器端写信，即用户向服务器端发送请求，请求的全部内容被称为请求报文；反之，服务器端给用户回信，即服务器端对用户做出响应，响应的全部内容被称为响应报文。而信（报文）是有格式的，由 HTTP 来规定，也就是说 HTTP 规定互联网之间如何传输数据。

　　HTTP 也是一个基于请求/响应模式的，无状态的协议。什么是无状态呢？无状态是指协议对于事务处理没有记忆能力，就是说客户端发出一个请求，服务端对其响应，此时，如果同一客户端又发出一个请求，服务器端并不能记住当前请求是由刚才的客户端发出的请求，这就是所谓的无状态的含义。缺少状态意味着如果后续处理需要前面的信息，则它必须重传，这样可能导致每次连接传送的数据量增大。另一方面，在服务器端不需要先前信息时，它的应答就较快。

6.1.2　会话方式

　　浏览器与服务器之间的通信过程，如图 6-1 所示。一次完整的请求响应通常需要经历以下四个步骤。

　　步骤一：客户端和服务器端建立连接。

　　步骤二：客户端发送请求数据到服务器端。

　　步骤三：服务器端接收请求后进行处理，然后将处理结果响应给客户端。

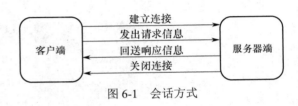

图 6-1　会话方式

　　步骤四：关闭客户端和服务器端的连接（HTTP1.1 后不会立即关闭）。

　　浏览器与 Web 服务器的连接过程是短暂的，每次连接只处理一个请求和响应。对每一个页面的访问，浏览器与 Web 服务器都要建立一次单独的连接。浏览器到 Web 服务器之间的所有通信都是完全独立分开的请求和响应对。

6.1.3　不同版本的区别

　　在 HTTP1.0 中，如果浏览器请求一个带有图片的网页，会由于下载图片而与服务器端之间开启一个新的连接；但在 HTTP1.1 中，允许浏览器在拿到当前请求对应的全部资源后再断开连接，这样做可以提高效率，如图 6-2 所示。

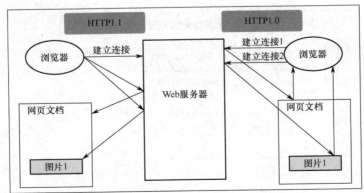

图 6-2　HTTP1.0 和 HTTP1.1 的区别

　　HTTP 协议一共包含 3 个版本，分别是 HTTP1.0、HTTP1.1 和 HTTP2.0。HTTP1.0 规定了浏览器与服务器端之间是短暂的连接，每次请求都要建立一个连接，称为 TCP 连接。当两端处理完数据后立刻断开连接，因此这是一个无状态的请求，服务器端不去记录客户端以前的请求。

而 HTTP1.1 继承了 HTTP1.0 简单的特点，并在此基础上规定了长连接的协议。那么我们应该如何实现长连接呢？其实，HTTP1.1 在 HTTP1.0 的基础上增加了一个 connection 字段，其值为 keep-alive，代表连接不断开，这种连接方式提高了网络利用率。如果不想用长连接，可以设置 connetion 的值为 false，关闭长连接。HTTP1.1 也支持管道化技术，即所使用的并行技术，需要注意的是，并行的实现要求服务器端必须按照客户端请求的顺序依次返回响应，该版本是我们主讲版本。

HTTP2.0 在 HTTP1.1 的基础上增加了二进制，改进了 HTTP1.1 的性能，突破了传输过程中的瓶颈。由于该规范相比 HTTP1.1 和 HTTP1.0 而言改动较大，所以不再延续之前为 HTTP1.3 而直接改成了 HTTP2.0，HTTP2.0 支持多路复用，连接共享，并且头部做了压缩，支持服务器端主动推送。

6.2 报文

HTTP 报文是 HTTP 应用程序之间发送的数据块，以一些文本形式的元信息开头，这些信息描述了报文的内容及含义，后面跟着可选的数据部分。HTTP 报文是面向文本的，报文中的每一个字段都是一些 ASCII 码串，各个字段的长度是不确定的。

报文的组成包括三部分，报文首部、空行和报文主体，如图 6-3 所示。

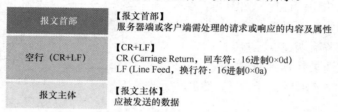

图 6-3　报文的组成

HTTP 报文包括请求报文和响应报文两类。这些报文在客户端、服务器端和代理之间流动。一次 HTTP 请求，HTTP 报文会从"客户端"流到"代理"再流到"服务器端"，在服务器端完成工作之后，报文又会从"服务器端"流到"代理"再流到"客户端"。请求报文指浏览器发给服务器端的内容。响应报文指服务器端发回给浏览器的内容。下面分别对请求报文和响应报文展开介绍。

6.2.1　请求报文

请求报文一般包括四部分，分别为请求行（Request Line）、请求头（Headers）、空行（Blank Line）、请求体（Request Body），如图 6-4 所示。

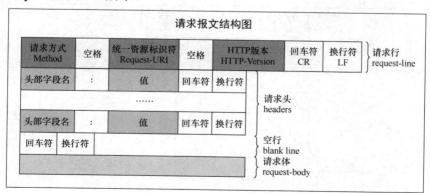

图 6-4　请求报文格式

在请求报文中，开始行就是请求行。请求行包括三部分，分别为请求方式、访问路径和 HTTP 版本号。请求头包含很多内容，如 Content-Type（内容类型）、Content-Length（指定 Body 长度）、User-Agent（用户代理）等。请求体就是报文的主要数据部分，可以是任意数据类型的数据。比如请求体中包含了要发给服务器端的数据，响应体中装载了要返回给客户端的数据。

请求报文的格式如下。

```
<method> <request-URL> <version>
<headers>

<entity-body>
```

- method（方法），即请求方式，客户端希望服务器端对资源执行的动作，比如 GET、POST。
- request-URL（请求路径），命名了所请求的资源。
- version（版本），报文所使用的 HTTP 版本。
- headers（首部），可以有零个或者多个首部，每个首部都包含一个名字，后面跟着一个冒号 "："，然后是一个可选的空格，接着是一个值，最后是一个 "CRLF"。
- entity-body（实体的主体部分），包含一个由任意数据组成的数据块。注意，并不是所有的报文都包含实体的主体部分。

HTTP 中包括以下 8 种请求方式，HTTP1.0 定义了 GET、POST、HEAD 3 种请求方式，HTTP1.1 则新增了 OPTIONS、PUT、DELETE、TRACE 和 CONNECT 5 种请求方式。常见的有 GET、POST、PUT、DELETE 等。本节内容重点掌握 GET 请求和 POST 请求，其他请求方式这里暂不做介绍。

GET 请求的请求参数拼接在 URL 地址中，请求参数是可见的，因为地址栏数据大小一般限制为 4kB，所以 GET 请求数据大小受限，且只能携带纯文本。由于在请求首行中已经携带请求参数，故无须请求体，也没有请求空行，因此 GET 请求的封装和解析都很快、效率较高。浏览器默认提交的请求均为 GET 请求。

POST 请求参数在地址栏是不可见的相对安全，请求体数据大小也没有限制，可以用来上传任意内容，例如文件、文本等，且上传文件只能使用 POST 请求来实现。与 GET 请求相比，最大的区别是有请求体，数据在请求体中携带，也因此效率较低。

GET 和 POST 请求的区别如表 6-1 所示。

表 6-1　GET 和 POST 请求的区别

	GET　请　求	POST　请　求
请求参数位置	拼接在地址栏	请求体内
数据量的大小	有限，地址栏数据大小一般限制为 4kB	理论上是无限的
数据安全	不安全，地址栏可见	相对安全，打开开发者工具（按 F12 键）查看请求体可见
请求体	没有请求体	有请求体

一般情况下，单击超链接或者在网页地址栏直接输入 URL 地址访问服务器端时，默认请求方式均为 GET 请求，而 Form 表单提交可以借助 GET 请求，也可以借助 POST 请求，关键在于 method 属性值。如果 method 值为 get，则表单提交的请求方式为 GET 请求；如果 method 值为 post，则表单提交的请求方式为 POST 请求。

下面通过具体案例来分别演示 GET 请求和 POST 请求。

1. GET 请求

首先在 JavaWeb 工程下创建 chapter06_http 项目，并复制一份 chapter05_tomcat 项目代码到 chapter06_http 项目下，接下来在第 5 章代码的基础上开展第 6 章的内容。

修改 admin.html 文件，通过创建一个超链接和一个表单来演示 GET 请求，示例代码如下。

```
<!--超链接-->
<a href="https://www.baidu.com/">点我</a><br/><br/>
<!--表单提交之 GET 请求-->
<form action="login_success.html" method="get">
```

```
用户姓名: <input name="username" type="text" /><br/>
用户密码: <input name="password" type="password" /><br/>
<input type="submit" value="登录" />
</form>
```

运行代码，按 F12 键或打开浏览器开发者工具，选择"Network"选项，重新刷新页面后单击该页面 admin.html，选择查看"Headers"信息，如图 6-5 所示。

使用不同浏览器查看 F12 页面时，显示形式可能有所不同，图 6-5 是通过谷歌浏览器查看的结果。如图 6-6 所示，在 Edge 浏览器中按 F12 键查看请求和响应信息，导航栏均翻译为中文形式。

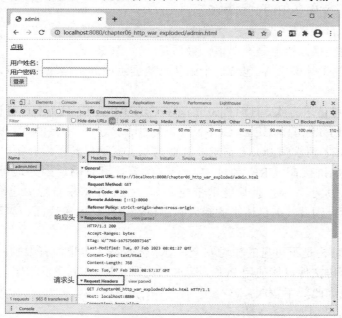

图 6-5　按 F12 键查看 GET 请求的 Headers 信息

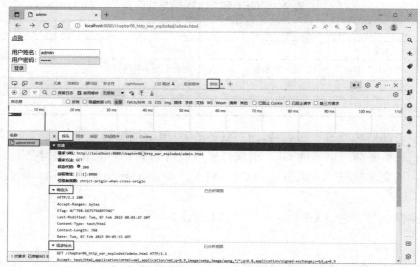

图 6-6　在 Edge 浏览器中按 F12 键查看请求和响应信息

下面分别对 GET 请求的各部分展开介绍。请求行的示例代码如下。

```
GET /chapter06_http/login_success.html?username=admin&password=123213 HTTP/1.1
```

从上述代码中可以看出，请求方式为 GET 请求；访问的服务器中的资源路径为"/chapter06_http/login_success.html"；其中，该请求包含两个请求参数 username 和 password，其值分别为 admin 和 123213；遵循的协议的版本为 HTTP1.1。

请求头（HTTP 请求中的 Headers）的示例代码如下。

```
Host: localhost:8080
Connection: keep-alive
Upgrade-Insecure-Requests: 1
User-Agent: Mozilla/5.0 (Windows NT 6.1; WOW64) AppleWebKit/537.36 (KHTML, like Gecko)
Chrome/68.0.3440.75 Safari/537.36
Accept:text/html,application/xhtml+xml,application/xml;q=0.9,image/webp,image/apng,*/*;q
=0.8
Referer: http://localhost:8080/05_web_tomcat/login.html
Accept-Encoding: gzip, deflate, br
Accept-Language: zh-CN,zh;q=0.9,en-US;q=0.8,en;q=0.7
```

从上述代码中可以看出，请求头均以 key-value 键值对组成，下面对其内容一一分析。

- Host 代表主机虚拟地址。
- Connection 值为 keep-alive，表示本次连接方式为长连接。
- "Upgrade-Insecure-Requests" 表示请求协议的自动升级，比如 HTTP 的请求，服务器端却是 HTTPS 开头，因为浏览器自动会将请求协议升级为 HTTPS。
- User-Agent 表示用户系统信息。
- Accept 表示浏览器支持的文件类型，其中 "text/html" 表示 HTML 数据格式，"application/xml" 表示 XML 数据格式。
- Referer 表示当前页面的上一个页面的路径，即指明当前页面是通过哪个页面跳转过来的，可以通过此路径跳转回上一个页面。
- "Accept-Encoding" 表示浏览器支持的压缩格式。
- "Accept-Language" 表示浏览器支持的语言。

2. POST 请求

POST 请求要求将 Form 标签的 method 属性设置为 post，示例代码如下。

```html
<form action="target.html" method="post">
    用户姓名：<input name="username" type="text" />
    用户密码：<input name="pwd" type="password" />
    <input type="submit" value="登录" />
</form>
```

运行代码，按 F12 键或打开浏览器开发者工具，选择 "Network" 选项，重新刷新页面后单击该页面 admin.html，选择查看 "Headers" 信息，如图 6-7 所示。

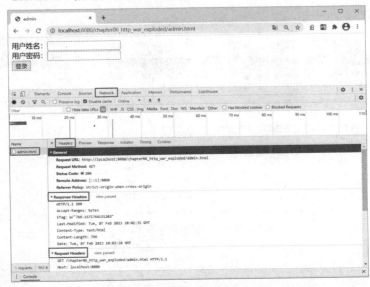

图 6-7　按 F12 键查看 POST 请求的 Headers 信息

下面分别对 POST 请求各个部分展开介绍。请求行的示例代码如下。

```
POST /chapter06_http/login_success.html HTTP/1.1
```

从上述代码中可以看出，请求方式为 POST 请求；访问服务器端的资源路径"/chapter06_http/login_success.html"，且路径中不包括请求参数的内容，请求参数保存在请求体中；遵循协议的版本为 HTTP1.1。

请求头的示例代码如下。

```
Host: localhost:8080
Connection: keep-alive
Content-Length: 31
Cache-Control: max-age=0
Origin: http://localhost:8080
Upgrade-Insecure-Requests: 1
Content-Type: application/x-www-form-urlencoded
User-Agent: Mozilla/5.0 (Windows NT 6.1; WOW64) AppleWebKit/537.36 (KHTML, like Gecko)
Chrome/68.0.3440.75 Safari/537.36
Accept:text/html,application/xhtml+xml,application/xml;q=0.9,image/webp,image/apng,*/*;q
=0.8
Referer: http://localhost:8080/05_web_tomcat/login.html
Accept-Encoding: gzip, deflate, br
Accept-Language: zh-CN,zh;q=0.9,en-US;q=0.8,en;q=0.7
Cookie:JSESSIONID-
```

有些内容在 GET 请求中的请求头已经介绍过，这里不再重复。Content-Length 表示请求体内容的长度。Cache-Control 值为"max-age=0"，表示无缓存。Content-Type 表示请求体的内容类型，服务器端会根据该类型解析请求体参数。

请求体即浏览器提交给服务器端的内容，示例代码如下。

```
username=admin&password=1232131
```

该请求体包含了两个参数：username 和 password，对应 GET 请求中 URL 中的参数，由此再次验证了 GET 请求的请求参数直接拼接在 URL 中，而 POST 请求的请求参数存放在请求体中。

6.2.2 响应报文

响应报文同样包括四部分，分别为响应首行（Status Line）、响应头（Headers）、空行（Blank Line）、响应体（Response Body），如图 6-8 所示。

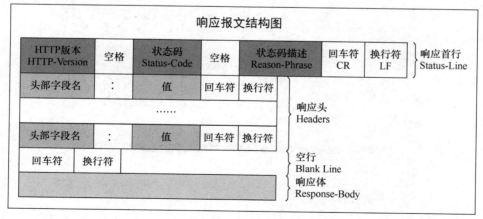

图 6-8 响应报文格式

响应报文格式如下。

```
<version> <status> <reason-pharse>
<headers>
```

```
<entity-body>
```

- status（状态码）由三位数字组成，描述了请求过程中发生的情况。每个状态码的第一个数字都用于描述状态的一般类别，如请求成功或请求出错等。
- reason-pharse（原因短语）是数字状态码的可读版本。

version、headers 和 entity-body 在请求报文中已经做过解释，这里不再重复。

响应行的示例代码如下。

```
HTTP/1.1 200 OK
```

从上述代码中可以看出，响应协议为 HTTP1.1，响应状态码为 200，表示请求成功。

响应头的示例代码如下。

```
Server: Apache-Coyote/1.1
Accept-Ranges: bytes
ETag: W/"157-1534126125811"
Last-Modified: Mon, 13 Aug 2018 02:08:45 GMT
Content-Type: text/html
Content-Length: 157
Date: Mon, 13 Aug 2018 02:47:57 GMT
```

下面对其内容进行分析，具体如下。

- Server 表示服务器端的版本信息，值为 "Apache-Coyote/1.1"。
- Content-Type 表示响应体的数据类型，浏览器会根据该类型解析响应体数据。
- Content-Length 表示响应体内容的字节数。
- Date 表示响应的时间。

响应体即需要浏览器解析使用的内容。如果响应的是 HTML 页面，最终响应体内容会被浏览器显示到页面中，示例代码如下。

```
<!DOCTYPE html>
<html>
    <head>
        <meta charset="UTF-8">
        <title>Insert title here</title>
    </head>
    <body>
        恭喜你，登录成功...
    </body>
</html>
```

6.2.3　响应状态码

提到响应报文不得不介绍一下响应状态码，响应状态码对浏览器来说很重要，通过它可以对服务器端响应给浏览器的结果一目了然。比较有代表性的响应码如下。

- 200 表示请求成功，浏览器会把响应体内容（通常是 HTML 页面）显示在浏览器中。
- 404 表示请求的资源没有找到，说明客户端错误请求了不存在的资源，如图 6-9 所示。
- 500 表示请求资源找到了，但服务器端内部出现了错误，如图 6-10 所示。
- 302 表示重定向，当响应码为 302 时，表示服务器端要求浏览器重新再发送一个请求，服务器端会发送一个响应头 Location，用来指定新请求的 URL 地址。

响应状态码分为很多种，一般以开头第一位数字作为区分，下面将对其详细介绍。

"1xx" 形式的响应状态码，表示临时响应并需要请求者继续执行操作的状态代码，如表 6-2 所示。

<table>
<tr><td>图 6-9　404 错误页面</td><td>图 6-10　500 错误页面</td></tr>
</table>

表 6-2　"1xx"形式的响应状态码

响应状态码	说　　明
100（继续）	请求者应当继续提出请求。服务器端返回此代码，表示已收到请求的第一部分，正在等待其余部分
101（切换协议）	请求者已要求服务器端切换协议，服务器端已确认并准备切换

　　"2xx"形式的响应状态码，表示成功处理了请求的状态代码，如表 6-3 所示。

表 6-3　"2xx"形式的响应状态码

响应状态码	说　　明
200（成功）	服务器端已成功处理了请求。通常，这表示服务器端提供了请求的网页
201（已创建）	请求成功并且服务器端创建了新的资源
202（已接受）	服务器端已接受请求，但尚未处理
203（非授权信息）	服务器端已成功处理了请求，但返回的信息可能来自另一来源
204（无内容）	服务器端成功处理了请求，但没有返回任何内容
205（重置内容）	重复内容。服务器处理成功，用户终端（如浏览器）应重复文档视图。可通过此返回码清除浏览器的表单域
206（部分内容）	服务器端成功处理了部分 GET 请求

　　"3xx"形式的响应状态码，表示要完成请求，需要进一步操作。通常情况下，这些状态代码用来重定向，如 6-4 表所示。

表 6-4　"3xx"形式的响应状态码

响应状态码	说　　明
300（多种选择）	针对请求，服务器端可执行多种操作。服务器端可根据请求者（user agent）选择一项操作，或提供操作列表供请求者选择
301（永久移动）	请求的网页已永久移动到新位置。服务器端返回此响应（对 GET 或 HEAD 请求的响应）时，会自动将请求者转到新位置
302（临时移动）	临时移动。与 301 类似，但资源只是临时被移动。客户端应继续使用原 URI
303（查看其他位置）	请求者应当对不同的位置使用单独的 GET 请求来检索响应时，服务器端返回此代码
304（未修改）	自从上次请求后，请求的网页未被修改过。服务器端返回此响应时，不会返回网页内容
305（使用代理）	请求者只能使用代理访问请求的网页。如果服务器端返回此响应，那么表示请求者应使用代理
307（临时重定向）	临时重定向。与 302 类似，使用 GET 请求重定向

　　"4xx"形式的响应状态码，表示请求可能出错，妨碍了服务器端的处理，如表 6-5 所示。

表 6-5　"4xx"形式的响应状态码

响应状态码	说　明
400（错误请求）	服务器端不理解请求的语法
401（未授权）	请求要求身份验证。 对于需要登录的网页，服务器端可能返回此响应
403（禁止）	服务器端拒绝请求
404（未找到）	服务器端找不到请求的网页
405（方法禁用）	禁用请求中指定的方法
406（不接受）	无法使用请求的内容特性响应请求的网页
407（需要代理授权）	此状态代码与 401（未授权）类似，但指定请求者应当授权使用代理
408（请求超时）	服务器端等候请求时发生超时
409（冲突）	服务器端在完成请求时发生冲突。服务器端必须在响应中包含有关冲突的信息
410（已删除）	如果请求的资源已被永久删除，服务器端就会返回此响应
411（需要有效长度）	服务器端不接受不含有效内容长度标头字段的请求
412（未满足前提条件）	服务器端未满足请求者在请求中设置的其中一个前提条件
413（请求实体过大）	服务器端无法处理请求，因为请求实体过大，超出服务器端的处理能力
414（请求的 URI 过长）	请求的 URI（通常为网址）过长，服务器端无法处理
415（不支持的媒体类型）	请求的格式不受请求页面的支持
416（请求范围不符合要求）	如果页面无法提供请求的范围，则服务器端会返回此状态代码
417（未满足期望值）	服务器端未满足"期望"请求标头字段的要求

"5xx"形式的响应状态码，表示服务器端在尝试处理请求时发生内部错误。值得注意的是，这些错误可能是服务器端本身的错误，而不是请求出错，如表 6-6 所示。

表 6-6　"5xx"形式的响应状态码

响应状态码	说　明
500（服务器端内部错误）	服务器端遇到错误，无法完成请求
501（尚未实施）	服务器端不具备完成请求的功能。例如，服务器端无法识别请求方法时，可能会返回此代码
502（错误网关）	服务器端作为网关或代理，从上游服务器端收到无效响应
503（服务不可用）	服务器端目前无法使用（由于超载或停机维护），但是通常情况下，这只是暂时状态
504（网关超时）	服务器端作为网关或代理，但是没有及时从上游服务器端收到请求
505（HTTP 版本不受支持）	服务器端不支持请求中所使用的 HTTP 版本

6.3　本章小结

本章主要介绍了 HTTP 相关的知识，包括 HTTP 的会话方式、不同版本间的区别，以及报文的概念。作为 JavaWeb 前置知识，希望读者对 HTTP 基础知识能够有一个大致的了解。需要重点掌握报文内容，能够理解请求报文和响应报文中传递的信息，当代码报错时，能够通过响应状态码快速解决问题。

第7章

Servlet

JavaWeb 应用中包括三大重要组件，即 Servlet、Listener 和 Filter。本章我们将进入 Servlet 的学习。由于 Web 开发基于 HTTP，而 Servlet 规范其实就是对 HTTP 面向对象的封装，Servlet 实现了接收客户端的请求数据，并生成响应结果最终返回给客户端的过程。同时，本章也是本书的一大重点，内容主要包括 Servlet 的生命周期、体系结构、请求与响应，以及如何应用等。

7.1 Servlet 简介

Servlet 是 Server Applet 的简称，称为小服务程序或服务连接器，是使用 Java 语言编写的服务器端程序，具有独立于平台和协议的特性，主要功能在于交互式地浏览和生成数据，生成动态 Web 内容。在整个 Web 应用中，Servlet 主要负责接收处理请求、协同调度功能，以及响应数据。因此，我们可以把 Servlet 称为 Web 应用中的控制器。

类比生活中的例子，顾客去餐馆吃饭，点了一份宫保鸡丁，需要通过服务员告知厨师，厨师再从库房中取来宫保鸡丁的原料进行制作，制作完成后通知服务员，然后服务员为顾客上菜，如图 7-1 所示。

如果把上述点菜流程对应到 Web 应用中，用户发送请求，如显示所有员工信息，则需要通过一个组件把该请求传递给后端，并通过编写 Java 代码从数据库获取所有员工信息，然后再将其信息传回给用户。要实现的效果如图 7-2 所示。

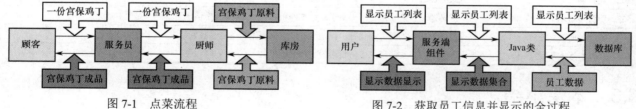

图 7-1　点菜流程　　　　　　　　　　图 7-2　获取员工信息并显示的全过程

而在图 7-2 中，传递用户请求到后端，以及将后端响应的结果返回给用户都需要借助一个组件，该服务器端组件就是 Servlet，如果把 Web 应用比作一个餐厅，那么 Servlet 充当的就是餐厅中服务员的角色，负责接待顾客、上菜、结账等工作。可见 Servlet 承上启下，在 Web 项目中起到至关重要的作用。

例如，用户填写注册信息，提交数据后通过 Servlet 处理，实现保存数据到数据库，如图 7-3 所示。

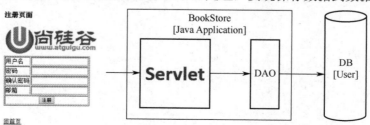

图 7-3　向数据库插入数据

再例如，通过网页驱动服务器端的 Java 程序查询数据库中的数据，然后将结果展示到网页上，同样需要借助 Servlet 实现，如图 7-4 所示。

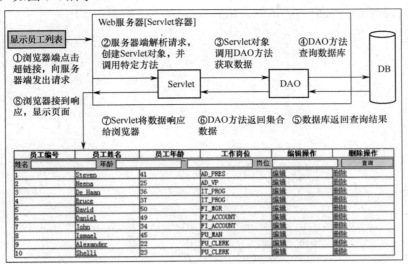

图 7-4　查询数据

从广义上来讲，Servlet 规范是 Sun 公司制定的一套技术标准，包含与 Web 应用相关的一系列接口，是 Web 应用实现方式的宏观解决方案。而具体的 Servlet 容器负责提供标准的实现。

从狭义上来讲，Servlet 指的是 javax.servlet.Servlet 接口及其子接口，子接口包括 ServletConfig 接口和 ServletContext 接口，也可以指实现了 Servlet 接口的实现类。其中，GenericServlet 实现了 Servlet 接口，HttpServlet 继承了 GenericServlet。GenericServlet 和 HttpServlet 是我们接下来重点介绍的两个 Servlet 实现类。

接下来，通过一个入门案例来体验如何应用 Servlet。

7.1.1　Servlet 的入门案例

通常情况下，使用一个接口的方式是创建一个类实现该接口，并通过 new 关键字创建其实现类的对象，然后便可以调用该类中的方法实现相应的功能了。但使用 Servlet 接口的方式与普通接口有所不同，具体操作步骤如下。

（1）在 JavaWeb 项目下创建模块。

（2）在 Web 目录下创建 index.html 页面，并创建 javax.servlet.Servlet 接口的实现类，例如 com.atguigu.servlet.HelloServlet。

（3）在 HelloServlet 实现类的 service(ServletRequest, ServletResponse)方法中编写代码，处理请求返回响应信息。

（4）在 web.xml 配置文件中注册 HelloServlet 实现类。

（5）在 index.html 页面，创建超链接访问 HelloServlet 进行测试。

HelloServlet 的案例流程如图 7-5 所示。

下面通过创建 chapter07_servlet 模块来实现上述 HelloServlet 的功能。在模块相应位置创建 HelloServlet 实现类，以及 index.html 页面，目录结构如图 7-6 所示。

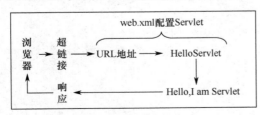

图 7-5　HelloServlet 的案例流程

图 7-6　"chapter07_servlet" 模块的目录结构

　　HelloServlet 实现了 Servlet 接口，需要重写 5 个方法，包括初始化方法、获取 Servlet 配置信息、处理请求和作出响应、获取 Servlet 相关信息以及销毁方法，这里重点关注处理请求和作出响应的 service()方法，其余方法在介绍 Servlet 生命周期时再作解释。HelloServlet 实现类的具体代码如下。

```
package com.atguigu.servlet;
//省略 import 语句

/*
 * 编写 Servlet 的步骤:
 * 1. 编写一个类实现 Servlet 接口,并且实现里面的方法:主要是要实现 service 方法
 * 2. 重写 service 方法,service 方法中就是接收、处理请求,并且将信息响应给客户端
 * 3. 配置 Servlet 的映射路径(供客户端访问的路径):在 web/WEB-INF/web.xml 中配置
 */
public class HelloServlet implements Servlet {
    //服务客户端: 处理客户端的请求以及给出响应
    @Override
    public void service(ServletRequest servletRequest,ServletResponse servletResponse)
throws ServletException, IOException {
        System.out.println("访问到了 HelloServlet 的 service 方法......");
        //输出响应数据到浏览器
        servletResponse.getWriter().write("Hello,I am Servlet");
    }

    //初始化方法
    @Override
    public void init(ServletConfig servletConfig) throws ServletException {
    }

    //获得 Servlet 的配置
    @Override
    public ServletConfig getServletConfig() {
        return null;
    }

    // 获得 Servlet 的相关信息
    @Override
    public String getServletInfo() {
        return null;
    }

    //销毁方法
    @Override
    public void destroy() {
    }
}
```

　　在 web.xml 文件中为 HelloServlet 设置映射路径，示例代码如下。

```
<?xml version="1.0" encoding="UTF-8"?>
<web-app xmlns="http://xmlns.jcp.org/xml/ns/javaee"
       xmlns:xsi="http://www.w3.org/2001/XMLSchema-instance"
       xsi:schemaLocation="http://xmlns.jcp.org/xml/ns/javaee  http://xmlns.jcp.org/
xml/ns/javaee/web-app_4_0.xsd"
       version="4.0">

    <!--配置 HelloServlet 的映射路径 -->
```

```
<servlet>
    <!--相当于给该 Servlet 取个名字，可以直接使用 Servlet 的类名-->
    <servlet-name>HelloServlet</servlet-name>
    <!--要配置的那个 Servlet 的全类名-->
    <servlet-class>com.atguigu.servlet.HelloServlet</servlet-class>
</servlet>

<servlet-mapping>
    <!--和 servlet 标签中的 servlet-name 保持一致 -->
    <servlet-name>HelloServlet</servlet-name>
    <!--这就是给 HelloServlet 配置的映射路径，必须以/开头-->
    <url-pattern>/helloServlet</url-pattern>
</servlet-mapping>
```

`</web-app>`

值得注意的是，如果配置文件一旦修改，需要重启服务器端来重新部署才能生效。然后在 index.html 页面中创建超链接，并将 HelloServlet 的映射路径设置给超链接，从而实现单击超链接访问 HelloServlet 的效果，示例代码如下。

```html
<!DOCTYPE html>
<html lang="en">
<head>
    <meta charset="UTF-8">
    <title>首页</title>
</head>
<body>
    <!--启动项目，默认查找该网页 index.html(首页)-->
<a href="helloServlet">单击访问服务器中的 HelloServlet</a>
</body>
</html>
```

最后，启动服务器进行测试，首页显示效果如图 7-7 所示。

图 7-7　首页显示效果

单击超链接，浏览器页面显示"Hello,I am Servlet"内容，如图 7-8 所示。

图 7-8　单击超链接显示"Hello,I am Servlet"内容

查看 IDEA 控制台，如图 7-9 所示，表示成功访问 HelloServlet 实现类的 service()方法。

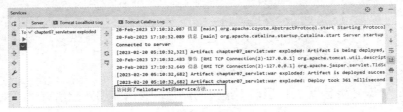

图 7-9　查看控制台

以上就是通过 Servlet 实现的一个简单的前后端交互案例，由此，我们可以看出 Servlet 可以接收客户端发送的请求，还可以将服务器端数据响应给客户端。

7.1.2 Servlet 的映射路径

静态资源和动态资源的访问方式是不同的。访问静态资源是静态资源在 web 文件夹中的路径，一般为"/Web 应用名称/静态资源本身的路径"。访问动态资源需要借助映射路径，一般为"/Web 应用名称/映射路径"。

Servlet 的映射路径是提供一个让别人能够访问该 Servlet 的路径，例如 Servlet 的映射路径是"/hello"，那么在浏览器上访问该 Servlet 的路径就是"http://localhost:8080/项目部署名/hello"。另外，Servlet 的映射路径可以分为三类，分别为完全路径匹配、目录匹配和扩展名匹配。

1. 完全路径匹配

完全路径匹配，指访问当前 Servlet 的路径需要和配置的映射路径完全一致，例如 Servlet 配置的映射路径是"/demo01"，那么访问该 Servlet 的路径也必须是"http://localhost:8080/项目部署名/demo01"，否则无法访问到该 Servlet。

```
<servlet>
    <servlet-name>HelloServlet</servlet-name>
    <servlet-class>com.atguigu.servlet.HelloServlet</servlet-class>
</servlet>
<servlet-mapping>
    <servlet-name>HelloServlet</servlet-name>
    <url-pattern>/demo01</url-pattern><!--只能通过/demo01 访问 HelloServlet-->
</servlet-mapping>
```

2. 目录匹配

目录匹配指以"/"开始且以"*"结束的路径（注意，该方式在 Servlet 中很少使用，目录匹配方式更多应用于过滤器中）。

例如，配置映射路径为"/*"，表示访问的路径可写成"/任意字符串"。

```
<servlet>
    <servlet-name>HelloServlet</servlet-name>
    <servlet-class>com.atguigu.servlet.HelloServlet</servlet-class>
</servlet>
<servlet-mapping>
    <servlet-name>HelloServlet</servlet-name>
    <url-pattern>/*</url-pattern><!--比如/aa、/aaa、/bb、/atguigu 等-->
</servlet-mapping>
```

例如，配置映射路径为"/aa/*"，表示访问的路径可写成"/aa/任意字符串"。

```
<servlet>
    <servlet-name>HelloServlet</servlet-name>
    <servlet-class>com.atguigu.servlet.HelloServlet</servlet-class>
</servlet>
<servlet-mapping>
    <servlet-name>HelloServlet</servlet-name>
    <url-pattern>/aa/*</url-pattern><!--比如/aa/b、/aa/cc-->
</servlet-mapping>
```

3. 扩展名匹配

扩展名匹配指以"*"开头且以".扩展名"结束的路径，表示能够匹配所有以".相同扩展名"结尾的请求路径。

例如，"*.action"对应的访问路径可以是"任意字符串.action"。对比映射路径为"/a.action"，则只能通过"/a.action"来访问。

```
<servlet>
    <servlet-name>HelloServlet</servlet-name>
    <servlet-class>com.atguigu.servlet.HelloServlet</servlet-class>
</servlet>
<servlet-mapping>
    <servlet-name>HelloServlet</servlet-name>
    <url-pattern>*.action</url-pattern><!--比如 aa.action、bb.action 或 c.action-->
</servlet-mapping>
```

7.2　Servlet 的生命周期

前面介绍了 Servlet 简介以及如何应用，接下来我们继续学习 Servlet 的生命周期。本节内容比较重要，希望大家理解并掌握。

应用程序中的对象不仅在空间上有层次结构的关系，在时间上也会因为处于程序运行过程中的不同阶段而表现出不同状态和不同行为，因此我们将对象在容器中从开始创建到销毁的过程称为其生命周期。

Servlet 对象是 Servlet 容器创建的，生命周期方法都是由容器调用的，当 Web 应用卸载时，Servlet 容器也会自动销毁 Servlet 对象。之前学过的 Tomcat 就是 Servlet 容器，Tomcat 的启动会加载 Web 应用，Tomcat 关闭会卸载 Web 应用。当然我们也可以借助工具在不重启 Tomcat 的前提下，进行 Web 应用的加载和卸载。这和我们之前编写的代码有很大不同，但在今后的学习中我们会看到，越来越多的对象交给容器或框架来创建，越来越多的方法由容器或框架来调用。正因为如此，开发人员只需要将尽可能多的精力放在业务逻辑的实现上，大大提高了开发效率。

7.2.1　Servlet 生命周期的主要过程

Servlet 生命周期的主要过程，也就是 Servlet 对象从创建到销毁的整个过程，包括通过构造器创建对象、通过 init()方法执行初始化操作、通过 service()方法处理请求、通过 destroy()方法销毁对象。下面依次对以上步骤展开介绍。

1. Servlet 对象的创建

默认情况下，Servlet 容器第一次收到 HTTP 请求时创建对应的 Servlet 对象。容器之所以能做到这一点，是由于在注册 Servlet 时提供了全类名，容器使用反射技术创建了 Servlet 的对象。

2. Servlet 对象初始化

Servlet 容器创建 Servlet 对象之后，会调用 init(ServletConfig config)方法，执行初始化操作。例如，读取一些资源文件、配置文件，或建立某种连接（比如数据库连接）等。值得注意的是，init()方法只在创建对象时执行一次，以后再接到请求时就不再执行了。

3. 处理请求

在有请求发送到该 Servlet 时，会调用 service(ServletRequest req, ServletResponse res)方法，执行请求处理操作。例如，获取请求参数、调用其他 Java 类、给出响应数据等。值得注意的是，在每次接到请求后都会执行一次该方法。

4. Servlet 对象的销毁

服务器端重启、服务器端停止执行或 Web 应用卸载时会销毁 Servlet 对象，会调用 destroy()方法。此方法用于销毁如释放缓存、关闭连接、保存内存数据持久化等操作。

综上所述，Servlet 处理不同请求时，执行的方法有所不同，如表 7-1 所示。

表 7-1　Servlet 处理不同请求的区别

	执行的方法
第一次请求	①调用构造器，创建对象
	②执行 init()方法
	③执行 service()方法
第一次之后的请求	执行 service()方法
对象销毁前	执行 destroy()方法

下面通过代码来演示 Servlet 对象从创建到销毁的过程。

修改 HelloServlet 类，分别在构造器、初始化方法 init()、销毁方法 destroy()，以及 service()方法中编写输出语句，示例代码如下。

```java
package com.atguigu.servlet;
//省略 import 语句

public class HelloServlet implements Servlet {

    //构造器
    public HelloServlet(){
        System.out.println("HelloServlet 对象被创建了...");
    }

    //初始化方法
    @Override
    public void init(ServletConfig servletConfig) throws ServletException {
        System.out.println("HelloServlet 对象被初始化了...");
    }

    //处理请求以及给出响应
    @Override
    public void service(ServletRequest servletRequest,ServletResponse servletResponse)
throws ServletException, IOException {
        System.out.println("访问到了 HelloServlet 的 service 方法...");
    }

    //销毁方法
    @Override
    public void destroy() {
        System.out.println("HelloServlet 对象被销毁了...");
    }

    //获得 Servlet 的配置
    @Override
    public ServletConfig getServletConfig() {
        return null;
    }

    // 获得 Servlet 的相关信息
    @Override
    public String getServletInfo() {
        return null;
    }
}
```

启动项目，查看控制台，发现没有输出任何结果，单击页面超链接访问 HelloServlet 后，再次查看控制台，如图 7-10 所示。

图 7-10　单击访问 HelloServlet 后查看控制台

可以看出，Servlet 容器在第一次收到 HTTP 请求时，会创建 HelloServlet 对象，执行 init()方法进行初始化，并调用 service()方法处理请求。

当创建 HelloServlet 对象后，多次访问 HelloServlet，查看控制台结果，如图 7-11 所示。

图 7-11　多次访问 HelloServlet 查看控制台结果

第二次及以后的每次请求都只调用了 service()方法，使用的 HelloServlet 对象都是同一个，不会再创建新的 HelloServlet 对象。最后在 Web 项目被卸载时，Servlet 容器会销毁该 HelloServlet 对象，例如关闭服务查看控制台，如图 7-12 所示，执行了销毁方法。

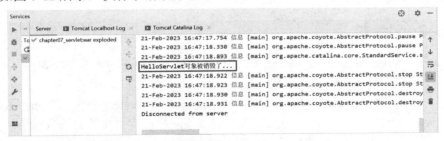

图 7-12　在 Web 项目被卸载时销毁 HelloServlet 对象

7.2.2　配置 Servlet 提前创建对象

有时候需要在 Servlet 创建对象的时候做一些资源加载等耗时操作。针对这种情况，如果 Servlet 在第一次接收请求时才创建对象的话，必然会影响用户的访问速度，因此需要提前创建 Servlet 对象，将 Servlet 创建对象提前到服务器端启动时进行。

需要在 web.xml 文件中，Servlet 标签内添加<load-on-startup>标签，并设置该标签的值为非零整数即可。如果有多个 Servlet 对象需要设置在启动服务器端时被创建，可以设置不同的<load-on-startup>标签值，该值越小，代表优先级越高。

例如，设置 HelloServlet 对象在启动服务器端时被创建，示例代码如下。

```xml
<!-- 配置 Servlet-->
<servlet>
    <!-- 全类名太长，给 Servlet 设置一个简短名称 -->
    <servlet-name>HelloServlet</servlet-name>
```

```
<!-- 配置 Servlet 的全类名 -->
<servlet-class>com.atguigu.servlet.HelloServlet</servlet-class>

<!-- 配置 Servlet 启动顺序 -->
<load-on-startup>1</load-on-startup>
</servlet>
```

然后重启项目查看控制台，如图 7-13 所示，发现 HelloServlet 对象在启动服务器端时被创建并进行了初始化。需要注意的是，在后续的请求发送到该 Servlet 时，直接执行 service()方法，不再执行对象创建和初始化操作。

图 7-13　设置在启动服务器端时创建 HelloServlet 对象

7.3　Servlet 的体系结构

为了封装不同方法，扩展了不同的 Servlet 接口，其中 GenericServlet 实现了 Servlet 接口，而 HttpServlet 又继承了 GenericServlet 类。开发人员创建属于自己的 Servlet 类，只需继承 HttpServlet 即可。Servlet 体系结构如图 7-14 所示。

下面分别介绍 GenericServlet 抽象类和 HttpServlet 抽象类。

7.3.1　GenericServlet 类

GenericServlet 是 Servlet 的实现类，对 Servlet 接口的功能进行了封装和完善，重写了 init(ServletConfig config)方法，可以用来获取 ServletConfig 对象。

值得注意的是，如果此时 GenericServlet 的子类（通常是自定义 Servlet）又重写了 init(ServletConfig config) 方法，有可能导致无法获取 ServletConfig 对象，因此子类不应该重写带参数的 init()方法。如果想要进行初始化操作，可以重写 GenericServlet 提供的无参的 init()方法，这样不会影响 ServletConfig 对象的获取。

另外，该类中将 service(ServletRequest req,ServletResponse res)仍然保留为抽象方法，让使用者仅关心业务实现即可。GenericServlet 类包含的方法如图 7-15 所示。

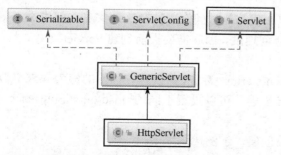

图 7-14　Servlet 体系结构

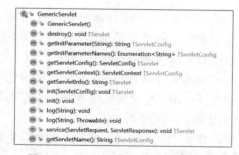

图 7-15　GenericServlet 类包含的方法

查看 GenericServlet 部分源码，以下是 GenericServlet 对 HttpServlet 类中五个抽象方法的处理（其他方法省略）。

```java
//省略导包部分代码
public abstract class GenericServlet implements Servlet, ServletConfig, Serializable {
    //省略其他属性代码
    private transient ServletConfig config;

    public GenericServlet() {
    }

    /*
    * 1. 该 init(ServletConfig config) 实现 Servlet 中的抽象方法,
    * 将 ServletConfig 对象提取到属性上, 供 getServletConfig() 可以返回该对象
    */
    public void init(ServletConfig config) throws ServletException {
        this.config = config;
        this.init();
    }

    /*
    * 2. GenericServlet 为我们提供了一个无参的 init() 方法, 建议开发者在重写 init 时,
    * 重写无参的 init, 如果重写有参的 init 会导致 ServletConfig 对象提取失败。
    */
    public void init() throws ServletException {
    }

    //3. 重写 Servlet 接口中的 getServletConfig() 方法, 返回 ServletConfig 对象
    public ServletConfig getServletConfig() {
        return this.config;
    }

    //4. 重写 Servlet 接口中的 getServletInfo() 方法, 未做具体实现
    public String getServletInfo() {
        return "";
    }

    /*
    * 5. 重写 Servlet 接口中的 service(ServletRequest var1, ServletResponse var2)
    * 方法, 保持抽象方法状态, 让具体的 Servlet 去实现
    */
    public abstract void service(ServletRequest var1, ServletResponse var2) throws
ServletException, IOException;

    //6. 重写 Servlet 接口中的 destroy() 方法, 未做具体实现
    public void destroy() {
    }

    //省略其他方法
}
```

7.3.2　HttpServlet 类

HttpServlet 继承自 GenericServlet 是专门用来处理 HTTP 请求的 Servlet。对 GenericServlet 实现进一步的封装和扩展, 在 service(ServletRequest req, ServletResponse res) 方法中, 将 ServletRequest 对象和 ServletResponse 对象转换为 HttpServletRequest 对象和 HttpServletResponse 对象, 根据不同 HTTP 请求类型调用专门的方法进行处理。

HttpServlet 类包含的方法如图 7-16 所示。

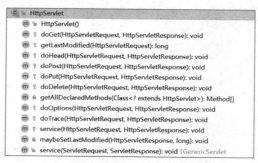

图 7-16　HttpServlet 类包含的方法

今后在实际应用开发中，只需继承 HttpServlet 抽象类从而创建属于开发人员自己的 Servlet 实现类，然后重写 doGet(HttpServletRequest req, HttpServletResponse resp)和 doPost(HttpServletRequest req, HttpServletResponse resp)方法实现具体的请求处理，不再需要重写 service(ServletRequest req, ServletResponse res)方法，如图 7-17 所示。

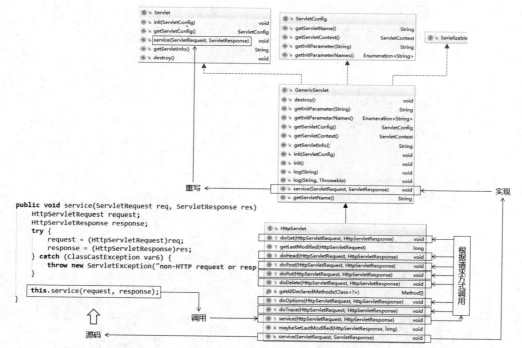

图 7-17　service()方法的调用过程

又因为在实际业务中，对于 GET 和 POST 的处理方式都是一样的，所以我们只需要实现其中一种方法即可，另外一种方法中则直接调用写好的前一种方法（doXxx(req,resp);）。另外 web.xml 配置与之前还是一样的，无须更改。示例代码如下。

```
//处理浏览器的get请求
doGet(HttpServletRequest request, HttpServletResponse response){
    //业务代码
    ......
}
//处理浏览器的post请求
doPost(HttpServletRequest request, HttpServletResponse response){
    doGet(request, response);
}
```

7.4　Servlet 注解开发

因为 Servlet 属于动态资源，所以我们需要为 Servlet 设置映射路径，除了在配置文件中配置<servlet>
和<servlet-mapping>标签设置映射路径，我们还可以通过注解的方式设置映射路径。具体步骤如下。

（1）新建 AnnotationServlet，继承 HttpServlet 类。

（2）重写 doGet 和 doPost 方法，实现具体的业务需求。

（3）在 AnnotationServlet 类上方添加注解 "@WebServlet(value="/映射路径")"。

AnnotationServlet 类的示例代码如下。

```
package com.atguigu.servlet;
//省略 import 语句

@WebServlet(value= "/annotationServlet")//通过注解设置映射路径, value=可以省略
public class AnnotationServlet extends HttpServlet {
    protected void doPost(HttpServletRequest request,HttpServletResponse response) throws
ServletException, IOException {
        doGet(request,response);
    }

    protected void doGet(HttpServletRequest request,HttpServletResponse response) throws
ServletException, IOException {
        System.out.println("测试通过注解设置映射路径");
    }
}
```

在 AnnotationServlet 类上添加 "@WebServlet(value= "/annotationServlet")" 注解后，通过访问 "http:
//localhost:8080/上下文路径/annotationServlet" 路径，便可以成功调用 AnnotationServlet 类的 doGet()方法。
由此也说明，通过注解设置映射路径和通过配置文件设置映射路径具有同等效果。需要注意的是，对于同
一个 Servlet，注解方式和配置文件方式只能二选一。而且相对来说，注解方式更为方便，因此接下来对于
Servlet 类的映射路径均采用注解方式设置。

另外，IDEA 开发工具为我们提供了创建 Servlet 的模板，步骤如下。

右击 Servlet 类所在的文件夹，选择 "New"，然后再选择 "Servlet"，进入 "New Servlet" 新窗口，如
图 7-18 所示。

在 "New Servlet" 新窗口，设置 Servlet 的类名、所在包，并勾选注解方式，如图 7-19 所示。

然后单击 "OK" 即可创建完成，MyServlet 类的示例代码如下。

```
package com.atguigu.servlet;
//省略 import 语句

@WebServlet(name = "MyServlet", value = "/MyServlet")
public class MyServlet extends HttpServlet {
    @Override
    protected void doGet(HttpServletRequest request,HttpServletResponse response) throws
ServletException, IOException {
    }

    @Override
    protected void doPost(HttpServletRequest request,HttpServletResponse response) throws
ServletException, IOException {
    }
}
```

图 7-18 通过 IDEA 创建 Servlet

图 7-19 设置 Servlet 类名、所在包名称

7.5 两个接口介绍

下面介绍与 Servlet 相关的两个重要接口，分别为 ServletConfig 接口和 ServletContext 接口。ServletConfig 封装了当前 Servlet 配置信息，而 ServletContext 代表 Web 应用。

7.5.1 ServletConfig 接口

一个 Servlet 对应唯一的 ServletConfig 对象，封装当前 Servlet 配置信息。ServletConfig 接口包含的方法如图 7-20 所示。

ServletConfig
- getServletName(): String
- getServletContext(): ServletContext
- getInitParameter(String): String
- getInitParameterNames(): Enumeration<String>

图 7-20 ServletConfig 接口包含的方法

ServletConfig 对象由 Servlet 容器（如 Tomcat）创建，并传入生命周期方法 init(ServletConfig config)中，然后便可以直接获取使用。值得注意的是，当前 Web 应用的 ServletContext 对象也封装到了 ServletConfig 对象中，使 ServletConfig 对象成为获取 ServletContext 对象的一座桥梁。另外，通过 ServletConfig 对象还可以获取 Servlet 名称，以及 Servlet 初始化参数等。下面通过代码分别演示 ServletConfig 对象的功能。

（1）获得 Servlet 的名字，实际上获取的是 web.xml 文件中<servlet-name>标签内的值。

```java
@Override
protected void doGet(HttpServletRequest request, HttpServletResponse response) throws
ServletException, IOException {
    //1. 获得 ServletConfig 对象
    ServletConfig servletConfig = this.getServletConfig();
    //2. 获取 servlet-name 标签内的名字
    String servletName = servletConfig.getServletName();
    //3. 输出展示结果
    System.out.println("servletName = " + servletName);
}
```

（2）获得 ServletContext 对象，ServletContext 对象相关内容将在 7.5.2 节展开介绍。

```java
@Override
protected void doGet(HttpServletRequest request, HttpServletResponse response) throws
ServletException, IOException {
    //1. 获得 ServletConfig 对象
    ServletConfig servletConfig = this.getServletConfig();
    //2. 获取 ServletContext 对象
    ServletContext servletContext = servletConfig.getServletContext();
```

```
//3. 输出展示结果
System.out.println("servletContext = " + servletContext);
}
```

（3）获得当前 Servlet 的初始化参数。在 web.xml 文件中借助<init-param>标签配置初始化参数，示例代码如下。

```
<servlet>

    <servlet-name>HelloServlet</servlet-name>
    <servlet-class>com.atguigu.servlet.HelloServlet</servlet-class>

    <!--servlet 标签的全类名下可以通过 init-param 标签配置初始化参数，由键和值组成-->
    <!--配置 url 参数-->
    <init-param>
        <param-name>url</param-name>
        <param-value>jdbc:mysql://localhost:3306/databasename</param-value>
    </init-param>

    <!--配置 driverClass 参数-->
    <init-param>
        <param-name>driverClass</param-name>
        <param-value>com.mysql.jdbc.Driver</param-value>
    </init-param>
</servlet>
```

值得注意的是，设置初始化参数<init-param>标签的位置必须在<load-on-startup>标签前面。通过 ServletConfig 对象的 getInitParameter()方法，来获取初始化参数 url 和 driverClass 对应的值，示例代码如下。

```
@Override
protected void doGet(HttpServletRequest request, HttpServletResponse response) throws
ServletException, IOException {
    //1. 获得 ServletConfig 对象
    ServletConfig servletConfig = this.getServletConfig();
    //2. 根据初始化参数的 key 值获取 value 值
    String url= servletConfig.getInitParameter("url");
    String driverClass= servletConfig.getInitParameter("driverClass");
    //3. 展示结果
    System.out.println("url = " + url);
    System.out.println("driverClass = " + driverClass);
    //4. 获取所有初始化参数的 key 值
    Enumeration<String> names = servletConfig.getInitParameterNames();
    //循环展示结果
    while (names.hasMoreElements()){
        String name = names.nextElement();
        System.out.println("name = " + name);
    }
}
```

7.5.2　ServletContext 接口

Web 容器在启动时，会为每个 Web 应用程序创建一个唯一对应的 ServletContext 对象，意思是 Servlet 上下文，代表当前 Web 应用。一个 Web 应用程序中的所有 Servlet 都共享同一个 ServletContext 对象，也因此 ServletContext 对象被称为 Application 对象（Web 应用程序对象）。

ServletContext 对象由 Servlet 容器在项目启动时创建，在项目卸载时销毁。它可以通过 ServletConfig 对象的 getServletContext()方法获取，也可以通过 service()方法的参数 ServletRequest 对象获取。 ServletContext 接口包含的方法如图 7-21 所示。

图 7-21　ServletContext 接口包含的方法

ServletContext 对象的获取方式包含四种，分别是通过 ServletConfig 对象、当前 Servlet 对象、根据 Session，以及 HttpServletRequest 对象获取，示例代码如下。

```java
@Override
protected void doGet(HttpServletRequest request, HttpServletResponse response) throws
ServletException, IOException {
    //1. 获得ServletContext对象
    //1.1 根据ServletConfig获得
    ServletContext servletContext01 =
        this.getServletConfig().getServletContext();
    //1.2 根据当前Servlet对象获得
    ServletContext servletContext02 = this.getServletContext();
    //1.3 根据request对象获得
    ServletContext servletContext03 = request.getServletContext();
    //1.4 根据session对象获取
    ServletContext servletContext04 =request.getSession().getServletContext();
}
```

需要注意的是，不管通过哪种方式获取的都是同一个 ServletContext 对象，因为一个 Web 应用只有一个 ServletContext 对象。

下面通过代码来演示 ServletContext 对象的常用功能，具体如下。

（1）获取项目的上下文路径，示例代码如下。

```java
@Override
protected void doGet(HttpServletRequest request, HttpServletResponse response) throws
ServletException, IOException {
    //1. 获得ServletContext对象
    ServletContext servletContext = this.getServletContext();
    //2. 获得上下文路径
    String contextPath = servletContext.getContextPath();
    //3. 展示结果
    System.out.println("contextPath = " + contextPath);
}
```

图 7-22　单击 "Edit Configurations"

上下文路径即部署在服务器端上的项目名，可以手动设置该值，如图 7-22 所示，单击 "Edit Configurations"。

进入 "Run/Debug Configurations" 新窗口，选择 "Deployment" 选项，便可设置 "Application context"，对于 chapter07_servlet 项目的上下文路径默认值为 "/chapter07_servlet_war_exploded"，如图 7-23 所示。

另外，从图 7-23 中还可以看到"chapter07_servlet:war exploded"WAR 包，指的是编译后的项目。对此，我们也可以手动添加或删除。

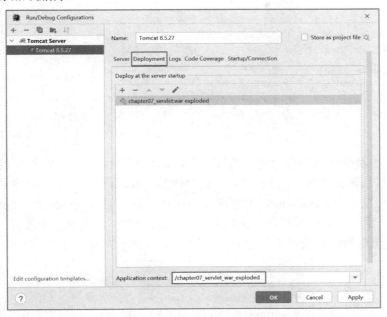

图 7-23　手动设置上下文路径

（2）通过 **getRealPath(String path)** 方法，获取虚拟路径映射的本地真实路径。虚拟路径是指浏览器访问 Web 应用中某个资源时所使用的路径。本地路径是指资源在文件系统中的实际保存路径。

```
protected void doGet(HttpServletRequest request, HttpServletResponse response) throws
ServletException, IOException {
    //1. 获得 ServletContext 对象
    ServletContext servletContext = this.getServletContext();
    //2. 获取 index.html 的本地路径
    //index.html 的虚拟路径是"/index.html",其中"/"表示当前 Web 应用的根目录
    String realPath = servletContext.getRealPath("/index.html");
    //3. 查看结果
    System.out.println("realPath = " + realPath);
}
```

（3）获取 Web 应用程序的全局初始化参数。

首先在 web.xml 文件的根标签下设置 Web 应用初始化参数，如下所示。

```
<?xml version="1.0" encoding="UTF-8"?>
<web-app xmlns="http://xmlns.jcp.org/xml/ns/javaee"
    xmlns:xsi="http://www.w3.org/2001/XMLSchema-instance"
    xsi:schemaLocation="http://xmlns.jcp.org/xml/ns/javaee
    http://xmlns.jcp.org/xml/ns/javaee/web-app_4_0.xsd"
    version="4.0">
    <!-- Web 应用初始化参数 -->
    <context-param>
        <param-name>ParamName</param-name>
        <param-value>ParamValue</param-value>
    </context-param>
</web-app>
```

然后通过 **getInitParameter()** 方法，根据参数名获取 Web 应用初始化参数，示例代码如下。

```
protected void doGet(HttpServletRequest request, HttpServletResponse response) throws
ServletException, IOException {
```

```
//1. 获得 ServletContext 对象
ServletContext servletContext = this.getServletContext();
//2. 获取全局初始化参数
String paramValue = servletContext.getInitParameter("ParamName");
System.out.println("paramValue="+paramValue);
//3. 获取全部全局初始化参数的 key 值
Enumeration<String> contextInitParameterNames =
    servletContext.getInitParameterNames();
while (contextInitParameterNames.hasMoreElements()){
    System.out.println(contextInitParameterNames.nextElement());
}
}
```

（4）ServletContext 对象还可以作为最大的域对象，在整个项目的不同 Web 资源内共享数据。域对象的作用是实现在一定作用域范围内，起到共享数据的目的。Servlet 包括三类域对象，分别为应用域对象、会话域对象和请求域对象。ServletContext 对象属于应用域对象，请求域对象是 HttpServletRequest 请求对象，将在 7.6 节展开介绍。而会话域对象，比如 HttpSession 对象，将在第 9 章展开介绍。

ServletContext 对象作为域对象共享数据所涉及的方法，如图 7-24 所示。

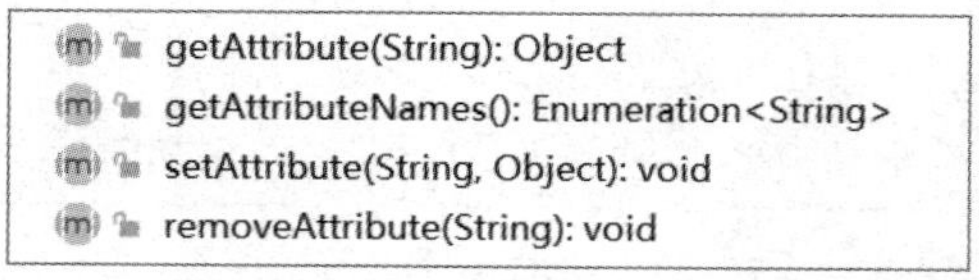

```
(m)  getAttribute(String): Object
(m)  getAttributeNames(): Enumeration<String>
(m)  setAttribute(String, Object): void
(m)  removeAttribute(String): void
```

图 7-24　ServletContext 对象作为域对象共享数据的相关方法

其中，setAttribute(key,value)方法为 ServletContext 对象设置属性，该属性可以在任意位置取出并使用。getAttribute(key)方法根据 key 值获取对应的属性值。removeAttribute(key)方法根据 key 值移除该属性。

下面通过创建三个 Servlet，分别实现设置共享数据、获取共享数据，以及移除共享数据操作，来演示 ServletContext 应用域对象在不同 Servlet 间传递数据。

创建 SetMsgServlet 实现在 ServletContext 应用域对象中设置属性，示例代码如下。

```
package com.atguigu.servlet;
//省略 import 语句

@WebServlet("/setMsg")
public class SetMsgServlet extends HttpServlet {
   protected void doPost(HttpServletRequest request,HttpServletResponse response) throws
ServletException, IOException {
      this.doGet(request,response);
   }

   protected void doGet(HttpServletRequest request,HttpServletResponse response) throws
ServletException, IOException {
      System.out.println("访问到 SetMsgServlet 的 doGet 方法...");
      //向应用域中设置共享数据
      //1.获取 ServletContext 应用域对象
      ServletContext servletContext = this.getServletContext();
      //2.设置共享数据
      servletContext.setAttribute("servletContextKey","servletContextValue");
   }
}
```

创建 GetMsgServlet 实现从 ServletContext 应用域对象中通过属性名获取属性，示例代码如下。

```
package com.atguigu.servlet;
```

```
//省略导包代码

@WebServlet("/getMsg")
public class GetMsgServlet extends HttpServlet {
    protected void doPost(HttpServletRequest request,HttpServletResponse response) throws
ServletException, IOException {
        this.doGet(request,response);
    }

    protected void doGet(HttpServletRequest request,HttpServletResponse response) throws
ServletException, IOException {
        System.out.println("访问到 GetMsgServlet 的 doGet 方法...");
        //1.获取 ServletContext 应用域对象
        ServletContext servletContext = this.getServletContext();
        //2.获取共享数据
        Object servletContextKey =
            servletContext.getAttribute("servletContextKey");
        System.out.println("servletContextKey = " + servletContextKey);
    }
}
```

创建 RemoveMsgServlet 实现从 ServletContext 应用域对象中通过属性名移除属性，示例代码如下。

```
package com.atguigu.servlet;
//省略导包代码

@WebServlet("/removeMsg")
public class RemoveMsgServlet extends HttpServlet {
    protected void doPost(HttpServletRequest request,HttpServletResponse response) throws
ServletException, IOException {
        this.doGet(request,response);
    }

    protected void doGet(HttpServletRequest request,HttpServletResponse response) throws
ServletException, IOException {
        System.out.println("访问到 RemoveMsgServlet 的 doGet 方法...");
        //1.获取 ServletContext 应用域对象
        ServletContext servletContext = this.getServletContext();
        //2.移除共享数据
        servletContext.removeAttribute("servletContextKey");
    }
}
```

在 index.html 中编写如下代码，单击超链接访问其对应的 Servlet。

```
<!DOCTYPE html>
<html lang="en">
<head>
    <meta charset="UTF-8">
    <title>首页</title>
</head>
<body>
<!--测试应用域对象共享数据-->
<a href="setMsg">单击访问设置共享数据的 Servlet</a><br/>
<a href="getMsg">单击访问获取共享数据的 Servlet</a><br/>
<a href="removeMsg">单击访问移除共享数据的 Servlet</a><br/>
</body>
</html>
```

启动项目测试应用域对象共享数据的首页面如图 7-25 所示。

单击"单击访问设置共享数据的 Servlet",然后返回首页再次单击"单击访问获取共享数据的 Servlet",查看控制台,如图 7-26 所示。

可以看出,首先访问 SetMsgServlet 类向 ServletContext 应用域中设置属性,并且在 GetMsgServlet 类中成功通过该域对象获取其属性值,实现了 SetMsgServlet 和 GetMsgServlet 之间的数据传递。

图 7-25　测试应用域对象共享数据的首页面

图 7-26　获取共享数据后查看控制台

如果没有提前在 SetMsgServlet 类中设置数据,就直接获取 ServletContext 应用域中数据的话,肯定是获取不到的。例如,直接单击"单击访问获取共享数据的 Servlet",然后查看控制台,如图 7-27 所示。

图 7-27　未设置共享数据直接获取的结果

从图 7-27 中可知,获取的结果为"null",表示该值不存在,获取失败。

最后,使用完数据后,为了节省空间资源,我们还可以手动从 ServletContext 应用域中移除该值。

单击移除原来设置的数据后,再次单击"单击访问获取共享数据的 Servlet",并查看控制台,如图 7-28 所示。

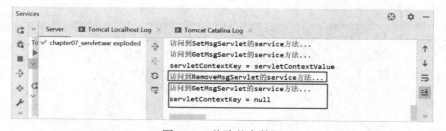

图 7-28　移除共享数据

从图中可知,在移除数据后,再次获取数据的结果为"null",表示原来的数据已经不存在了。

7.6　请求与响应

前面介绍了 Servlet 的体系结构、生命周期等内容,让我们对 Servlet 有了一定的了解,接下来继续学习 Servlet 是如何处理请求和做出响应的,主要用到两个重要接口,一个是 HttpServletRequest,用来处理请求;另一个是 HttpServletResponse,用来处理响应。

7.6.1　HttpServletRequest 处理请求

HttpServletRequest 接口是 ServletRequest 接口的子接口，封装了 HTTP 请求的相关信息。浏览器请求服务器端时，会封装请求报文交给服务器端，服务器端接收到请求后，将请求报文解析生成 HttpServletRequest 接口的实现类对象，简称 HttpServletRequest 对象。该对象由 Servlet 容器创建，同时将传入 HttpServlet 类的 doGet(HttpServletRequest req, HttpServletResponse res) 或者 doPost (HttpServletRequest req, HttpServletResponse res)方法中。HttpServletRequest 接口包含的方法，如图 7-29 所示。

通过 HttpServletRequest 可以从请求报文中获取数据，比如获取 URL 地址参数，包括 IP 地址、端口号、协议、上下文路径等，以及获取请求头信息、请求参数等。

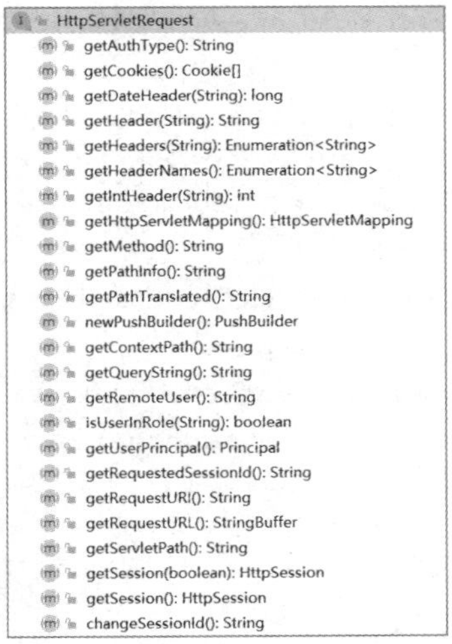

图 7-29　HttpServletRequest 接口包含的方法

（1）获取 URL 地址参数，比如获取主机名、端口号、协议，以及上下文路径，示例代码如下。

```
//获取上下文路径（重要）
String path = request.getContextPath();
System.out.println("上下文路径：" + path);
//获取主机名
String serverName = request.getServerName();
System.out.println("主机名：" + serverName);
//获取端口号
int serverPort = request.getServerPort();
System.out.println("端口号：" + serverPort);
//获取协议
String scheme = request.getScheme();
System.out.println("协议：" + scheme);
```

（2）获取请求头信息，比如获取 User-Agent 和 Referer 信息，示例代码如下。

```
//获取 User-Agent 信息
String header = request.getHeader("User-Agent");
System.out.println("user-agent:"+header);
//获取 Referer 信息
String referer = request.getHeader("Referer");
System.out.println("上个页面的地址："+referer);//如登录失败，返回登录页面让用户继续登录
```

（3）获取请求方式，目前请求方式只有 GET 和 POST，示例代码如下。

```
String method = request.getMethod();
System.out.println("method = " + method);
```

（4）获取请求参数。

请求参数就是浏览器向服务器端提交的数据。那么，浏览器如何向服务器端发送数据呢？

对于 GET 请求，请求参数通常拼接在 URL 后面。而对于 POST 请求，请求参数通常会放到请求体中。例如，使用表单进行请求参数提交。

```
<!--
action 属性：Servlet 的映射路径
method 属性：请求的提交方式，get 或 post 均可
注意：post 请求测试完后可以将 method 的属性值修改为 get 再次进行测试
-->
<form action="paramTestServlet" method="post">
姓名：<input type="text" name="name"/><br />
手机号码：<input type="text" name="phone"/><br />
```

```
你喜欢的足球队<br />
巴西<input type="checkbox" name="soccerTeam" value="Brazil" />
德国<input type="checkbox" name="soccerTeam" value="German" />
荷兰<input type="checkbox" name="soccerTeam" value="Holland" />
<input type="submit" value="提交" />
</form>
```

使用 HttpServletRequest 对象获取请求参数，借助 getParameter()和 getParameterValues(String name)方法实现，示例代码如下。

```
//一个参数对应一个值的情况
String name= request.getParameter("name");
System.out.println("name="+ name);
String phone= request.getParameter("phone");
System.out.println("phone="+ phone);

//一个参数对应一组值的情况
String[] soccerTeams = request.getParameterValues("soccerTeam");
for(int i = 0; i < soccerTeams.length; i++){
    System.out.println("team "+i+"="+soccerTeams[i]);
}
```

（5）请求的转发。

转发是进行页面跳转的一种方式，可以从一个 Servlet 跳转至另一个 Servlet，也可以跳转至其他页面。

```
//1.获取请求转发对象
RequestDispatcher dispatcher = request.getRequestDispatcher("转发目的地路径");
//2.发起转发
dispatcher.forward(request, response);
```

例如，创建 FirstServlet 类实现将请求转发至 SecondServlet 类，示例代码如下。

```java
package com.atguigu.servlet;
//省略 import 语句

@WebServlet("/first")
public class FirstServlet extends HttpServlet {

    @Override
    protected void doGet(HttpServletRequest request,HttpServletResponse response) throws
ServletException, IOException {
        System.out.println("访问到了 FirstServlet...");

        //1.获取请求转发对象
        //RequestDispatcher dispatcher = request.getRequestDispatcher("second");
        //2.发起转发
        //dispatcher.forward(request, response);
        //或者以上两步合为一步
        //request.getRequestDispatcher("second").forward(request, response);
    }

    @Override
    protected void doPost(HttpServletRequest request,HttpServletResponse response) throws
ServletException, IOException {
        doGet(request,response);
    }
}
```

例如，创建 SecondServlet 类将请求转发至 success.html 页面，示例代码如下。

```
package com.atguigu.servlet;
//省略 import 语句

public class SecondServlet extends HttpServlet {
    @Override
    protected void doGet(HttpServletRequest request,HttpServletResponse response) throws
ServletException, IOException {
        System.out.println("访问到了 SecondServlet...");
        //转发到 success.html,getRequestDispatcher 方法的实参,填写 success.html 的路径
        request.getRequestDispatcher("success.html").forward(request, response);
    }

    @Override
    protected void doPost(HttpServletRequest request,HttpServletResponse response) throws
ServletException, IOException {
        doGet(request,response);
    }
}
```

（6）HttpServletRequest 对象作为请求域对象共享数据。

HttpServletRequest 对象可以作为域对象，称为请求域对象，它的作用范围为一次请求，所有数据在本次请求内有效，一旦本次请求结束，请求中的所有数据也就消失了。

值得注意的是，请求的转发发生在一次请求内。例如，FirstServlet 共享 HttpServletRequest 对象中的数据到 SecondServlet 或者 success.html，必须是转发的关系。操作域对象中数据的常用方法如下。

- setAttribute(String s,Object o)，表示将数据以键值对的形式共享到域对象内。
- getAttribute(String s)，表示从域对象内根据 key 值获取 value 值。
- removeAttribute(String s)，表示从域对象内根据 key 值移除共享数据。该方法在 request 对象上使用概率很小，因为请求域中数据的时效性很短。

示例代码如下。

```
//1. 在 FirstServlet 中将数据保存到 HttpServletRequest 对象的属性域中
request.setAttribute("attrName", "attrValueInRequest");

//2. 共享 HttpServletRequest 对象中的数据,必须是转发的关系
request.getRequestDispatcher("second").forward(request, response);

//3. 在 SecondServlet 中从 HttpServletRequest 对象的属性域中获取数据
Object attribute = request.getAttribute("attrName");
System.out.println("attrValue="+attribute);
```

需要注意的是，如果是 Servlet 转发到网页时请求域中携带了共享数据，想要在网页上展示共享数据内容，暂时还不能实现，学完第 8 章才可以实现该需求。

7.6.2　案例：表单提交

下面通过一个表单提交功能来练习 HttpServletRequest 对象的使用。

创建一个表单，内容包括 username、password、email 和 hobby 等信息，实现单击"提交"按钮，将表单数据提交到后端 Servlet 进行处理，并封装所有数据到一个 user 对象。

首先在 index.html 页面中，编写代码填写如下表单信息。

```
<form action="requestTest" method="post">
    username: <input type="text" name="username" /><br/>
    password: <input type="password" name="password" /><br/>
    email: <input type="text" name="email" /><br/>
    hobby: <input type="checkbox" name="hobby" value="Java"/>Java
```

```
        <input type="checkbox" name="hobby" value="MySQL"/>MySQL
        <input type="checkbox" name="hobby" value="Python"/>Python<br/>
    <input type="submit" value="提交" /><br/><br/>
</form>
```

创建 User 类对应表单信息，示例代码如下。

```java
package com.atguigu.bean;
import java.util.Arrays;

public class User {
    private Integer id;
    private String username;
    private String password;
    private String email;
    private String[] hobby;

    //省略 get 和 set、构造器等方法
}
```

创建 RequestTestServlet 类处理表单，实现将其数据加入 user 对象中，示例代码如下。

```java
package com.atguigu.servlet;
//省略 import 语句

@WebServlet("/requestTest")
public class RequestTestServlet extends HttpServlet {

    @Override
    protected void doGet(HttpServletRequest request, HttpServletResponse response) throws
ServletException, IOException {
        System.out.println("访问到了 doGet 方法...");
        //获取表单提交的数据
        String username = request.getParameter("username");
        System.out.println("username = " + username);

        String password = request.getParameter("password");
        System.out.println("password = " + password);

        String email = request.getParameter("email");
        System.out.println("email = " + email);

        String[] hobbies = request.getParameterValues("hobby");
        System.out.println(Arrays.toString(hobbies));

        //实例化一个 User 对象，将数据注入到 User 对象内
        User user = new User();
        user.setUsername(username);
        user.setPassword(password);
        user.setEmail(email);
        user.setHobby(hobbies);
        System.out.println("user = " + user);
    }

    @Override
    protected void doPost(HttpServletRequest request, HttpServletResponse response) throws
ServletException, IOException {
        System.out.println("访问到了 doPost 方法...");
        this.doGet(request,response);
    }
}
```

启动项目填写表单如图 7-30 所示，然后提交数据后查看控制台，如图 7-31 所示。

图 7-30　填写表单

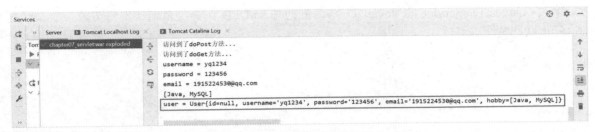

图 7-31　提交表单后查看控制台

由于 id 没有传值，结果为 null，其余参数都成功赋值给 user 对象。

另外，获取参数还有一种更简便的方式，即借助 getParameterMap()方法，将所有请求参数存储在 map 集合中。

```
/*
* 获取的 map 集合 key 值存储的是请求参数的 key 值，value 值存储的请求参数的 value 值，
* 有可能有一个 key 对应一组 value 的情况，因此 value 值的数据类型是 String 的数组类型
*/
Map<String, String[]> map = request.getParameterMap();
//获取 map 集合内的数据
//1.获取所有的 key 值
Set<String> strings = map.keySet();
for (String string : strings) {
  System.out.println("string = " + string);
}
System.out.println("--------------------------");
//2.获取所有的 value 值
Collection<String[]> values = map.values();
for (String[] value : values) {
  System.out.println(Arrays.toString(value));
}
System.out.println("--------------------------");
//3.获取所有的键值对
Set<Map.Entry<String, String[]>> entries = map.entrySet();
for (Map.Entry<String, String[]> entry : entries) {
  System.out.println("entry = " + entry);
}
```

传统方式下，map 集合中的数据是按照上述代码依次遍历的，但相对来说过于烦琐，为此引入第三方工具类 BeanUtils，自动将 map 集合中的数据映射到对应的 JavaBean 对象中。不过前提条件是，必须保证 map 集合的 key 值和 JavaBean 对象的属性名一一对应。

使用第三方工具类 BeanUtils，首先需要引入其 JAR 包，并放入到 web/WEB-INF/lib 目录下，如图 7-32 所示。单击右键，将所有 JAR 包添加为 "Add as Library"，这样才能保证 JAR 包起作用，如图 7-33 所示。

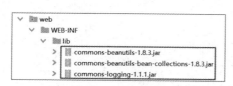

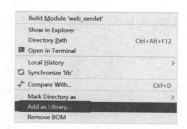

图 7-32　引入 BeanUtils 的相关 JAR 包　　　　图 7-33　将 JAR 包添加为"Add as Library"

　　然后修改 RequestTestServlet 的 doGet()方法，借助 BeanUtils 工具类重新实现将请求参数保存到 user 对象中，示例代码如下。

```java
package com.atguigu.servlet;
//省略 import 语句

public class RequestTestServlet extends HttpServlet {
    @Override
    protected void doGet(HttpServletRequest request, HttpServletResponse response) throws
ServletException, IOException {
        System.out.println("访问到了 doGet 方法...");

        //获取所有的请求参数，存储在 map 集合内
        Map<String, String[]> map = request.getParameterMap();

        //实例化一个 User 对象
        User user = new User();
        try {
            //使用 BeanUtils 中的静态方法 populate，将 map 集合内的数据注入到 user 对象内
            BeanUtils.populate(user,map);
        } catch (Exception e) {
            e.printStackTrace();
        }
        //展示结果
        System.out.println("user = " + user);
    }
}
```

　　启动项目，再次填写表单后查看控制台，如图 7-34 所示。

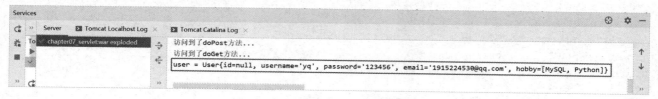

图 7-34　填写表单后再次查看控制台

　　发现，同样实现将请求参数成功保存到 user 对象中。

7.6.3　HttpServletResponse 处理响应

　　HttpServletResponse 接口是 ServletResponse 接口的子接口，封装了服务器端针对 HTTP 响应的相关信息。HttpServletResponse 接口的实体类对象，简称 HttpServletResponse 对象，同样是由 Servlet 容器创建，并传入 HttpServlet 类的 service(HttpServletRequest req, HttpServletResponse res)方法中。HttpServletResponse 接口包含的方法如图 7-35 所示。

　　HttpServletResponse 对象的主要功能，具体如下。

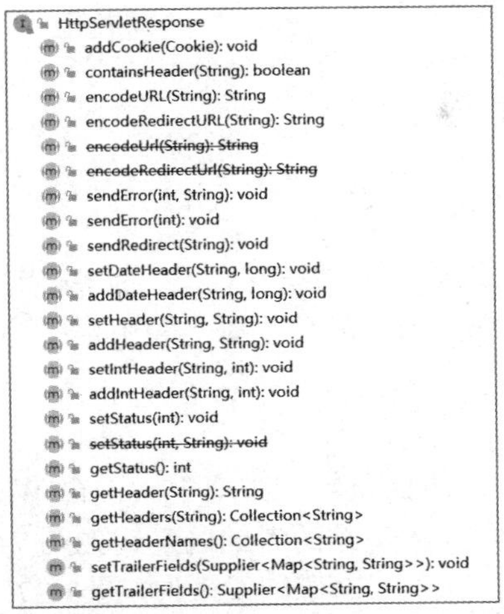

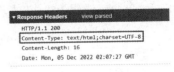

图 7-35　HttpServletResponse 接口包含的方法

（1）通过输出流方式向浏览器输出数据。

通过输出流方式向浏览器输出数据，一般情况下，请求来自哪里就在哪里输出数据。值得注意的是，如果浏览器作为客户端，不会使用这种方式作为响应结果，而是采用转发或者重定向（本节将会对重定向展开介绍）。

```
@Override
protected void doGet(HttpServletRequest request, HttpServletResponse response) throws
ServletException, IOException {
//通过 PrintWriter 对象向浏览器端发送响应信息
PrintWriter writer = response.getWriter();
writer.write("Servlet response");
//关闭输出流
writer.close();
}
```

其中，写出的数据可以是页面、页面片段、字符串等。当写出的数据包含中文时，浏览器接收到的响应数据就可能有乱码。为了避免乱码，可以使用 HttpServletResponse 对象在向浏览器输出数据前设置响应头。响应头就是浏览器解析页面的配置。

（2）设置响应头信息。

例如，告诉浏览器使用哪种编码和文件格式解析响应体内容，示例代码如下。

```
//response.setHeader("Content-Type", "text/html;charset=UTF-8");
//或简写方式
response.setContentType("text/html;charset=UTF-8");
```

设置好以后，在浏览器的响应报文中可以查看到设置的响应头中的信息。如图 7-36 所示。

（3）重定向。

重定向和转发类似，也是进行页面跳转的一种方式，使用重定向同样可以实现从一个 Servlet 跳转到另一个 Servlet，也可以跳转到其他页面。

图 7-36　查看响应头信息

```
response.sendRedirect("重定向目的地路径");
```

例如，将请求重定向到 SecondServlet 页面，示例代码如下。

```
@Override
protected void doGet(HttpServletRequest request, HttpServletResponse response) throws
ServletException, IOException {
    //调用 HttpServletResponse 对象的 sendRedirect()方法,传入的参数是 SecondServlet 的虚拟路径
    response.sendRedirect("second");
}
```

例如，将请求重定向到 success.html 页面，示例代码如下。

```
@Override
protected void doGet(HttpServletRequest request, HttpServletResponse response) throws
ServletException, IOException {
    //调用 HttpServletResponse 对象的 sendRedirect()方法,传入的参数是 success.html 路径
    response.sendRedirect("success.html");
}
```

注意路径问题，加上"/"会导致失败，因为转发以"/"开始表示项目根路径，重定向以"/"开始表示主机地址，而重定向一般需要加上项目名。另外，在 7.8 节将会详细介绍"/"的含义。

7.6.4 转发和重定向的区别

请求的转发与重定向都是 Web 应用页面跳转的主要手段，在 Web 应用中使用非常广泛。我们一定要搞清楚两者的区别，如图 7-37 所示。

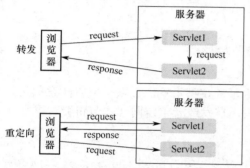

对于转发来说，图 7-37 中第一个 Servlet 接收到了浏览器端的请求，进行了一定的处理，然后没有立即对请求进行响应，而是将请求"交给下一个 Servlet"继续处理，下一个 Servlet 处理完成后，对浏览器进行了响应。

在服务器端内部将请求"交给"其他组件继续处理称为请求的转发。对浏览器来说，一共只发了一次请求，服务器端内部进行的"转发"浏览器感觉不到，同时浏览器地址栏中的地址不会变成"下一个 Servlet"的虚拟路径。请求转发的过程如图 7-38 所示。

图 7-37 转发和重定向的区别

综上所述，在转发的情况下，两个 Servlet 可以共享同一个 HttpServletRequest 对象中保存的数据，还可以直接访问 WEB-INF 下的资源。

而对于重定向而言，图 7-37 中 Servlet1 接收到了浏览器端的请求，进行了一定的处理，然后给浏览器一个特殊的响应消息，这个特殊的响应消息会通知浏览器去访问另外一个资源，这个动作是服务器和浏览器自动完成的。整个过程中浏览器端会发出两次请求，且在浏览器地址栏里面能够看到地址的改变，改变为下一个资源的地址。请求重定向的过程如图 7-39 所示。

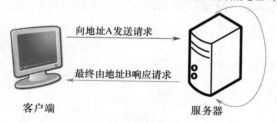

图 7-38 请求转发的过程

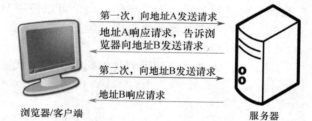

图 7-39 请求重定向的过程

重定向的情况下，原 Servlet 和目标资源之间就不能共享请求域数据了。请求转发和请求重定向的区别如表 7-2 所示。

表 7-2 请求转发和请求重定向的区别

	转 发	重 定 向
浏览器感知	在服务器端内部完成，浏览器感知不到	服务器端以 302 状态码通知浏览器访问新地址，浏览器有感知
浏览器地址栏	不改变	改变
整个过程发送请求次数	一次	两次
能否共享 HttpServletRequest 对象数据	能	不能
WEB-INF 下的资源	能够访问	不能访问
目标资源	必须是当前 Web 应用中的资源	不局限于当前 Web 应用

值得重点关注的是，浏览器不能访问服务器端 WEB-INF 下的资源，而服务器端是可以访问的。因此转发可以转发到 WEB-INF 下的资源，但重定向是不能重定向到 WEB-INF 下的资源的。

7.7　字符编码问题

Web 程序在接收请求并处理过程中，如果不注意编码格式及解码格式，很容易导致中文乱码，引起这个问题的原因到底在哪里？又该如何解决呢？本节将带领大家讨论此问题。

提到中文乱码问题，我们先来说一说什么是字符集，字符集是指各种字符的集合，包括汉字，英文，标点符号等。各国都有不同的文字、符号，这些文字符号的集合就叫字符集。现有的字符集包括 ASCII、GB2312、BIG5、GB18030、Unicode、ISO-8859-1 等。这些字符集，集合了很多的字符，然而，字符要以二进制的形式存储在计算机中，我们就需要对其进行编码，将编码后的二进制存入。取出时我们就要对其解码，将二进制解码成我们之前的字符。这时我们就需要制定一套编码解码标准，否则就会导致出现混乱，也就是前面所提到的乱码问题。

编码指将字符转换为二进制数，不同的编码方式对应不同的二进制结果，如表 7-3 所示。

表 7-3　汉字"中"的不同编码

汉　字	编 码 方 式	编　码	二 　进 　制
'中'	GB2312	D6D0	1101 0110-1101 0000
'中'	UTF-16	4E2D	0100 1110-0010 1101
'中'	UTF-8	E4B8AD	1110 0100-1011 1000-1010 1101

解码则正好和编码相反，即将二进制数转换为字符的过程，如将二进制"1110 0100-1011 1000-1010 1101"根据 E4B8AD 方式解码，转换为汉字"中"。

如果一段文本，使用 A 字符集编码，并使用 B 字符集解码，就会产生乱码。如图 7-40 所示，汉字"中"使用"UTF-8"字符集编码，而后使用 GBK 方式解码就出现了中文乱码问题。

'中' [UTF-8] ⇒ E4B8AD ⇒ 1110 0100-1011 1000-1010 1101 [GBK] ⇒ 涓�

图 7-40　乱码问题

解决乱码问题的根本方法就是统一编码和解码的字符集，如图 7-41 所示。

乱码问题分为请求乱码和响应乱码，下面分别介绍这两种情况。

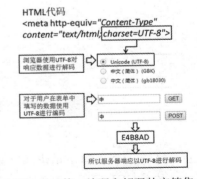

图 7-41　统一编码和解码的字符集

1. 请求乱码问题

首先需要声明一下，对于 GET 请求使用 Tomcat8 之前的版本可能会出现中文乱码问题，本书基于 Tomcat8.5.27，输入中文时并不会出现乱码问题。而对于 POST 请求，输入中文都会出现乱码问题。下面通过代码进行演示。

在 index.html 文件中，编写代码创建一个表单，并且设置请求方式为 GET 请求，示例代码如下。

```
<form action="first" method="get">
    username:<input type="text" name="username"/><br/>
    nickname:<input type="text" name="nickname"/><br/>
    <input type="submit">
</form>
```

创建 CharSetTestServlet 类编写代码，测试中文乱码问题，示例代码如下。

```
package com.atguigu.servlet;
//省略 import 语句
```

```
public class CharSetTestServlet extends HttpServlet {

    @Override
    protected void doPost(HttpServletRequest request,HttpServletResponse response) throws
ServletException, IOException {
        String username = request.getParameter("username");
        System.out.println("username = " + username);
        String nickname = request.getParameter("nickname");
        System.out.println("nickname = " + nickname);
    }

    @Override
    protected void doGet(HttpServletRequest request,HttpServletResponse response) throws
ServletException, IOException {
        this.doPost(request,response);
    }

}
```

运行代码查看效果，并输入中文进行测试，如图 7-42 所示。

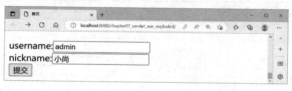

图 7-42　GET 请求下输入中文

查看控制台，如图 7-43 所示。修改提交表单的请求方式为"POST"，再次运行代码，输入中文，查看控制台，如图 7-44 所示，发现中文乱码。

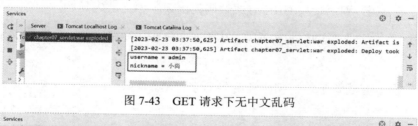

图 7-43　GET 请求下无中文乱码

图 7-44　POST 请求下出现中文乱码

另外，对于 GET 请求和 POST 请求，两种请求的乱码解决方式也不同。

对于 GET 请求，针对 Tomcat7 及以下版本需要手动处理，GET 请求参数是链接在地址后面的，我们需要修改 Tomcat 的配置文件进行设置。需要在 server.xml 文件修改 <Connector>标签，添加"URIEncoding="UTF-8""。

```
<Connector
    connectionTimeout="20000"
    port="8080"
    protocol="HTTP/1.1"
    redirectPort="8443"
    URIEncoding="UTF-8"
```

/>
配置好 URIEncoding 属性后，可以解决当前工作空间中所有的 GET 请求的乱码问题。

对于 POST 请求，如果提交了携带中文的请求体，服务器端解析时可能会出现乱码问题。解决方法就是在获取参数值之前，设置请求的解码格式，使其和页面保持一致。

```
request.setCharacterEncoding("UTF-8");
```

值得注意的是，POST 请求乱码问题的解决，只适用于当前操作所在的类。不能类似于 GET 请求一样，可以统一解决。因为请求体有可能会上传文件，文件内容不一定都是中文字符，所以不同字符需要分别设置其解码格式。

2. 通过输出流输出中文乱码问题

修改 CharSetTestServlet 类，通过输出流方式响应结果，示例代码如下。

```java
package com.atguigu.servlet;
//省略 import 语句

@WebServlet("/chartSetTest")
public class CharSetTestServlet extends HttpServlet {

    @Override
    protected void doPost(HttpServletRequest request,HttpServletResponse response) throws
ServletException, IOException {
        String username = request.getParameter("username");
        System.out.println("username = " + username);

        //如果昵称输入的是中文，控制台输出就会有乱码现象
        String nickname = request.getParameter("nickname");
        System.out.println("nickname = " + nickname);

        //通过输出流将中文数据响应给浏览器
        PrintWriter writer = response.getWriter();
        writer.write("做经得起时间检验的事情！");

    }

    @Override
    protected void doGet(HttpServletRequest request,HttpServletResponse response) throws
ServletException, IOException {
        this.doPost(request,response);
    }
}
```

运行代码，提交表单后查看页面，如图 7-45 所示，响应的中文是乱码的状态。

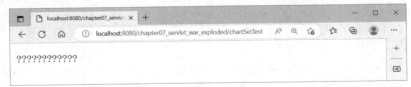

图 7-45 查看页面，发现响应的中文为乱码

向浏览器发送响应时，要告诉浏览器使用的是哪个字符集，浏览器就会按照这种方式来解码。那么如何告诉浏览器响应内容的字符编码方式呢？其实操作起来很简单，示例代码如下。

```
response.setHeader("Content-Type", "text/html;charset=UTF-8");
```
或
```
response.setContentType("text/html;charset=UTF-8");
```

再次修改 CharSetTestServlet 类，设置浏览器字符编码为"UTF-8"，然后运行代码，提交表单后，查看浏览器响应的结果为正常中文，如图 7-46 所示。

图 7-46　设置编码格式后查看响应结果

7.8　Web 项目的路径问题

通过前面的学习，可以发现 Web 项目中很多地方都用到了不同的路径。主要出现在以下四个位置，比如 web.xml 文件中<url-pattern>标签设置 Servlet 访问路径或@WebServlet 注解设置 Servlet 访问路径、HTML 网页中超链接或表单等通过路径方式访问服务器端，以及请求的转发和重定向中通过路径方式查找下一个资源等。不同场景书写路径时也存在一些注意事项，接下来本节将对 Web 项目中路径问题展开介绍。

首先了解两个概念，URL 和 URI。URL，统一资源定位符，表示从网络环境中定位一个资源，例如"http://localhost:8888/MyServlet/index.html"。URI，统一资源标识符，表示从服务器端定位一个资源，例如"/MyServlet/index.html"。

路径的使用可以分为绝对路径和相对路径。如果路径前带有"/"，表示为绝对路径，否则，则为相对路径。建议 Web 项目内所有使用路径的位置都采用绝对路径，因为如果使用相对路径的话，一旦发现文件位置变化，网页中的路径必须全部跟着改变，比较烦琐，不利于后期项目的扩展性。

这里的绝对路径其实就是前面所提到的 URL，而相对路径也是相对于 URL 而言的。而且"/"的含义也有两个，服务器和浏览器解析的结果不同，例如，对于"http://localhost:8888/MyServlet/index.html"路径，由服务器端解析，"/"可以代表当前项目下，即"http://localhost:8888/MyServlet/"。而由浏览器解析，"/"可以代表当前服务器端下，即"http://localhost:8888/"。一般情况下，web.xml 文件中或@WebServlet 注解 value 属性中的带"/"的路径由服务器端解析，而网页中的带"/"的路径需要通过浏览器解析。

例如，在 MyServlet 项目中配置 UrlTestServlet 类的映射路径为"/urlTest"，实际上完整的路径为"http://localhost:8888/MyServlet/urlTest"。

```
<!--配置UrlTestServlet 的映射路径 -->
<servlet>
    <servlet-name>UrlTestServlet</servlet-name>
    <servlet-class>com.atguigu.servlet. UrlTestServlet</servlet-class>
</servlet>

<servlet-mapping>
    <servlet-name>UrlTestServlet</servlet-name>
    <url-pattern>/urlTest</url-pattern>
</servlet-mapping>
```

在 index.html 页面中，编写代码使用超链接访问 UrlTestServlet，示例代码如下。

```
<a href="urlTest">访问 UrlTestServlet</a>
```

代码中使用的是相对路径，超链接中的 urlTest 路径前省略了"./"。表示 url 中 index.html 的所在路径为"http://localhost:8888/MyServlet/"。因此完整路径即"http://localhost:8888/MyServlet/urlTest"，保证与 web.xml 文件中设置的映射路径完全一致。否则，访问失败。

例如，在 web 目录下创建一个 pages 目录，将 index.html 移动到 pages 目录下，index.html 页面中代码不变的情况下，再次单击"访问 UrlTestServlet"超链接，将访问失败。

因为，此时"./"代表的路径为"http://localhost:8888/MyServlet/pages/"，拼接后的完整路径为"http://localhost:8888/MyServlet/pages/urlTest"，但 web.xml 文件中设置的映射路径为"http://localhost:8888/

MyServlet/urlTest"，两者不一致，所以访问失败。

那么此时，我们需要修改 index.html 页面中的访问路径为 "../urlTest"，才能够访问成功。

```
<a href="../urlTest">访问 UrlTestServlet</a>
```

首先，根据 "./" 的含义可知 "../" 代表的含义是 url 中 index.html 的所在路径的上一级目录，即 "http://localhost:8888/MyServlet/"。因此拼接上之后得到的完成路径为 "http://localhost:8888/MyServlet/urlTest"，与 web.xml 中设置的映射路径相同，则访问成功。

网页中使用绝对路径访问 UrlTestServlet 类，如下代码所示，需要在 "/" 后添加上下文路径。

```
<a href="/MyServlet/urlTest">访问 UrlTestServlet</a>
```

而且，无论 index.html 网页的位置是否发生变化，都不会影响使用该绝对路径访问 UrlTestServlet 类。

前面分别介绍了在 web.xml 中和网页中路径的应用，转发和重定向中路径的使用与上述所讲大同小异，下面依次展开介绍。

由于转发是服务器的行为，所以转发中路径出现的 "/" 由服务器解析，例如，转发到 ResonseTestServlet，示例代码如下。

```
request.getRequestDispatcher("/resonseTestServlet").forward(request, response);
```

上述代码中，"/resonseTestServlet" 中的 "/" 表示当前项目下，如果该转发发生在 MyServlet 项目中，则完整路径为 "http://localhost:8888/MyServlet/resonseTestServlet"。转发到另一个页面，操作也是类似的，示例代码如下。

```
request.getRequestDispatcher("/admin.html").forward(request, response);
//如果访问的是 WEB-INF 下的资源
request.getRequestDispatcher("/WEB-INF/admin.html").forward(request, response);
```

如果采用的是相对路径，示例代码如下。

```
request.getRequestDispatcher("resonseTestServlet").forward(request, response);
```

"resonseTestServlet" 前省略了 "./"，由于 ResonseTestServlet 的映射路径为 "/resonseTestServlet"，所以完整路径仍为 "http://localhost:8888/MyServlet/resonseTestServlet"，可以访问成功。

重定向中使用相对路径访问页面与转发类似，示例代码如下。

```
response.sendRedirect("resonseTestServlet");
```

但是，重定向如果使用绝对路径，路径中的 "/" 由浏览器解析，表示当前服务器端下。如果想要成功重定向到 ResonseTestServlet 类，需要在 "/" 后添加上下文路径，示例代码如下。

```
response.sendRedirect("/MyServlet/resonseTestServlet");
```

值得注意的是，为了保险起见在 Java 代码中最好动态获取上下文路径，不然一旦上下文路径发生改变，代码中则需要多处修改，示例代码如下。

```
response.sendRedirect(request.getContextPath()+"/resonseTestServlet");
```

7.9 JDBC 简介

相信读到这里，我们已经学习了 JavaSE，编写了 Java 程序，Java 代码能够实现将数据保存在变量、数组、集合等内存空间中，但这只是暂时保存，如果想要长期保存该怎么办呢？方法一，借助 IO 流将数据写入文件，不足之处是不方便管理数据以及维护数据的关系。方法二，借助数据库管理软件，比如 MySQL，相对来说它可以更方便地管理数据。

既然如此，我们是否可以集二者之所长，将其结合起来呢？即 Java 程序操作 MySQL，实现数据的存储和处理。也就是本节要介绍的内容，使用 JDBC 技术实现数据持久化，后期可以使用 MyBatis 等持久层框架，其底层仍然使用了 JDBC 技术。

JDBC 代表一组独立于任何数据库管理系统（DBMS）的 API，声明在 java.sql 与 javax.sql 包中，是 Sun（现 Oracle）公司提供的一组接口规范。它由各个数据库厂商来提供实现类，这些实现类的集合构成了数据库驱动 jar 包。

Java 程序调用 JDBC 技术，然后通过 JDBC 技术调用数据库实现数据持久化的全过程，如图 7-47 所示。

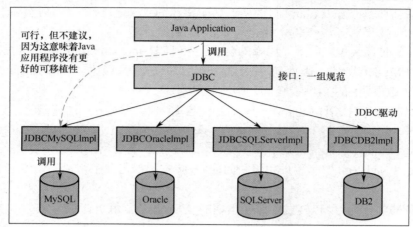

图 7-47　借助 JDBC 实现数据持久化

通过 Java 程序对 MySQL 进行操作，主要分为两部分：一是创建 Java 程序，并建立与 MySQL 数据库的连接；二是通过 JDBC 对 MySQL 数据库进行增删改查的操作。下面分别对其进行介绍。

7.9.1　Java 程序连接 MySQL 数据库

接下来为大家介绍如何借助 Java 程序连接 MySQL 数据库，具体步骤如下。

- 新建一个 Java 模块，例如命名为 chapter07_JdbcTest。
- 在该模块路径下新建一个名称为 lib 的目录。
- 将 MySQL 的驱动包"commons-dbutils-1.4.jar"复制、粘贴到 lib 目录下，并在驱动包上右键选择"Add as Library"引入该依赖。

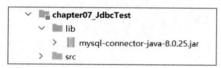

图 7-48　chapter07_JdbcTest 项目的目录结构

- 在 MySQL 内创建 atguigu 数据库，通过编写 Java 代码实现与该数据库的连接。

chapter07_JdbcTest 项目的目录结构，如图 7-48 所示。

创建 JdbcTest 类，编写如下代码连接 atguigu 数据库，示例代码如下。

```java
package com.atguigu;
import java.sql.Connection;
import java.sql.DriverManager;

public class JdbcTest {
    public static void main(String[] args) throws Exception {
        //1. 加载驱动
        Class.forName("com.mysql.cj.jdbc.Driver");
        //2. 设置连接数据库的参数
        String url="jdbc:mysql://localhost:3306/atguigu";
        //用户名，采用 root 用户登录
        String username="root";
        //密码，root 用户的密码(安装数据库时设置的密码)
        String password="root";
        //3. 获得数据库连接
        Connection connection = DriverManager.getConnection(url, username, password);
        //4. 输出验证结果是否成功
        System.out.println("connection = " + connection);
    }
}
```

综上可知，连接数据库具体分为三步，首先加载驱动，然后设置参数，即指明 url、用户名和密码。其中 url 包括需要连接的数据库的类型 "mysql"、对应的 IP 地址 "localhost"、端口号 3306，以及数据库名字 "atguigu"。最后传递上述参数进行连接即可。

运行上述代码查看控制台，如图 7-49 所示，表示连接成功。

图 7-49　查看控制台是否成功连接数据库

7.9.2　JDBC 进行增删改查

成功连接数据库并获取数据库连接对象后，下面继续介绍如何实现对 MySQL 数据库的增删改查操作。首先，在 atguigu 数据库中创建一个表，命名为 users，users 表结构如表 7-4 所示。

表 7-4　users 表结构

	字 段 名 称	数 据 类 型	Key
用户编号	id	INT	PRI
用户名称	username	VARCHAR(20)	
密码	password	VARCHAR(50)	
邮箱	email	VARCHAR(50)	

下面编写 Java 代码，借助 JDBC 技术实现对该表的数据进行增删改查操作。

1. 新增数据

创建 InsertTest 类，实现新增数据的操作，示例代码如下。

```
package com.atguigu;
//省略 import 语句


public class InsertTest {
    public static void main(String[] args) throws Exception {
        //省略获取数据库连接代码...

        //将数据添加到 users 表格内
        //准备带有占位符的 sql 语句(后期可以避免 sql 语句的拼接和 sql 注入问题)
        String sql="insert into users(username,password,email) values(?,?,?)";
        //获得 PreparedStatement 对象
        PreparedStatement preparedStatement = connection.prepareStatement(sql);
        //为 sql 语句绑定参数(也就是占位符?位置的数据)
        /*
        * 值得注意的是 setObject 方法可以绑定任意类型的参数，第一个参数的含义是第几个问号，第二个参数就是
参数值，参数的个数一定要和问号的个数保持一致，否则会出现错误
        */
        preparedStatement.setObject(1,"xiaoshang");
        preparedStatement.setObject(2,"atguigu");
        preparedStatement.setObject(3,"xiaoshang@atguigu.com");
```

```
//执行,返回值为 sql 语句影响的行数
int len = preparedStatement.executeUpdate();
System.out.println(len > 0 ? "新增成功" : "新增失败");
//关闭资源
preparedStatement.close();
connection.close();
    }
}
```

运行代码查看控制台，如图 7-50 所示。查看数据库的 users 表，发现表中多了一条记录，如图 7-51 所示。

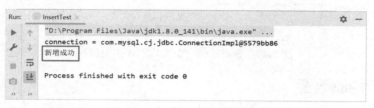

图 7-50　成功新增数据

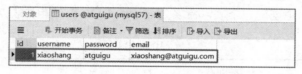

图 7-51　users 表中新增一条数据

2. 更新数据

创建 **UpdateTest** 类，实现修改数据的操作，示例代码如下。

```
package com.atguigu;
//省略 import 语句

public class UpdateTest {
    public static void main(String[] args) throws Exception {
        //省略获取数据库连接代码...

        //对 users 表内的数据进行修改
        //准备带有占位符的 sql 语句                    String sql="update users set username=?,
password=?,email=? where id=?";
        // 获得 PreparedStatement 对象
        PreparedStatement preparedStatement = connection.prepareStatement(sql);
        //为 sql 语句绑定参数
        preparedStatement.setObject(1,"shangguigu");
        preparedStatement.setObject(2,"atguigu");
        preparedStatement.setObject(3,"xiaoshang@atguigu.cn");
        preparedStatement.setObject(4,1);
        //执行,返回值为 sql 语句影响的行数
        int len = preparedStatement. executeUpdate();
        System.out.println(len > 0 ? "修改成功" : "修改失败");
        //关闭资源
        preparedStatement.close();
        connection.close();
    }
}
```

运行代码查看控制台，如图 7-52 所示。查看数据库 users 表，发现用户名由"xiaoshang"修改为

"shangguigu"，如图 7-53 所示。

图 7-52　成功修改数据

图 7-53　修改用户名"xiaoshang"为"shagnguigu"

3. 查询数据

创建 QueryTest 类实现查询数据的操作，示例代码如下。

```java
package com.atguigu;
//省略 import 语句

public class QueryTest {
    public static void main(String[] args) throws Exception {
        //省略获取数据库连接代码...

        //对 users 表内的数据进行查询
        //准备带有占位符的 sql 语句          String sql="select * from users where id=?";
        //获得 PreparedStatement 对象
        PreparedStatement preparedStatement = connection.prepareStatement(sql);
        //为 sql 语句绑定参数
        preparedStatement.setObject(1,1);
        //执行,返回值为 sql 语句的查询结果
        ResultSet resultSet = preparedStatement.executeQuery();
        //处理结果集
        //如果 sql 语句的查询结果是多条的话，将 if 换成 while 即可
        if(resultSet.next()){
            int id = resultSet.getInt("id");//获取 id 列的数据
            System.out.println("id = " + id);
            String username1 = resultSet.getString("username");
            System.out.println("username1 = " + username1);
            String password1 = resultSet.getString("password");
            System.out.println("password1 = " + password1);
            String email = resultSet.getString("email");
            System.out.println("email = " + email);
        }
        //关闭资源
        preparedStatement.close();
        connection.close();
    }
}
```

运行代码查看控制台，如图 7-54 所示，成功查询到 users 表中的数据。

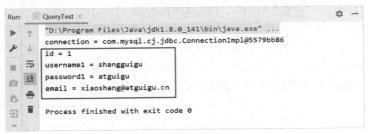

图 7-54　成功查询数据

121

4．删除数据

创建 DeleteTest 类，实现删除数据的操作，示例代码如下。

```java
package com.atguigu;
//省略 import 语句

public class DeleteTest {
    public static void main(String[] args) throws Exception {
        //省略获取数据库连接代码...

        //对 users 表内的数据进行删除操作
        //准备带有占位符的 sql 语句        String sql="delete from users where id=?";
        //获得 PreparedStatement 对象
        PreparedStatement preparedStatement = connection.prepareStatement(sql);
        //为 sql 语句绑定参数
        preparedStatement.setObject(1,1);
        //执行,返回值为 sql 语句影响的行数
        int len = preparedStatement. executeUpdate();
        System.out.println(len > 0 ? "删除成功" : "删除失败");
        //关闭资源
        preparedStatement.close();
        connection.close();
    }
}
```

运行代码，查看控制台，如图 7-55 所示。

查看数据库 users 表，发现表中的数据被删除了。再次启动 QueryTest 类进行查询，查看控制台，如图 7-56 所示，结果为空。

图 7-55　成功删除数据

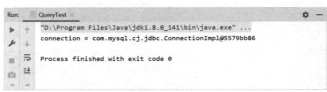

图 7-56　再次查询数据，结果为空

7.9.3　Druid 数据库连接池

通过前面 JDBC 进行增删改查，我们可以发现一个现象，每次连接数据库都需要通过 DriverManager 获取新连接，而且用完就要抛弃断开释放资源。这样一来，连接的利用率较低，浪费比较严重。对于数据库服务器来说压力较大，数据库服务器和 Java 程序对连接数无法控制，很容易导致数据库服务器崩溃。本节所讲的数据库连接池是数据库连接对象的缓冲区，负责申请、分配管理，以及释放连接的操作。

首先，建立一个连接池，这个池中能容纳一定数量的连接对象。一开始，我们可以先替用户创建一些连接对象。当用户需要使用连接对象时就直接从池中获取，无须重新建立连接，这样也可以节省时间。用户使用完，再把连接对象放回连接池中，下次别人还可以接着使用。这样一来大大提高了连接的使用率。

如果当连接池中的现有连接对象都用完了，那么连接池可以向服务器申请新的连接对象放到池中，直到池中的连接数量达到"最大连接数"就不能再申请了。这时，如果有用户来获取池中的连接对象，没有拿到连接只能等待。

JDBC 的数据库连接池使用"javax.sql.DataSource"来表示，DataSource 只是一个接口，通常被称为数据源。该接口通常由服务器（如 Weblogic、WebSphere、Tomcat）提供实现，也有一些开源组织提供实现，

例如 DBCP、C3P0、BoneCP、Druid 等。

- DBCP，Apache 提供的数据库连接池，速度相对 C3P0 较快，但因自身存在 BUG，Hibernate3 已不再提供支持。
- C3P0，一个开源组织提供的数据库连接池，速度相对较慢，稳定性还可以。
- Proxool，sourceforge 下的一个开源项目数据库连接池，有监控连接池状态的功能，稳定性较 C3P0 差一点。
- BoneCP，一个开源组织提供的数据库连接池，速度快。
- Druid，阿里提供的数据库连接池，据说是集 DBCP、C3P0、Proxool 优点于一身的数据库连接池，也是本书介绍并使用的数据库连接池。

下面对 Druid 数据库连接池的具体使用展开介绍。

Druid 数据库连接池的使用很简单，具体步骤如下。

- 在项目中引入 Druid 的依赖包"druid-1.0.9.jar"，创建数据库连接池对象。
- 设置数据库的相关信息，该信息通常存储在一个单独的配置文件中，如 druid.properties。
- 通过编写代码，实现从数据库连接池中获取数据库连接对象即可。

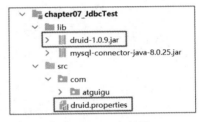

图 7-57　目录结构

例如，在 chapter07_JdbcTest 项目中，引入 Druid 的依赖包，并创建 druid.properties 文件设置数据库信息。目录结构如图 7-57 所示。

druid.properties 文件的示例代码如下。

```
driverClassName=com.mysql.cj.jdbc.Driver
url=jdbc:mysql://localhost:3306/atguigu
username=root
password=root
```

创建 TestPool 类，编写代码实现从数据库连接池中获取数据库连接对象，示例代码如下。

```java
package com.atguigu.pool;
//省略 import 语句

public class TestPool {
    public static void main(String[] args)throws Exception {
        Properties pro = new Properties();//这是一个 map
        //由于 druid.properties 文件存放在 src 目录下，最后会随着.java 文件一起编译到类路径下（class）
        //通过类加载器加载资源配置文件
        pro.load(TestPool.class.getClassLoader().
        getResourceAsStream("druid.properties"));
        DataSource ds = DruidDataSourceFactory.createDataSource(pro);

        Connection connection = ds.getConnection();
        System.out.println("connection = " + connection);
    }
}
```

运行代码后测试连接，查看控制台，如图 7-58 所示。从图中可知，成功通过 Druid 数据库连接池获取连接对象。

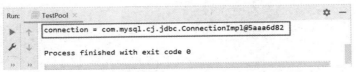

图 7-58　从数据库连接池获取连接对象

7.9.4　JDBCTools 的封装

经过 JDBC 的学习发现，所有对数据库的操作（增、删、改、查）都需要获取数据库连接，为了代码的简洁以及编写方便，我们可以封装一个工具类，专门提供数据库连接的获取和释放。

考虑后期多线程的问题，将 ThreadLocal 也一并封装进来，JDK 1.2 中提供了 java.lang.ThreadLocal，为解决多线程程序的并发问题提供了一种新的思路。使用这个工具类可以简洁地编写出优美的多线程程序，通常用来在多线程中管理共享数据库连接、Session 等。

ThreadLocal 主要用于保存某个线程的共享变量。在 Java 中，每一个线程对象中都对应一个 ThreadLocalMap<ThreadLocal, Object>，其 key 值就是一个 ThreadLocal 对象，而 value 值是一个 Object 对象，即为该线程的共享变量，并且该 ThreadLocalMap 对象是通过 ThreadLocal 的 set 和 get 方法操作的。对于同一个 ThreadLocal，只能对其对应的变量进行 get、set 或 remove 操作，而不会影响其他线程的变量。

创建 JDBCTools 类，封装代码实现数据库连接的获取和释放，示例代码如下。

```java
package com.atguigu.tools;
//省略 import 语句

public class JDBCTools {
    //数据库连接池
    private static DataSource ds;
    //<Connection>表示  ThreadLocalMap 中(key,value)的 value 是 Connection 类型的对象
    private static ThreadLocal<Connection> threadLocal = new ThreadLocal<>();

    //静态变量的初始化，可以使用静态代码块
    static{
        try {
            Properties pro = new Properties();
            pro.load(JDBCTools.class.getClassLoader()
                .getResourceAsStream("druid.properties"));
            ds = DruidDataSourceFactory.createDataSource(pro);
        } catch (IOException e) {
            e.printStackTrace();
        } catch (Exception e) {
            e.printStackTrace();
        }
    }


    public static Connection getConnection()throws SQLException {
        Connection connection = threadLocal.get();
        /*
        * 每一个线程调用这句代码都会到自己的 ThreadLocalMap 中，以 threadLocal 对象为 key，找到 value
        * 如果 value 为空，说明当前线程还未获取过 Connection 对象，那么就从连接池中获取一个数据库连接对象
        * 并且通过 threadLocal 的 set 方法
        * 把 Connection 对象放到当前线程 ThreadLocalMap 中
        */
        if(connection == null){
            connection = ds.getConnection();
            //通过 threadLocal 的 set 方法，把 Connection 对象存放至当前线程 ThreadLocalMap 中
            threadLocal.set(connection);
        }
        return connection;
    }
```

```
public static void freeConnection()throws SQLException{
    Connection connection = threadLocal.get();
    if(connection != null){
        connection.setAutoCommit(true);//还原自动提交模式
        threadLocal.remove();//从当前线程的 ThreadLocalMap 中删除这个连接
        connection.close();
    }
}
}
```

7.9.5　DBUtils 的使用

　　Apache 组织提供的一个开源 JDBC 工具类库 "commons-dbutils"，它是对 JDBC 的简单封装，学习成本极低，并且使用 DBUtils 工具能极大简化 JDBC 编码的工作量，同时也不会影响程序的性能。

　　其中 DBUtils 类库中有一个重要的类，即 QueryRunner 类，它封装了 SQL 的执行，可以实现增删改查和批处理等操作，并且是线程安全的。我们需要掌握 QueryRunner 类的两个方法：update()和 query()方法。对于增删改操作使用 update() 方法，而查询操作使用 query()方法。

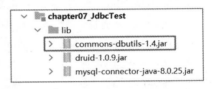

图 7-59　引入 "commons-dbutils-1.4.jar"

　　下面，在 chapter07_JdbcTest 项目中引入 "commons-dbutils-1.4. jar"，如图 7-59 所示，演示 DBUtils 工具的使用，此处只介绍最基本的增删改查操作。

　　新建 dbutils 目录，在该目录下创建 InsertTest 类，实现向数据库新增数据操作，示例代码如下。

```
package com.atguigu.dbutils;
//省略 import 语句


public class InsertTest {
    public static void main(String[] args) throws Exception {
        //1. 创建 QueryRunner 对象
        QueryRunner runner=new QueryRunner();

        //2. 获得数据库连接
        Connection connection = JDBCTools.getConnection();

        //3. 进行增删改操作,增删改操作逐一进行测试即可
        //3.1 新增操作
        String insertSql ="insert into users(username,password,email) values(?,?,?)";
        /*
         * update()方法的参数介绍:
         * Connection connection 表示数据库连接
         * String sql 表示 sql 语句
         * Object... params 表示 sql 语句占位符位置的参数
         * 要求和之前一样,顺序和个数要保持一致
         */
        int len = runner.update(connection, insertSql,"xiaoshang", "atguigu", "xiaoshang@
atguigu.com");
        System.out.println(len > 0 ? "新增成功" : "新增失败");

        //4. 释放资源
        JDBCTools.freeConnection();
    }
}
```

运行代码后，查看控制台发现新增成功。

同理，在 dbutils 目录下创建 UpdateTest 类，实现修改数据操作，关键代码如下。

```
//修改操作
String updateSql="update users set username=?,password=?,email=? where id=?";
int len = runner.update(
connection, updateSql, "atguigu", "123456",
    "xiaoshang@atguigu.cn", 1);
System.out.println(len > 0 ? "修改成功" : "修改失败");
```

在 dbutils 目录下创建 DeleteTest 类，实现删除数据操作，关键代码如下。

```
//删除操作
String deleteSql="delete from users where id=?";
int len = runner.update(connection, deleteSql, 1);
System.out.println(len > 0 ? "删除成功" : "删除失败");
```

查询数据比较复杂，需要使用 query()方法，并且 DBUtils 工具可以将查询结果直接映射到实体类中，DBUtils 为我们提供了丰富的结果集处理器，接下来为大家演示常用的三种结果集处理器。

- BeanHandler：将结果集中的第一行数据封装到一个对应的 JavaBean 实例中。
- BeanListHandler：将结果集中的每一行数据都封装到一个对应的 JavaBean 实例中，存放到 List 里。
- ScalarHandler：查询单个值对象。

首先创建 User 实体类，要求该实体类的属性名与 users 表的列名保持一致，示例代码如下。

```
package com.atguigu.bean;

public class User {
    private Integer id;          //用户 ID
    private String username;     //用户姓名
    private String password;     //用户密码
    private String email;        //用户邮箱

    // get,set,toString 方法省略
    }
```

创建 QueryTest 类，分别测试以上三种不同的查询结果。

如果 sql 语句查询结果确定只有一条数据，则可以使用 BeanHandler，示例代码如下。

```
package com.atguigu.dbutils;
//省略 import 语句

public class QueryTest {
    public static void main(String[] args) throws Exception {
        //1. 创建 QueryRunner 对象
        QueryRunner runner=new QueryRunner();

        //2. 获得数据库连接
        Connection connection = JDBCTools.getConnection();

        //3. 查询情况
        //3.1 查询单条结果
        String sql="select * from users where id=?";

        /*
        * new BeanHandler<User>(User.class)   单条结果的处理器
        *    泛型设置为 User
        *    实参设置 User.class 底层使用反射进行映射
        *    功能：将 sql 语句的查询结果映射到一个 User 对象上
```

```
        */
        User user = runner.query(connection, sql,new BeanHandler<User>(User.class), 1);
        System.out.println("user = " + user);
        //4. 释放资源
        JDBCTools.freeConnection();
    }
}
```

如果 sql 语句查询结果有多条数据，则可以使用 BeanListHandler，关键代码如下。

```
//查询多条结果
String sql="select * from users";
/*
* new BeanListHandler<User>(User.class)多条结果的处理器
*    泛型设置为 User
*    实参设置 User.class 底层使用反射进行映射
*    功能：将 sql 语句的每一条查询结果映射到一个 User 对象上，
*    最终采用 List 集合存储这些 Userr 对象
*/
List<User> userList
    = runner.query(connection, sql, new BeanListHandler<User>(User.class));
userList.stream().forEach(System.out::println);
```

如果 sql 语句查询结果只有一个值，则可以使用 ScalarHandler，关键代码如下。

```
//查询单个值结果
String sql="select count(*) from users";
/*
* new ScalarHandler<Long>()一个值的结果处理器
*    泛型设置为 Long,sql 语句查询结果值的数据类型
*    功能：将 sql 语句的查询结果赋值到 Long 类型上
*/
Long count = runner.query(connection, sql, new ScalarHandler<Long>(
));
System.out.println("count = " + count);
```

7.9.6　BaseDao 的封装

虽然 DBUtils 对数据库操作省略了大部分代码，但是我们依然可以对其进行再次封装，让代码的复用性再提升一个级别。

例如，创建 BaseDao 类，将最基础的增删改查方法封装进去，后期对数据的增删改查操作直接使用 BaseDao 即可。示例代码如下。

```
package com.atguigu.dbutils;
//省略 import 语句

public abstract class BaseDao<T> {
    private QueryRunner queryRunner = new QueryRunner();

    /**
     * 通用的增删改的方法
     * @param sql String 要执行的 sql
     * @param args Object... 如果 sql 中有？，就传入对应个数的？要设置的值
     * @return int 执行的结果
     */
    protected int update(String sql,Object... args) {
        try {
            return queryRunner.update(JDBCTools.getConnection(),sql,args);
```

```
    }catch (SQLException e) {
        throw new RuntimeException(e);
    }
}

/**
 * 查询单个对象的方法
 * @param clazz Class 记录对应的类类型
 * @param sql String 查询语句
 * @param args Object... 如果 sql 中有?，即根据条件查询，可以设置?的值
 * @param <T> 泛型方法声明的泛型类型
 * @return  T 一个对象
 */
protected T getBean(Class clazz, String sql, Object... args){
    try {
        return queryRunner.query(JDBCTools.getConnection(),sql,new BeanHandler<T>(clazz),
args);
    }catch (SQLException e) {
        throw new RuntimeException(e);
    }
}

/**
 * 通用查询多个对象的方法
 * @param clazz Class 记录对应的类类型
 * @param sql String 查询语句
 * @param args Object... 如果 sql 中有?，即根据条件查询，可以设置?的值
 * @param <T> 泛型方法声明的泛型类型
 * @return List<T> 把多个对象放到了 List 集合
 */
protected List<T> getList(Class clazz, String sql, Object... args){
    try {
        return queryRunner.query(JDBCTools.getConnection(),sql,new BeanListHandler<T>(clazz),
args);
    }catch (SQLException e) {
        throw new RuntimeException(e);
    }
}
protected Object getValue(String sql,Object... args){
    try {
        return queryRunner.query(JDBCTools.getConnection(),sql,new ScalarHandler(), args);
    }catch (SQLException e) {
        throw new RuntimeException(e);
    }
}
}
```

7.10 案例：用户注册和登录

下面通过实现用户登录和注册的过程，来演示 Servlet 和 DBUtils 的使用。

该案例借助尚好房项目的前端资料，可以根据前言提示自行下载，在此基础上进行如下代码的实现，前端页面可以直接从资料中复制。

创建 chapter07_login_register 项目，首页 index.html 关键代码如下，在首页创建超链接，实现单击"登录"跳转登录页面；单击"注册"跳转注册页面。

```html
<!DOCTYPE html>
<html>
<head>
<!--省略部分代码-->
</head>
<body>
<div id="list">
    <div class="header">
        <div class="width1190">
            <div class="fl">您好，欢迎来到尚好房！</div>
            <div class="fr">
                <a href="login.html">登录</a> |
                <a href="register.html">注册</a> |
                <a href="javascript:;">加入收藏</a> |
                <a href="javascript:;">设为首页</a>
            </div>
            <div class="clears"></div>
        </div><!--width1190/-->
    </div>


<!--省略部分代码-->
</body>
</html>
```

登录页 login.html 关键代码如下，创建表单，输入用户名和密码进行登录，提交表单后跳转后台 Servlet 进行处理，如果用户名未注册，单击"立即注册"跳转注册页面进行注册。

```html
<!DOCTYPE html>
<html>
<head>
<!--省略部分代码-->
</head>
<body>
<!--省略部分代码-->
<div class="content">
    <div class="width1190">
        <div class="reg-logo">
            <form id="signupForm" method="post" action="login" class="zcform">
                <p class="clearfix">
                    <label class="one" for="agent">手机号码：</label>
                    <input id="agent" name="phone" type="text"
                        class="required" value placeholder="请输入您的用户名"/>
                </p>

                <p class="clearfix">
                    <label class="one" for="password">登录密码：</label>
                    <input id="password" name="password" type="password"
                        class="{required:true,rangelength:[8,20],}"
                        value placeholder="请输入密码"/>
                </p>
                <p class="clearfix">
                    <span style="color: red;margin-left: 90px;"></span>
                </p>
```

```
                <p class="clearfix">
                    <input class="submit" type="submit" value="立即登录"/></p>
            </form>
        <div class="reg-logo-right">
            <h3>如果您没有账号，请</h3>
            <a href="register.html" class="logo-a">立即注册</a>
        </div><!--reg-logo-right/-->
        <div class="clears"></div>
        </div><!--reg-logo/-->
    </div><!--width1190/-->
</div><!--content/-->

......<!--省略部分代码-->
</body>
</html>
```

注册页 register.html 关键代码如下，创建表单，输入用户名、密码，以及昵称进行注册，提交表单后跳转后台 Servlet 进行处理，如果用户名已注册，单击"立即登录"跳转登录页面进行登录。

```
<!DOCTYPE html>
<html>
<head>
<!--省略部分代码-->
</head>
<body>
<!--省略部分代码-->
<div class="content">
    <div class="width1190">
        <div class="reg-logo">
            <form id="signupForm" method="post"
                action="regist" class="zcform">
                <p class="clearfix">
                    <label class="one" for="agent">手机号码: </label>
                    <input id="agent" name="phone" type="text"
                        class="required" maxlength="11"
                        placeholder="请输入您的手机号码"/>
                </p>
                <p class="clearfix">
                    <label class="one" for="password">登录密码: </label>
                    <input id="password" name="password" type="password"
                        maxlength="9"
                        class="{required:true,rangelength:[8,20],}"
                        value placeholder="请输入密码"/>
                </p>
                <p class="clearfix">
                    <span style="color: red;margin-left: 90px;"></span>
                </p>
                <p class="clearfix">
                    <label class="one" for="confirm_password">确认密码: </label>
                    <input id="confirm_password" type="password"
                        maxlength="9"
                        class="{required:true,equalTo:'#password'}"
                        value placeholder="请再次输入密码"/>
                </p>
                <p class="clearfix">
                    <span style="color: red;margin-left: 90px;"></span>
```

```
                </p>
                <p class="clearfix">
                    <label class="one" for="agent">昵称: </label>
                    <input id="agent" name="nickName" type="text"
                        maxlength="10" class="required"
                        value placeholder="请输入您的昵称"/>
                </p>
                <p class="clearfix">
                    <span style="color: red;margin-left: 90px;"></span>
                </p>
                <p class="clearfix"><input class="submit" type="submit"
                    value="立即注册"/></p>
            </form>
            <div class="reg-logo-right">
                <h3>如果您已有账号，请</h3>
                <a href="login.html" class="logo-a">立即登录</a>
            </div><!--reg-logo-right/-->
            <div class="clears"></div>
        </div><!--reg-logo/-->
    </div><!--width1190/-->
</div><!--content/-->

......<!--省略部分代码-->
</body>
</html>
```

创建用户类 User，包含用户 ID、手机号码、密码和用户昵称四个属性，示例代码如下。

```
package com.atguigu.bean;

public class User {
    private Integer id;         //用户 ID
    private String phone;       //手机号码
    private String password;    //用户密码
    private String nickName;    //用户昵称


    //省略 get/set 等方法
}
```

在 MySQL 数据库创建与 User 类属性一一对应的 users 表，然后创建 db.properties 文件，放在 resources 文件夹下，提供数据库的 url、用户名和密码等信息。示例代码如下。

```
driverClassName=com.mysql.cj.jdbc.Driver
url=jdbc:mysql://localhost:3307/atguigu
username=root
password=root
```

导入连接数据库所需的 jar 包，如图 7-60 所示，以及工具类 JDBCTools 类、BaseDao 类和 MD5Util 类。

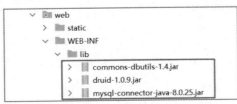

图 7-60　连接数据库所需的 jar 包

创建 UserDaoImpl 类继承 BaseDao 类实现 UserDao 接口，实现向数据库插入数据，以及根据手机号查询数据方法。示例代码如下。

```java
package com.atguigu.dao.impl;

public class UserDaoImpl extends BaseDao implements UserDao {

    private QueryRunner runner=new QueryRunner();

    @Override
    public User findUserByPhone(String phone) {
        Connection connection = JDBCTools.getConnection();
        String sql="select * from users where phone=?";
        try {
            return runner.query(connection,sql,
            new BeanHandler<User>(User.class),phone);
        } catch (SQLException e) {
            e.printStackTrace();
        }finally {
            JDBCTools.closeAll();
        }
        return null;
    }

    @Override
    public void insertUser(User user) {
        Connection connection = JDBCTools.getConnection();
        String sql="insert into users(phone,password,nick_name) values(?,?,?)";
        try {
            runner.update(connection,sql,user.getPhone(),user.getPassword(),
            user.getNickName());
        } catch (SQLException e) {
            e.printStackTrace();
        }finally {
            JDBCTools.closeAll();
        }
    }
}
```

创建 UserServiceImpl 类实现 UserService 接口，实现对登录和注册的校验，例如判断用户名是否重复，以及对密码进行加密等。

```java
package com.atguigu.service.impl;

//省略 import 语句
public class UserServiceImpl implements UserService {

    private UserDao userDao=new UserDaoImpl();

    @Override
    public boolean regist(String phone, String password,String nickName) {
        //1. 判断用户名是否重复
        //(后期学完 Vue 会改造成异步方式验证用户名是否重复，暂时先这样操作)
        User user = userDao.findUserByPhone(phone);
        if(user==null){
            //2. 如果不重复，则进行新增
            User registUser=new User();
            registUser.setPhone(phone);
            registUser.setNickName(nickName);
            //3.密码进行加密(MD5Util 资料内有提供，直接复制粘贴即可)
```

```
            registUser.setPassword(MD5Util.encode(password));
            //4. 将注册信息添加到数据库
            userDao.insertUser(registUser);
            return true;
        }
        return false;
    }

    @Override
    public User login(String phone, String password) {
        //1. 根据用户名查询 User 对象
        User user = userDao.findUserByPhone(phone);
        //2. 如果不是 null 则说明用户名是正确的
        if(user!=null){
            //2. 在对密码进行加密后，判断密码是否正确(MD5Util 资料内有提供，直接复制粘贴即可)
            if(user.getPassword().equals(MD5Util.encode(password))){
                //3. 如果都正确，返回当前登录人对象
                return user;
            }
        }
        //4. 如果不正确返回 null
        return null;
    }
}
```

创建 LoginServlet 类，处理提交登录表单后的操作，实现登录成功跳转首页，登录失败则留在原页面。示例代码如下。

```
package com.atguigu.servlet;
//省略 import 语句

@WebServlet("/login")
public class LoginServlet extends HttpServlet {
    protected void doPost(HttpServletRequest request,HttpServletResponse response) throws
ServletException, IOException {
        this.doGet(request,response);
    }

    protected void doGet(HttpServletRequest request,HttpServletResponse response) throws
ServletException, IOException {
        //1. 获取请求参数
        String phone = request.getParameter("phone");
        String password = request.getParameter("password");
        //2. 调用业务层处理业务
        UserService userService=new UserServiceImpl();
        User loginUser = userService.login(phone, password);
        //3. 给响应
        if(loginUser!=null){
            //如果成功，跳转至首页
            response.sendRedirect(request.getContextPath()+"/index.html");
        }else{
            //如果失败，跳转至原页面(登录页面)
            response.sendRedirect(request.getContextPath()+"/login.html");
        }
    }
}
```

创建 RegisterServlet 类，处理提交注册表单后的操作，实现注册成功挑战登录页面，注册失败仍留在

原页面。示例代码如下。

```java
package com.atguigu.servlet;
//省略 import 语句
@WebServlet("/regist")
public class RegisterServlet extends HttpServlet {
    @Override
    protected void doGet(HttpServletRequest request,HttpServletResponse response) throws
ServletException, IOException {
        this.doPost(request,response);
    }

    @Override
    protected void doPost(HttpServletRequest request,HttpServletResponse response) throws
ServletException, IOException {
        //设置字符编码,防止 post 请求中文乱码
        request.setCharacterEncoding("UTF-8");
        //1. 获取请求参数
        String phone = request.getParameter("phone");
        String password = request.getParameter("password");
        String nickName = request.getParameter("nickName");
        //2. 调用业务层处理业务
        UserService userService=new UserServiceImpl();
        boolean flag = userService.regist(phone, password,nickName);
        //3. 给响应
        if(flag){
            //如果成功,跳转至登录页面(由于不需要携带共享数据,所以用重定向)
            response.sendRedirect(request.getContextPath()+"/login.html");
        }else{
            /*
            * 如果失败,跳转至原页面(注册页面)
            * 按照常理应该将错误提示共享到页面端,由于还未介绍 Thymeleaf,导致页面端无法获取共享数据,
            * 所以暂时省略错误信息提示的功能,暂时也不携带共享数据
            */
            response.sendRedirect(request.getContextPath()+"/register.html");
        }
    }
}
```

创建完之后,chapter07_login_register 项目的目录结构如图 7-61 所示。

图 7-61 chapter07_login_register 项目的目录结构

启动项目,进入尚好房首页,如图 7-62 所示。

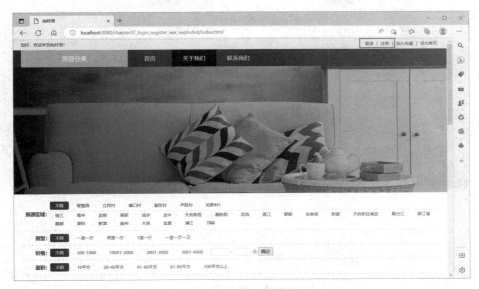

图 7-62　尚好房首页

单击右上角的"注册"按钮，进入注册页面，输入如下信息进行注册，如图 7-63 所示。

图 7-63　在注册页面输入内容进行注册

单击"立即注册"按钮跳转至登录页面，表示注册成功，查看数据库如图 7-64 所示，增添了一条记录。然后输入手机号码和密码进行登录，如图 7-65 所示。

图 7-64　查看数据库

如果未注册直接登录，发现仍跳回至登录页面，就表示登录失败。至此实现了用户的登录和注册功能，即从前端页面输入信息，然后经过后端代码处理，根据处理结果跳转对应页面的全过程。

图 7-65　输入注册的信息进行登录

7.11　本章小结

　　本章通过入门案例介绍了 Servlet 的操作步骤，并结合 IDEA 工具讲解如何应用，以及 Servlet 注解开发。介绍了 Servlet 的生命周期，即 Servlet 对象从创建到销毁的过程。介绍了 Servlet 的体系结构，主要包括 GenericServlet 类和 HttpServlet 类，对 Servlet 接口的功能进行了不同的封装和完善。还介绍了 Servlet 的两个相关接口：ServletConfig 和 ServletContext。最后介绍了 Servlet 最主要的功能——请求和响应，并了解到针对 HTTP 专门提供了两个接口处理其请求和响应，其中 HttpServletRequest 用来处理请求，HttpServletResponse 用来处理响应。另外，在 Web 项目编写过程中，还要注意路径问题和中文乱码问题等。希望大家理解、掌握 Servlet 相关知识，并能够灵活运用。

第8章

Thymeleaf

第 7 章介绍了 Servlet 的相关知识和应用，借助 Servlet 实现了接收客户端的请求数据，并生成响应结果最终返回给客户端的过程。但返回的数据一般为文本数据，如果我们想直接返回一个页面，该如何实现呢？虽然借助 Servlet 可以通过手写输出流的方式输出页面，但代码太过烦琐，不推荐使用，这就用到了本章将要学习的内容——Thymeleaf。Thymeleaf 是一个模板引擎，主要作用是把响应回客户端的数据渲染到 HTML 页面中。本章内容主要包括 Thymeleaf 的介绍、基本语法、案例应用，以及 MVC 模型的介绍等。

8.1 MVC 简介

在学习 Thymeleaf 前，首先需要了解一下 MVC 和三层架构的概念。MVC，全称为 Model View Controller，是在表述层开发中运用的一种设计理念。主要目的是把封装数据的模型、显示用户界面的视图、协调调度的控制器区分开来。

- M 代表模型（Model），提供要展示的数据，包含数据和行为。在 JavaWeb 中，把数据封装到一个实体类的对象中，传递对象。封装数据的模型称为实体，又叫作 JavaBean、Domain、Entity。
- V 代表视图（View），负责进行模型的展示，一般指常见的用户界面，即客户想看到的内容。
- C 代表控制器（Controller），用于接收用户请求，委托给模型进行处理（状态改变），处理完毕后把返回的模型数据返回给视图，由视图负责展示。也就是说控制器做了调度员的工作。

另外还有一种软件开发模式，即三层架构，与 MVC 类似也分为三层，分别是 UI 层表示用户界面、BLL 层表示业务逻辑，以及 DAL 层表示数据访问。两者具有相同的设计理念，即把视图设计与数据持久化进行分离，从而降低耦合性，易于扩展，提高团队开发效率，以至于很多程序员将 MVC 当作三层架构来使用，但其实两者并不相同，三层架构是基于业务逻辑划分的，而 MVC 则基于页面划分，MVC 和三层架构之间的关系如图 8-1 所示。

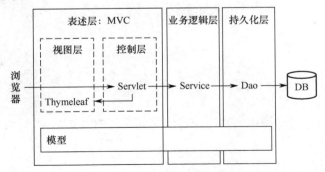

图 8-1　MVC 和三层架构之间的关系

MVC 的处理过程如下，首先控制器接受用户的请求，并决定应该调用哪个模型来进行处理，然后模型用业务逻辑来处理用户的请求并返回数据，最后控制器用相应的视图对该模型返回的数据进行格式化，并通过表示层呈现给用户。

使用 MVC 模型，能够将视图分离出来，进一步实现各个组件之间的解耦，让各个组件可以单独维护，同时让后端工程师和前端工程师的对接变得更方便。

MVC 可以是三层框架中的一个表现层框架，属于表现层。也就是说，MVC 把三层架构中的表现层再度进行了分化，分成了 Controller、View、Model 三部分，只不过实体的应用贯穿整个三层架构。三层架构

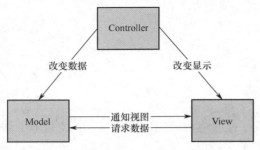

图 8-2　Model、View 和 Controller 三者的关系

和 MVC 是可以共存的，并且三层架构的分层模式是典型的上下级关系，上层依赖于下层，而 MVC 作为表现模式是不存在上下级关系的，属于相互协作关系。

使用 MVC 的目的在于将 M（模型）和 V（用户界面）的实现代码分离，从而使同一个程序可以使用不同的表现形式。C（控制器）存在的目的则是确保 M 和 V 同步，一旦 M 改变，V 应该同步更新。Model、View 和 Controller 三者的关系如图 8-2 所示。

而对于 MVC 的视图层，我们将借助 Thymeleaf 实现，Thymeleaf 对视图层进行了封装，在静态页面上渲染显示动态数据，简化视图层的操作，从而实现组件间解耦合，可以单独维护。

8.2　初识 Thymeleaf

8.2.1　什么是 Thymeleaf

Thymeleaf 是一个现代化的、渲染 XML/XHTML/HTML5 等内容的、服务端的 Java 模板引擎。类似 JSP、Velocity、FreeMaker 等，它可以与 Spring MVC 等 Web 框架进行集成，作为 Web 应用的模板引擎。它的主要作用是在静态页面上渲染显示动态数据。面向于后端开发人员，其最大的优势就是，它是一个自然语言的模板，语法非常简单，相比其他模板引擎，上手较快，比较适合简单的单体应用。不足之处在于，Thymeleaf 不是高性能的模板引擎，如果我们要开发高并发应用，并且需要实现页面跳转功能，最好使用前后端分离技术。

另外值得一提的是，Thymeleaf 是 SpringBoot 官方推荐使用的视图模板技术，能够与 SpringBoot 完美整合，而且 Thymeleaf 不经过服务器端运算仍然可以直接查看原始值，对于前端工程师而言，同样很友好。使用 Thymeleaf 渲染的前端页面，示例代码如下。

```html
<!DOCTYPE html>
<html lang="en" xmlns:th="http://www.thymeleaf.org">
<head>
    <meta charset="UTF-8">
    <title>Title</title>
</head>
<body>

    <p th:text="${username}">Original Value</p>

</body>
</html>
```

其中，username 是被放在请求域中的数据，通过上述代码的方式，可以将该属性对应的具体值渲染到页面中。

8.2.2　物理视图和逻辑视图

在 Servlet 中，将请求转发到一个 HTML 页面文件时，使用完整的转发路径，被称为物理视图。例如，对于该项目的 login_success.html 页面，对应的物理视图为"/pages/user/login_success.html"，项目的目录结构如图 8-3 所示。

图 8-3　项目的目录结构

如果我们把所有的 HTML 页面都放在某个统一的目录下，那么转发地址就会呈现出明显的规律。

```
/pages/user/login.html
/pages/user/login_success.html
/pages/user/regist.html
/pages/user/regist_success.html
……
```

综上可知，路径的开头均为"/pages/user/"，路径的结尾均为".html"。为了方便管理，把完整的路径分为三部分，并进行了统一命名，路径开头的部分称为视图前缀，路径结尾的部分称为视图后缀，路径中间不同的部分称为逻辑视图，如表 8-1 所示。也就是说，物理视图=视图前缀+逻辑视图+视图后缀。

表 8-1　物理视图的划分

物 理 视 图	视 图 前 缀	逻 辑 视 图	视 图 后 缀
/pages/user/login.html	/pages/user/	login	.html
/pages/user/login_success.html	/pages/user/	login_success	.html

在之后的开发中，我们会将视图前缀和视图后缀统一设置，编写代码时只需提供逻辑视图即可。

8.3　Thymeleaf 入门案例

下面编写一个 Thymeleaf 的入门案例，来进一步了解。

（1）首先创建 Web 项目，命名为"chapter08_thymeleaf"，并创建 lib 文件夹导入所需 jar 包，创建 views 文件夹添加所需页面，目录结构如图 8-4 所示。

（2）配置全局初始化参数，设置视图前缀和视图后缀。

在 web.xml 文件中对参数进行配置，示例代码如下。其中 key 值为 view-prefix，该值是可以自定义的，但对应的 value 值，必须根据实际路径确定。

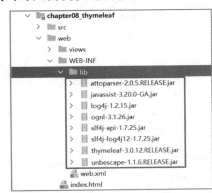

图 8-4　目录结构

```xml
<?xml version="1.0" encoding="UTF-8"?>
<web-app xmlns="http://xmlns.jcp.org/xml/ns/javaee"
        xmlns:xsi="http://www.w3.org/2001/XMLSchema-instance"
        xsi:schemaLocation="http://xmlns.jcp.org/xml/ns/javaee
http://xmlns.jcp.org/xml/ns/javaee/web-app_4_0.xsd"
        version="4.0">

    <!--配置全局初始化参数:配置 Thymeleaf 视图的前缀和后缀-->
    <context-param>
        <!--key 值是自定义的-->
        <param-name>view-prefix</param-name>
        <!--Value 值是根据你的项目结构分析出来的-->
        <param-value>/views/</param-value>
    </context-param>
    <context-param>
        <param-name>view-suffix</param-name>
        <param-value>.html</param-value>
    </context-param>
</web-app>
```

需要注意的是，Thymeleaf 只能渲染视图前缀和视图后缀中间的网页文件。不符合视图前缀和视图后缀的其他路径都无法被渲染。

（3）创建 Servlet 基类，命名为 ViewBaseServlet 示例代码如下。

该类暂时不用手动编写，直接复制过来使用即可，后续使用框架编程后，Servlet 类将被完全取代。

```
package com.atguigu.servlet;
//省略 import 语句

public class ViewBaseServlet extends HttpServlet {
    //模板引擎
    private TemplateEngine templateEngine;

    @Override
    public void init() throws ServletException {

        // 1.获取 ServletContext 对象
        ServletContext servletContext = this.getServletContext();

        // 2.创建 Thymeleaf 解析器对象
        ServletContextTemplateResolver templateResolver
            = new ServletContextTemplateResolver(servletContext);

        // 3.给解析器对象设置参数
        // ①HTML 是默认模式，明确设置是为了代码更容易理解
        templateResolver.setTemplateMode(TemplateMode.HTML);

        // ②设置前缀
        String viewPrefix = servletContext.getInitParameter("view-prefix");

        templateResolver.setPrefix(viewPrefix);

        // ③设置后缀
        String viewSuffix = servletContext.getInitParameter("view-suffix");
        templateResolver.setSuffix(viewSuffix);

        // ④设置缓存过期时间（毫秒）
        templateResolver.setCacheTTLMs(60000L);

        // ⑤设置是否缓存
        templateResolver.setCacheable(true);

        // ⑥设置服务器端编码方式
        templateResolver.setCharacterEncoding("utf-8");

        // 4.创建模板引擎对象
        templateEngine = new TemplateEngine();

        // 5.给模板引擎对象设置模板解析器
        templateEngine.setTemplateResolver(templateResolver);

    }

    protected void processTemplate(String templateName, HttpServletRequest req, HttpServletResponse
resp) throws IOException {
        // 1.设置响应体内容类型和字符集
        resp.setContentType("text/html;charset=UTF-8");

        // 2.创建 WebContext 对象
        WebContext webContext = new WebContext(req, resp, getServletContext());
```

```
    // 3.处理模板数据
    templateEngine.process(templateName, webContext, resp.getWriter());
    }
}
```

上述代码中 processTemplate()方法的功能，就是对静态页面进行动态数据渲染。包含了三个参数，其中 templateName 表示逻辑视图；req 为请求域对象，携带请求数据；resp 为响应体对象，携带服务器端要返回给浏览器的内容。原理是先通过模板引擎渲染数据，然后转发到指定页面，由于采用转发方式，所以请求域中的共享数据也是可以传递到客户端的。

（4）编写 index.html 文件创建超链接，单击访问 ThymeleafTestServlet 类，示例代码如下。

```
<!DOCTYPE html>
<html lang="en">
<head>
    <meta charset="UTF-8">
    <title>首页</title>
</head>
<body>
<a href="thymeleafTest">单击访问 ThymeleafTestServlet</a>
</body>
</html>
```

（5）创建 ThymeleafTestServlet 类，继承 ViewBaseServlet 类，然后调用其 init()方法进行初始化，调用 processTemplate()方法实现页面渲染及转发操作。同样使用@WebServlet 注解将该类注入容器，且映射路径和 index.html 文件中保持一致，为"/thymeleafTest"，示例代码如下。

```
package com.atguigu.servlet;
//省略 import 语句

@WebServlet("/thymeleafTest")
public class ThymeleafTestServlet extends ViewBaseServlet {
    protected void doPost(HttpServletRequest request,HttpServletResponse response) throws
ServletException, IOException {
        doGet(request,response);
    }

    protected void doGet(HttpServletRequest request,HttpServletResponse response) throws
ServletException, IOException {
        System.out.println("访问到了 ThymeleafTestServlet");
        String msg="用户名或密码错误";
        //1. 设置共享数据(请求域)
        request.setAttribute("msg",msg);
        //2. 进行转发操作(/views/admin.html)
        this.processTemplate("admin",request,response);
    }
}
```

在 views 目录下创建 admin.html 文件，引入 Thymeleaf 名称空间，通过 Thymeleaf 的表达式从请求域对象中取值，示例代码如下。

```
<!DOCTYPE html>
<!--在 html 标签内通过属性方式引入 Thymeleaf 名称空间-->
<html lang="en" xmlns:th="http://www.thymeleaf.org">
<head>
    <meta charset="UTF-8">
    <title>admin</title>
</head>
<body>
```

```
<h1>admin 页面</h1>
<!--通过 Thymeleaf 的表达式从请求域对象中取值-->
<h2 th:text="${msg}">这是显示后台数据的位置</h2>
</body>
</html>
```

（6）运行代码，首页的效果如图 8-5 所示。单击此超链接进行页面渲染，渲染后的页面效果如图 8-6 所示。

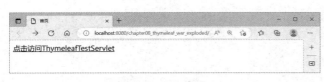

图 8-5　首页的效果

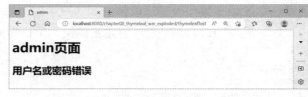

图 8-6　渲染后的页面效果

同时，查看控制台输出如下结果，表示成功访问 ThymeleafTestServlet 类，如图 8-7 所示。

图 8-7　查看控制台

8.4　Thymeleaf 基本语法

下面介绍 Thymeleaf 的基本语法，包括表达式语法、域对象的使用，以及如何获取请求参数、分支与迭代等。

8.4.1　表达式语法

Thymeleaf 常见的表达式语法，如表 8-2 所示。

表 8-2　表达式语法

表 达 式	语 法	用 途
变量表达式	${...}	获取请求域、session 域、对象等值
选择表达式	*{...}	获取上下文对象值
消息表达式	#{...}	获取国际化消息
URL 表达式	@{...}	支持绝对路径和相对路径。其中，相对路径又支持跨上下文调用 url 和协议的引用
代码块表达式	~{...}	类似 jsp:include 作用，引入公共页面片段

字面量的使用，包括文本值、数字、布尔值、空值和变量等。

- 文本值：使用单引号，例如，'one text'、'Another one'。
- 数字：例如 0、34、3.0 等。
- 布尔值：true、false。
- 空值：null（字母是小写的）。
- 变量：例如 one、two 等（变量中间不能有空格）。

运算符包括数学运算符、布尔运算符、比较运算符和条件运算符等，如表 8-3 所示。

表 8-3　运算符

运　算　符	说　　明
数学运算符	+、-、*、/、%
布尔运算符	and、or、!、not
比较运算符	>、<、>=、<=（gt、lt、ge、le）； ==、!=（eq、ne）
条件运算符	if-then:（if)?(then)； if-then-else:（if)?(then):(else)； Default:（value)?(defaultvalue)
特殊运算符	无操作：_

8.4.2　Thymeleaf 常见属性

Thymeleaf 大部分属性和 HTML 的一样，只是需要在 HTML 的属性前面多加一个"th"前缀，不过"th"主要用来从后台传值到前端，如果没有取值也可以不用使用。常见属性如下。

- th:属性名，用来设置标签属性值。例如，<a th:href="@{/user/1}"></a>，解析后的结果为<a th:href="/ user/1"></a>。
- th:text，用来设置文本值，例如，th:text="${data}"，将 data 的值替换该属性所在标签的 body 内容。如果是字符常量则需要使用引号引起来，例如，th:text="2011+3"，以及 th:text="'my name is '+${user.name}"。
- th:each，用来循环迭代。
- th:if 和 th:unless，用来条件判断，支持布尔值、数字（非零为 true）、字符、字符串等。
- th:switch 和 th:case，选择语句。例如，th:case="*"表示 default case。
- th:remove，用来移除数据。
- th:with，用来定义变量，例如，th:with="isEven=${prodStat.count}%2==0"，定义多个变量可以用逗号分隔。
- th:object，用来替换对象，在一个标签里使用 th:object="xxx"时，可以在其子标签里使用"*{…}"来获取 xxx 里面的属性。
- th:fragment，对一段 html 代码进行声明，供其他位置引用。
- th:insert，插入代码片段。
- th:replace，替换代码片段。
- th:include，包含代码片段。

常见属性的优先级，如表 8-4 所示。

表 8-4　属性优先级

优　先　级	说　　明	属　　性
1	插入和替换	th:insert th:replace th:include
2	迭代	th:each
3	条件判断	th:if th:unless th:swith th:case
4	对象和变量相关	th:object th:with

（续表）

优 先 级	说　明	属　性
5	确定具体属性的值	th:value th:href th:src …
6	修改文本值	th:text th:utext
7	声明片段	th:fragment
8	删除数据	th:remove

需要注意的是，如果想要在页面中使用 Thymeleaf 属性，首先需要声明名称空间。示例代码如下。

```
<!DOCTYPE html>
<!--在 html 标签中添加 Thymeleaf 名称空间-->
<html lang="en" xmlns:th="http://www.thymeleaf.org">
……
</html>
```

我们可以使用 Thymelea 属性对 HTML 网页内容做渲染，我们演示一下渲染标签体内容、标签属性值，以及如何获取上下文路径。代码如下。

```
<!-- ① 使用 Thymeleaf 修改标签体内容 -->
<p th:text="标签体新值">标签体原始值</p>

<!-- ② 使用 Thymeleaf 修改属性值 -->
<input type="text" name="username" th:value="文本框新值" value="文本框旧值" />
<img th:src="图片新路径" src="图片原路径"/>

<!--
③ 使用 Thymeleaf 解析 url 地址,并携带请求参数
语法: @{/请求路径(key1=value1,key2=value2...)}
上述写法等 Thymeleaf 渲染完毕后依然是: 请求路径?key1=value1&key2=value2...
-->
<a th:href="@{/index.html(key1=value1,key2=value2...)}">访问 index.html</a>
```

8.4.3　域对象的使用

域对象是在服务器端中有一定作用域范围的对象，在这个范围内的所有动态资源都能够共享域对象中保存的数据。常见域对象分为三种：请求域、会话域和应用域。

（1）请求域。

在请求转发的场景下，我们可以借助 HttpServletRequest 对象内部提供的存储空间，携带数据，把数据发送给转发的目标资源。请求域的范围是 HttpServletRequest 对象内部提供的存储空间。请求域对象的数据传递过程如图 8-8 所示。

（2）会话域。

会话域（Session Scope）指的是一次会话，也就是当前服务器端与客户端连接期间。浏览器向服务器端发送第一次请求时，

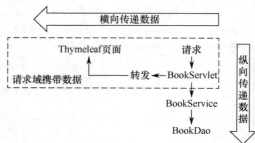

图 8-8　请求域对象的数据传递过程

服务器端会获取一个 Session 对象，并把 sessionid 以 cookie 的形式发送给浏览器，浏览器将 sessionid 保存起来，接下来的每一次请求，浏览器都会将 sessionid 发送到服务器端中去找对应的 Session 对象，因此每次请求使用的都是同一个 Session 对象。只要浏览器不关闭，不管发送多少次请求，获取的都是同一个

Session 对象。会话域的作用范围如图 8-9 所示。

当关闭浏览器或者退出浏览器时，Session 会失效，当前会话也会失效，在第 9 章会详细介绍。

（3）应用域。

应用域（Application Scope）指的是整个项目全局。有效作用于整个服务器端启动期间，关闭浏览器或退出并不会失效，当在服务器端关闭时失效，如图 8-10 所示。

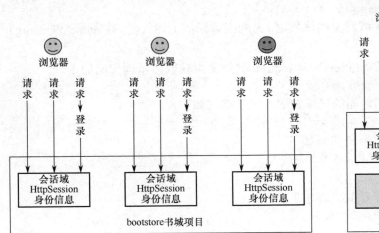

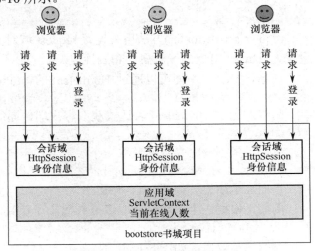

图 8-9　会话域的作用范围　　　　　　　　　　图 8-10　应用域的作用范围

应用域的数据存放在 ServletContext 对象中，而 ServletContext 又被称为 Servlet 上下文是运行环境，其域属性空间是所有 ServletConfig 对象共享的，对象范围大，生命周期长。一般满足以下三个条件的情况下，使用该应用域对象：一是所有用户共享的数据；二是这个共享的数据量很小；三是这个共享的数据很少有修改操作。实际上向应用域中绑定数据，相当于把数据放到缓存（Cache）中，然后用户访问的时候直接从缓存中获取，减少 IO 的操作，能够大大提升系统的性能。

以上三个作用域的作用范围从大到小依次是应用域、会话域、请求域。其中应用域和会话域的区别如下。

应用域具有共享性，因为作用于服务器端期间，且其他用户均能访问，所以多用于聊天室以及留言板等；而 Session 不具有共享性，因为是针对用户的会话，而其他用户访问时会创建一个新的会话，所以用户之间不能互相访问，从而进行保密，多用于购物车的隐藏及一些信息的隐藏。由于暂时不需要会话域和应用域，这里我们暂时只对请求域展开介绍。接下来我们进一步了解在 Thymeleaf 中是如何操作域对象，进行数据传递的。

通常的做法是，在 Servlet 类中将数据存储到域对象中，而在使用了 Thymeleaf 的前端页面中取出域对象中的数据并展示。

首先了解两个概念，请求参数（Parameter）和属性（Attribute）。请求参数是客户端（浏览器）发送请求时携带的数据由用户提供。而属性是由服务器端的组件（Servlet）设置的。请求参数和属性的区别如表 8-5 所示。

表 8-5　请求参数和属性的区别

	请 求 参 数	属 性
来源	请求参数来源于用户提交的 HTTP 请求。以 GET 方法提交的请求来源于 URL；以 POST 提交的请求来源于请求体	属性是在服务器端进行设置的，通过 setAttribute()方法
操作	参数的值只能读取不能修改，读取可以通过 getParameter()方法	属性的值既可以读取也可以修改，读取可以通过 getAttribute()方法，设置通过 setAttribute()方法，删除通过 removeAttribute()方法
数据类型	字符串类型，不管请求中传递的值的语义是什么，在服务器端获取时都以 String 类型接收，且客户端的参数值只能是简单类型的值，不能是复杂类型，如对象类型	任意的继承自 Object 的对象类型

请求参数和属性的共同点是两者都被封装在 HttpServletRequest 对象中。

例如，将 name 属性对应值为 zhang3 的数据存储到请求域对象中，在 Servlet 类中的具体操作，如下代码所示。

```
String requestAttrName = "name";
String requestAttrValue = "zhang3";

request.setAttribute(requestAttrName, requestAttrValue);
```

request.setAttribute()方法用来设置 request 域对象的属性，作为响应数据如上述代码，将 name 和 zhang3 设置为 request 对象的一对属性和属性值。

而后，在页面中便可以通过 Thymeleaf 的"th:text"从 request 域对象中获取，示例代码如下。

```
<p th:text="${name}">request field value</p>
```

另外，通过 Thymeleaf 表达式获取客户端传递的请求参数，语法格式如下。

```
${param.参数名}
```

例如，根据一个参数名获取一个参数值，示例代码如下。

```
<p th:text="${param.username}">这里替换为请求参数的值</p>
```

页面显示效果，如图 8-11 所示。

例如，根据一个参数名获取多个参数值，示例代码如下。

```
<p th:text="${param.team}">这里替换为请求参数的值</p>
```

页面显示效果，如图 8-12 所示。

图 8-11　根据一个参数名获取一个参数值　　　　图 8-12　根据 1 个参数名获取多个参数值

如果想要精确获取某一个值，可以使用数组下标。示例代码如下。

```
<p th:text="${param.team[0]}">这里替换为请求参数的值</p>
<p th:text="${param.team[1]}">这里替换为请求参数的值</p>
```

页面显示效果，如图 8-13 所示。

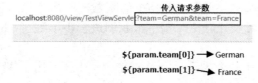

图 8-13　根据参数名获取一个参数值

下面通过一个案例来演示请求域对象的使用。

首先，创建 TestViewServlet01 类，继承 ViewBaseServlet 基类，将数据存储在请求域对象 HttpServletRequest 中，并通过 Thymeleaf 将数据渲染到页面中，示例代码如下。

```
package com.atguigu.servlet;
//省略 import 语句

@WebServlet("/testViewServlet01")
public class TestViewServlet01 extends ViewBaseServlet {
    @Override
    protected void doGet(HttpServletRequest request, HttpServletResponse response) throws
ServletException, IOException {
        //1. 获取到生日的请求参数，计算得出年龄
        String birthday = request.getParameter("birthday");
        DateTimeFormatter formatter = DateTimeFormatter.ofPattern("yyyy-MM-dd");
```

```
    LocalDate date = LocalDate.parse(birthday, formatter);
    //2. 将年龄存储在请求域内
    int age=LocalDate.now().getYear()-date.getYear();
    request.setAttribute("age",age);
    //3. 通过 Thymeleaf 渲染页面
    this.processTemplate("info_01",request,response);
}}
```

然后在 index.html 文件中编写代码创建超链接，提供请求参数 name、birthday 和 hobby，单击后跳转 TestViewServlet01 类进行处理，示例代码如下。

```
<a href="testViewServlet01
    ?name=jack&birthday=2000-06-06&hobby=java&hobby=game">
    请求域对象测试</a>
```

在 views 目录下，创建 info_01.html 文件编写代码，用来显示 TestViewServlet01 类处理后的结果，示例代码如下。

```
<!DOCTYPE html>
<html lang="en" xmlns:th="http://www.thymeleaf.org">
<head>
    <meta charset="UTF-8">
    <title>info</title>
</head>
<body>
        <h1>个人信息</h1>
        <!--
            姓名和爱好从请求参数中获取
            年龄从请求域中获取
        -->
        姓名: <span th:text="${param.name}"></span><br/>
        年龄: <span th:text="${age}"></span><br/>
        爱好: <span th:text="${param.hobby[0]}"></span>
            <span th:text="${param.hobby[1]}"></span>
</body></html>
```

运行代码查看页面效果，如图 8-14 所示。单击此超链接，访问 TestViewServlet01，如图 8-15 所示。

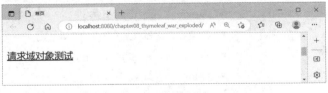

图 8-14　单击访问 TestViewServlet01

图 8-15　访问 TestViewServlet01 后的结果

8.4.4　内置对象

内置对象就是在 Thymeleaf 的表达式中可以直接使用的对象。通过这些内置对象，使得 Thymeleaf 支持直接访问 Servlet Web 原生资源，如 HttpServletRequest、HttpServletResponse、HttpSession、ServletContext 等。Thymeleaf 内置对象可以分为两类，分别是基本内置对象和公共内置对象。

其中基本内置对象包括如下几种。

- #ctx：表示上下文对象。
- #vars：表示上下文变量。
- #locale：表示上下文区域设置。
- #request：表示 HttpServletRequest 对象（仅在 Web 上下文中）。
- #response：表示 HttpServletResponse 对象（仅在 Web 上下文中）。
- #session：表示 HttpSession 对象（仅在 Web 上下文中）。
- #servletContext：表示 ServletContext 对象（仅在 Web 上下文中）。

以上这些内置对象在页面中都可以直接访问，调用方法时也可以直接传入参数。如果不清楚某一内置对象有哪些方法可以使用，可以通过 getClass().getName()方法获取该对象的全类名，进而查看此对象包括的所有方法。

例如，调用 "#request" 对象的 getContextPath()方法，获取当前页面所在应用的名字；调用 getAttribute()方法读取属性域，示例代码如下。

```
<h3>表达式的基本内置对象</h3>
<p th:text="${#request.getContextPath()}">
调用#request 对象的 getContextPath()方法
</p>
<p th:text="${#request.getAttribute('helloRequestAttr')}">
调用#request 对象的 getAttribute()方法，读取属性域
</p>
```

而公共内置对象，包括以下几种。

- #conversions：表示执行配置的转换服务的方法。
- #dates：表示 java.util.Date 对象的方法，可用于日期格式化，组件提取等。
- #calendars：类似于#dates，表示 java.util.Calendar 对象的方法。
- #numbers：用于格式化数字对象的方法。
- #strings：表示 String 对象的方法，如 contains、startsWith、prepending 或 appending 等。

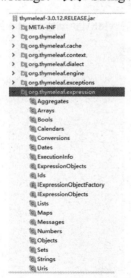

图 8-16　公共内置对象对应的源码位置

- #objects：表示一般对象的方法。
- #bools：表示布尔类型评估的方法。
- #arrays：表示数组方法。
- #lists：表示 List 集合的方法。
- #sets：表示 Set 集合的方法。
- #maps：表示 Map 对象的方法。
- #aggregates：表示在数组或集合上创建聚合的方法。
- #ids：用于处理可能重复的 id 属性的方法（例如，作为迭代的结果）。
- #messages：表示在变量表达式中获取外部化消息的方法，与使用#{...}语法获得的方式相同。
- #uris：表示转义 URL/URI 部分的方法。

一般情况下，公共内置对象对应的源码位置，如图 8-16 所示。

下面以 List 集合为例，演示 Thymeleaf 内置#lists 对象的使用。

例如，首先在 Servlet 类中，实现将如下两个 List 集合数据存入 request 请求域，其中一个为空集合，另一个集合包含 "aaa" "bbb" 和 "ccc" 三个元素，示例代码如下。

```
request.setAttribute("List1", Arrays.asList("aaa","bbb","ccc"));
request.setAttribute("anEmptyList", new ArrayList<>());
```

在 HTML 页面中调用#list 对象的 isEmpty 方法，分别判断两个集合是否为空，示例代码如下。

```
<p>#list 对象 isEmpty 方法判断集合整体是否为空，List1:
    <span th:text="${#lists.isEmpty(List1)}">
        测试#lists
    </span>
</p>
<p>#list 对象 isEmpty 方法判断集合整体是否为空，anEmptyList:
    <span th:text="${#lists.isEmpty(anEmptyList)}">
        测试#lists
    </span>
</p>
```

下面通过一个案例来演示日期、字符串、List 集合等常见内置对象的使用。

首先，创建 TestViewServlet02 类，继承 ViewBaseServlet 基类，将日期、字符串、List 集合等类型的数据存储在请求域对象 HttpServletRequest 中，并通过 Thymeleaf 将数据渲染到页面中，示例代码如下。

```
package com.atguigu.servlet;
//省略 import 语句

@WebServlet("/testViewServlet02")
public class TestViewServlet02 extends ViewBaseServlet {
    @Override
    protected void doGet(HttpServletRequest request, HttpServletResponse response) throws
ServletException, IOException {
        //1. 将日期、字符串、List 集合等对象共享在请求域内
        Date date=new Date();
        String str="http://www.atguigu.com";
        List list=new ArrayList();
        list.add("java");
        list.add("javaWeb");
        request.setAttribute("date",date);
        request.setAttribute("str",str);
        request.setAttribute("list",list);
        //2. 通过 Thymeleaf 渲染页面
        this.processTemplate("info_02",request,response);
    }
}
```

在 index.html 文件中编写代码创建超链接，单击后跳转 TestViewServlet02 类进行处理，示例代码如下。

```
<a href="testViewServlet02">内置对象测试</a>
```

在 views 目录下创建 info_02.html 文件编写代码，用来显示 TestViewServlet02 类处理后的结果，示例代码如下。

```
<!DOCTYPE html>
<html lang="en" xmlns:th="http://www.thymeleaf.org">
<head>
    <meta charset="UTF-8">
    <title>结果页面</title>
</head>
<body>
        <h1>常用内置对象使用</h1>
        <!--#dates 对时间进行格式化-->
        请求域中的时间:
        <span th:text="${#dates.format(date,'yyyy-MM-dd HH:mm:ss')}">
        </span>
        <br/><br/>
```

```
    请求域中的字符串操作: <br/>
<!--#strings 可以对字符串进行处理,
    类似于 javaSE 阶段学习的 String 类的常用方法, 此处只演示一小部分
-->
    字符串的长度: <span th:text="${#strings.length(str)}"></span><br/>
    字符串是否以 http 开头:
        <span th:text="${#strings.startsWith(str,'http')}"></span><br/>
    字符串是否包含 atguigu:
        <span th:text="${#strings.contains(str,'atguigu')}">
        </span><br/><br/>
<!-- #lists 对 list 集合进行操作-->
    请求域中的 List 集合操作: <br/>
    list 集合是否有值:
        <span th:text="${#lists.isEmpty(list)}"></span><br/>
    list 集合的长度: <span th:text="${#lists.size(list)}"></span><br/>
    list 集合是否包含 java:
        <span th:text="${#lists.contains(list,'java')}"></span><br/>
</body>
</html>
```

运行代码查看页面效果, 如图 8-17 所示。单击此超链接访问 TestViewServlet02, 如图 8-18 所示。

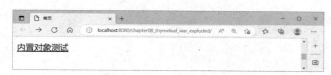

图 8-17　单击访问 TestViewServlet02

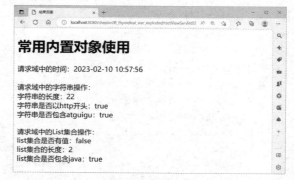

图 8-18　访问 TestViewServlet02 后的结果

8.4.5　OGNL 语言

OGNL 全称为 Object Graph Navigation Language, 翻译为对象图导航语言。它是一种功能强大的表达式语言, 通过简单一致的表达式语法, 可以存取对象的任意属性调用对象的方法, 遍历整个对象的结构图, 实现字段类型转化等功能。所谓对象图, 即从根对象出发, 通过特定的语法逐层访问对象的各种属性, 如图 8-19 所示。

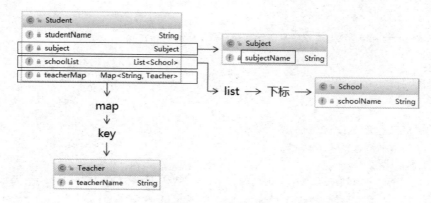

图 8-19　对象图结构

　　OgnlContext 对象是 OGNL 表达式语言的核心，它实现了 java.utils.Map 接口，本质上是一个 Map 结构，且可以使用 Map 方法。

　　关于 OGNL 表达式语法，这里主要介绍 $ 符号的用法。$ 符号主要用来在国际化资源文件中或者配置文件中引用 OGNL 表达式，例如如下文件中所包含的 min 和 max 属于 OGNL 表达式，示例代码如下。

```
<validators>
    <field name="intb">
            <field-validator type="int">
            <param name="min">10</param>
            <param name="max">100</param>
            <message>BAction-test 校验：数字必须为${min}为${max}之间！</message>
        </field-validator>
    </field>
</validators>
```

　　在 Thymeleaf 环境下，${} 中的表达式可以从下列元素开始，包括访问属性域的起点、param，以及内置对象。其中访问属性域的起点又包括请求域属性名、session 和 application。param 用来获取请求参数，常见的内置对象有 request、session、lists 和 strings 等。

　　下面演示借助 OGNL 语言实现将 Student 对象共享到请求域中，并通过 Thymeleaf 将数据渲染到页面。

　　首先创建 Student、Teacher、Subject、School 等实体类。

　　Student 类示例代码如下。

```
package com.atguigu.bean;

import java.util.List;
import java.util.Map;

public class Student {
    private String studentName;//姓名
    private Subject subject;//学科
    private List<School> schoolList;//就读过的学校
    private Map<String,Teacher> teacherMap;//学科老师

    public String getStudentName() {
        return studentName;
    }

    public void setStudentName(String studentName) {
        this.studentName = studentName;
    }

    public Subject getSubject() {
        return subject;
    }

    public void setSubject(Subject subject) {
        this.subject = subject;
    }

    public List<School> getSchoolList() {
        return schoolList;
    }

    public void setSchoolList(List<School> schoolList) {
        this.schoolList = schoolList;
```

```
    }

    public Map<String, Teacher> getTeacherMap() {
        return teacherMap;
    }

    public void setTeacherMap(Map<String, Teacher> teacherMap) {
        this.teacherMap = teacherMap;
    }
}
```

Teacher 类示例代码如下。

```
package com.atguigu.bean;

public class Teacher {
    private String teacherName;

    public String getTeacherName() {
        return teacherName;
    }

    public void setTeacherName(String teacherName) {
        this.teacherName = teacherName;
    }
}
```

Subject 类示例代码如下。

```
package com.atguigu.bean;

public class Subject {
    private String subjectName;

    public String getSubjectName() {
        return subjectName;
    }

    public void setSubjectName(String subjectName) {
        this.subjectName = subjectName;
    }
}
```

School 类示例代码如下。

```
package com.atguigu.bean;

public class School {
    private String schoolName;

    public String getSchoolName() {
        return schoolName;
    }

    public void setSchoolName(String schoolName) {
        this.schoolName = schoolName;
    }
}
```

创建 TestOgnlServlet 类，继承 ViewBaseServlet 基类，将 Student 对象存储在请求域对象 HttpServletRequest 中，并通过 Thymeleaf 将数据渲染到页面中，示例代码如下。

```java
package com.atguigu.servlet;
//省略 import 语句

@WebServlet("/testOgnlServlet")
public class TestOgnlServlet extends ViewBaseServlet {
    @Override
    protected void doGet(HttpServletRequest request, HttpServletResponse response) throws
ServletException, IOException {
        //1. 创建一个 Student 对象
        Subject subject=new Subject();
        subject.setSubjectName("java");

        School school01=  new School();
        school01.setSchoolName("XX 大学");

        School school02=  new School();
        school02.setSchoolName("尚硅谷");

        List<School> schoolList=new ArrayList<>();
        schoolList.add(school01);
        schoolList.add(school02);

        Teacher teacher01=new Teacher();
        teacher01.setTeacherName("A 老师");

        Teacher teacher02=new Teacher();
        teacher02.setTeacherName("B 老师");

        Map<String,Teacher> teacherMap=new HashMap<>();
        teacherMap.put("teacher01",teacher01);
        teacherMap.put("teacher02",teacher02);

        Student student=new Student();
        student.setStudentName("小尚同学");
        student.setSubject(subject);
        student.setSchoolList(schoolList);
        student.setTeacherMap(teacherMap);

        //2. 将 Student 对象共享到请求域内
        request.setAttribute("student",student);

        //3. 通过 Thymeleaf 渲染页面
        this.processTemplate("info_03",request,response);
    }
}
```

在 index.html 文件中编写代码，创建超链接，单击后跳转 TestOgnlServlet 类进行处理，示例代码如下。

```html
<a href="testOgnlServlet">OGNL 测试</a>
```

在 views 目录下，创建 info_03.html 文件，编写代码，用来显示 TestOgnlServlet 类处理后的结果，示例代码如下。

```html
<!DOCTYPE html>
<html lang="en" xmlns:th="http://www.thymeleaf.org">
<head>
    <meta charset="UTF-8">
    <title>结果页面</title>
```

```
</head>
<body>
        <h1>OGNL 语法</h1>
        学生姓名: <span th:text="${student.studentName}"></span><br/>
        学科名字: <span th:text="${student.subject.subjectName}"></span><br/>
        <!--已知两个学校的前提下，后面如果不知道个数，采用迭代操作即可-->
        学校名字:
          <span th:text="${student.schoolList[0].schoolName}"></span>
          <span th:text="${student.schoolList[1].schoolName}">
          </span><br/>
        老师姓名:
          <span th:text="${student.teacherMap.teacher01.teacherName}">
          </span>
          <span th:text="${student.teacherMap.teacher02.teacherName}">
          </span><br/>
</body>
</html>
```

运行代码查看页面效果，如图 8-20 所示。然后单击此超链接，访问 TestOgnlServlet，如图 8-21 所示。

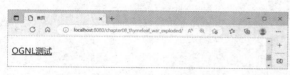

图 8-20　单击访问 TestOgnlServlet　　　　图 8-21　访问 TestOgnlServlet 后的结果

8.4.6　分支与迭代

前面介绍了 th:if 和 th:unless 用于条件判断，根据条件决定对应内容是否需要显示，th:switch 和 th:case 属于选择语句，而 th:each 用来循环迭代。接下来演示其具体的应用。

首先，创建 Employee 实体类，示例代码如下。

```
package com.atguigu.bean;

public class Employee {
    private Integer id;
    private String name;
    private Double salary;

    public Employee() {
    }

    public Employee(Integer id, String name, Double salary) {
        this.id = id;
        this.name = name;
        this.salary = salary;
    }


    public Integer getId() {
        return id;
    }
```

```
public void setId(Integer id) {
    this.id = id;
}

public String getName() {
    return name;
}

public void setName(String name) {
    this.name = name;
}

public Double getSalary() {
    return salary;
}

public void setSalary(Double salary) {
    this.salary = salary;
}
}
```

创建 EmployeeServlet 类，实现将 Employee 对象数据存储至 ArrayList 集合中，然后将其存储至 request 请求域中。示例代码如下。

```
protected void doGet(HttpServletRequest request, HttpServletResponse response)throws
ServletException, IOException {
    // 1.创建 ArrayList 对象并填充
    List<Employee> employeeList = new ArrayList<>();

    employeeList.add(new Employee(1, "tom", 500.00));
    employeeList.add(new Employee(2, "jerry", 600.00));
    employeeList.add(new Employee(3, "harry", 700.00));

    // 2.将集合数据存入请求域
    request.setAttribute("employeeList", employeeList);

    // 3.调用父类方法渲染视图
    super.processTemplate("list", request, response);
}
```

然后在 views 下创建 list.html 前端页面，在页面中借助 th:if 和 th:unless 来显示数据，示例代码如下。

```
<table>
    <tr>
        <th>员工编号</th>
        <th>员工姓名</th>
        <th>员工工资</th>
    </tr>
    <tr th:if="${#lists.isEmpty(employeeList)}">
        <td colspan="3">抱歉！没有查询到你搜索的数据！</td>
    </tr>
    <tr th:if="${not #lists.isEmpty(employeeList)}">
        <td colspan="3">有数据！</td>
    </tr>
    <!-- 或者 -->
    <tr th:unless="${#lists.isEmpty(employeeList)}">
        <td colspan="3">有数据！</td>
```

```
    </tr>
</table>
```

其中，if 搭配 not 关键词使用，和 unless 表达式的效果是一样的，两者皆可用。此外，还可以使用 switch 搭配 case 语句进行选择。

```
<h3>测试 switch</h3>

<div th:switch="${#lists.size(employeeList)}">
  <p th:case="1">一个和尚挑水喝</p>
  <p th:case="2">两个和尚抬水喝</p>
  <p th:case="3">三个和尚没水喝</p>
</div>
```

使用 th:each 遍历时，th:each 所在标签满足每次遍历出来一条数据就会添加一次该标签，语法格式如下。

```
th:each="遍历出来的数据, status : 要遍历的数据"
```

其中，status 表示遍历的状态，它包含 index 和 count 属性。index 表示遍历出来的每个元素的下标；count 表示遍历出来的每个元素的计数。

例如，遍历显示请求域中的 employeeList 集合的值，示例代码如下。

```
<!--遍历显示请求域中的 teacherList-->
<table border="1" cellspacing="0" width="500">
    <tr>
        <th>编号</th>
        <th>姓名</th>
        <th>工资</th>
    </tr>
    <tbody th:if="${#lists.isEmpty(employeeList)}">
        <tr>
            <td colspan="2">员工的集合是空的!!!</td>
        </tr>
    </tbody>

    <!--集合不为空，遍历展示数据-->
    <tbody th:unless="${#lists.isEmpty(employeeList)}">
        <tr th:each="employee,status : ${employeeList}">
            <td th:text="${status.count}">这里显示编号</td>
            <td th:text="${employee.name}">这里显示员工的名字</td>
            <td th:text="${employee.salary}">这里显示员工的工资</td>
        </tr>
    </tbody>
</table>
```

8.4.7 模板文件

对于不同页面包含的一些重复的代码片段，我们可以抽取各个页面的公共部分作为模板文件，需要的时候直接调用即可，既减少了代码冗余，又提高了开发效率。

Thymeleaf 提供了"th:fragment"属性，给抽取的公共代码片段命名。示例代码如下，创建页面的公共代码片段 header。

```
<div th:fragment="header">
    <p>被抽取出来的头部内容</p>
</div>
```

在需要的页面中引入公共代码片段时，一般需要搭配 th:insert、th:replace 或者 th:include 属性。三者的作用及特点如表 8-6 所示。

表 8-6　th:insert、th:replace 或者 th:include 的作用及特点

	作　　用	特　　点
th:insert	把目标的代码片段整个插入到当前标签内部	保留页面原有的标签
th:replace	用目标的代码替换当前标签	不会保留页面原有的标签
th:include	把目标的代码片段去除最外层标签，然后再插入到当前标签内部	去掉片段外层标签，同时保留页面原有标签

th:insert、th:replace 和 th:include 三者的用法如下。

```
<div id="badBoy" th:insert="segment :: header">
    div 标签的原始内容
</div>

<div id="worseBoy" th:replace="segment :: header">
    div 标签的原始内容
</div>

<div id="worstBoy" th:include="segment :: header">
    div 标签的原始内容
</div>
```

其中，以"th:insert="segment :: header""为例，segment 表示代码片段所在页面的逻辑视图，header 表示公共代码片段的名称。

下面通过一个案例来演示模板文件的使用。

例如，现在有 A、B 两个页面，其中两个页面包含同样的头部信息，那么我们可以把这部分同样的信息封装到另一个页面 common.html 作为模板文件，然后分别在 A、B 中引入该文件，从而减少代码冗余。

首先，在 views 目录下，分别创建 common.html、a.html 和 b.html 文件。

common.html 文件示例代码如下，通过 th:fragment 属性为抽取的公共部分命名为"headHtml"。

```
<!DOCTYPE html>
<html lang="en" xmlns:th="http://www.thymeleaf.org">
<head>
    <meta charset="UTF-8">
    <title>Title</title>
</head>
<body>
    <!--为抽取出来的 html 内容自定义一个名字-->
    <div id="commonHead" th:fragment="headHtml">
        头部信息
    </div>
</body>
</html>
```

A 页面对应 a.html 文件，示例代码如下。

```
<!DOCTYPE html>
<html lang="en" xmlns:th="http://www.thymeleaf.org">
<head>
    <meta charset="UTF-8">
    <title>A 页面</title>
</head>
<body>
        <!--引入 head.html 中的头部信息内容-->
        <!--1.将内容进行包含-->
        <div id="myHead01" th:include="common::headHtml"></div>
        <!--2.将整体内容进行替换-->
        <div id="myHead02" th:replace="common::headHtml"></div>
```

```
        <!--3.将整体内容进行插入添加-->
        <div id="myHead03" th:insert="common::headHtml"></div>
        <div>A 页面的主题内容</div>
</body>
</html>
```

B 页面对应 b.html 文件，示例代码如下。

```
<!DOCTYPE html>
<html lang="en" xmlns:th="http://www.thymeleaf.org">
<head>
    <meta charset="UTF-8">
    <title>B 页面</title>
</head>
<body>
    <!--引入 head.html 中的头部信息内容-->
    <!--1.将内容进行包含-->
    <div id="myHead01" th:include="common::headHtml"></div>
    <!--2.将整体内容进行替换-->
    <div id="myHead02" th:replace="common::headHtml"></div>
    <!--3.将整体内容进行插入添加-->
    <div id="myHead03" th:insert="common::headHtml"></div>
    <div>B 页面的主题内容</div>
</body>
</html>
```

A 和 B 页面中分别演示了 th:insert、th:replace 和 th:include 属性的使用。

创建 ToAPageServlet 类，继承 ViewBaseServlet 基类，实现从首页跳转 A 页面，以及 Thymeleaf 渲染该页面，示例代码如下。

```
package com.atguigu.servlet;
//省略 import 语句

@WebServlet("/toAPageServlet")
public class ToAPageServlet extends ViewBaseServlet {

    @Override
    protected void doGet(HttpServletRequest request, HttpServletResponse response) throws
ServletException, IOException {
        this.processTemplate("a",request,response);
    }
}
```

创建 ToBPageServlet 类，继承 ViewBaseServlet 基类，实现从首页跳转 B 页面，以及 Thymeleaf 渲染该页面，示例代码如下。

```
package com.atguigu.servlet;
//省略 import 语句

@WebServlet("/toBPageServlet")
public class ToBPageServlet extends ViewBaseServlet {

    @Override
    protected void doGet(HttpServletRequest request, HttpServletResponse response) throws
ServletException, IOException {
        this.processTemplate("b",request,response);
    }
}
```

在 index.html 文件中编写代码，创建超链接，单击后分别跳转 ToAPageServlet、ToBPageServlet 类进行处理，示例代码如下。

```
<a href="toAPageServlet">去 A 页面</a>
<a href="toBPageServlet">去 B 页面</a>
```

运行代码查看页面效果，如图 8-22 所示。

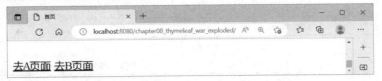

图 8-22　访问 ToAPageServlet、ToBPageServlet 类

分别单击两个超链接，如图 8-23 和 8-24 所示。A 页面和 B 页面包含同样的头部信息，表明两页面成功引入公共代码片段。

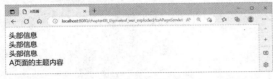

图 8-23　A 页面的效果

图 8-24　B 页面的效果

以 A 页面为例，打开 F12 页面，我们可以清晰地看到 th:insert、th:replace 和 th:include 属性的不同用法，如图 8-25 所示。

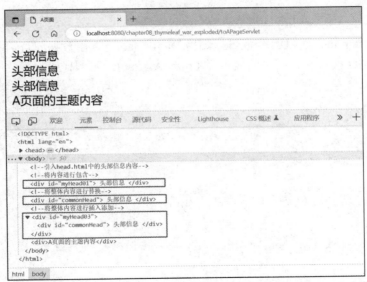

图 8-25　查看 th:insert、th:replace 和 th:include 三个属性的不同用法

8.5　案例：水果库存后台管理系统的实现

下面借助 Thymeleaf 相关知识，完成水果库存后台管理系统的实现，主要包括对于库存信息的修改、添加、删除，以及查询等操作。

8.5.1　展示所有库存信息

首先创建 fruitdb 数据库，并创建水果库存表 t_fruit，提前录入水果信息。该表信息可以通过前言提示获取。

t_fruit 表的结构如表 8-7 所示。

表 8-7 t_fruit 表的结构

	字 段 名 称	数 据 类 型	Key
编号	fid	INT	PRI
名称	fname	VARCHAR(20)	
价格	price	INT	
数量	fcount	INT	
描述	remark	VARCHAR(50)	

下面创建 chapter08_fruit 模块，引入 Thymeleaf 依赖包，前端页面等静态资源，以及公共的工具类 BaseDAO、ViewBaseServlet。同样可以直接获取该资料。

创建与表 t_fruit 字段一一对应的实体类 Fruit，示例代码如下。

```java
package com.atguigu.fruit.bean;

public class Fruit {
    private Integer fid ;        //水果 id
    private String fname ;       //名称
    private Integer price ;      //价格
    private Integer fcount ;     //数量
    private String remark ;      //描述

    //省略部分代码
}
```

分别创建 Dao 层、Service 层，实现 Service 调用 Dao，Dao 再调用数据库查询数据。

Dao 层包括 FruitDAO 接口和该接口的实现类 FruitDAOImpl，示例代码如下。

```java
package com.atguigu.fruit.dao;
//省略 import 语句
public class FruitDAO {
    List<Fruit> getFruitList();
    Fruit getFruitByFid(Integer fid);
}
```

```java
package com.atguigu.fruit.dao.impl;
//省略 import 语句

public class FruitDAOImpl extends BaseDao<Fruit> implements FruitDAO {
    //获取所有数据
    @Override
    public List<Fruit> getFruitList() {
        return super.getList("select * from t_fruit");
    }
    //根据 id 获取数据
    @Override
    public Fruit getFruitByFid(Integer fid) {
        return super.getBean("select * from t_fruit where fid = ? " , fid);
    }
}
```

Service 层包括 FruitService 接口和该接口实现类 FruitServiceImpl，示例代码如下。

```java
package com.atguigu.fruit.service;
//省略 import 语句
```

```
public class FruitServiceImpl {

    List<Fruit> getFruitList();
    Fruit getFruitByFid(Integer fid);
}
package com.atguigu.fruit.service.impl;
//省略 import 语句

public class FruitServiceImpl implements FruitService {

    private FruitDAO fruitDAO = new FruitDAOImpl();

    @Override
    public List<Fruit> getFruitList() {
        return fruitDAO.getFruitList();
    }

    @Override
    public Fruit getFruitByFid(Integer fid) {
        return fruitDAO.getFruitByFid(fid);
    }
}
```

然后创建 IndexServlet，实现将数据展示到页面，示例代码如下。

```
package com.atguigu.fruit.servlets;
//省略 import 语句

@WebServlet("/index.html")
public class IndexServlet extends ViewBaseServlet {

    private FruitService fruitService=new FruitServiceImpl();

    @Override
    public void doGet(HttpServletRequest request ,HttpServletResponse response)throws
IOException, ServletException {
        //获取所有水果信息
        List<Fruit> fruitList = fruitService.getFruitList();
        System.out.println("fruitList = " + fruitList);

        //将水果信息保存至请求域
        request.setAttribute("fruitList",fruitList);

        //跳转页面
        this.processTemplate("index",request,response);
    }

    @Override
    protected void doPost(HttpServletRequest req,HttpServletResponse resp) throws
ServletException, IOException {
        this.doGet(req, resp);
    }
}
```

修改 index.html 页面，从请求域中获取数据，借助 Thymeleaf 渲染到页面，示例代码如下。

```
<html xmlns:th="http://www.thymeleaf.org">
    <head>
        <!--省略部分代码-->
```

```
    </head>
    <body>
        <div id="div_container">
            <div id="div_fruit_list">
                <p class="center f30">欢迎使用水果库存后台管理系统</p>
                <table id="tbl_fruit">
                    <tr>
                        <th class="w20">名称1</th>
                        <th class="w20">单价</th>
                        <th class="w20">库存</th>
                        <th>操作</th>
                    </tr>
                    <tr th:if="${#lists.isEmpty(fruitList)}">
                        <td colspan="4">对不起，库存为空！</td>
                    </tr>
                    <tr th:unless="${#lists.isEmpty(fruitList)}"
                    th:each="fruit : ${fruitList}">
                        <td>th:text="${fruit.fname}">苹果</td>
                        <td th:text="${fruit.price}">5</td>
                        <td th:text="${fruit.fcount}">20</td>
                        <td><img th:src="@{/imgs/del.jpg}"/></td>
                    </tr>
                </table>
            </div>
        </div>
    </body>
</html>
```

启动项目查看页面效果，如图 8-26 所示。

图 8-26　展示所有水果库存信息

8.5.2　编辑和修改特定库存信息

展示全部水果库存信息后，接下来实现对特定水果信息的编辑与修改。

修改 index.html 页面，在水果名称栏添加超链接，实现单击水果名称跳转至编辑修改页面。

```
<td>
    <a th:text="${fruit.fname}" th:href="@{/edit.html(fid=${fruit.fid})}">
    苹果
    </a>
</td>
```

edit.html 页面示例代码如下，根据水果 ID 将对应水果信息回显，然后修改后提交表单，保存新数据至数据库。

```
<html xmlns:th="http://www.thymeleaf.org">
<head><!--省略部分代码--></head>
```

```
<body>
<div id="div_container">
 <div id="div_fruit_list">
  <p class="center f30">编辑库存信息 3</p>
   <form th:action="@{/update}" method="post" th:object="${fruit}">
    <!-- 隐藏域：功能类似于文本框，它的值会随着表单的提交发送给服务器端,但是界面上用户看不到
    -->
    <input type="hidden" name="fid" th:value="*{fid}"/>
    <table id="tbl_fruit">
     <tr>
      <th class="w20">名称: </th>
      <td><input type="text" name="fname" th:value="*{fname}"/></td>
     </tr>
     <tr>
      <th class="w20">单价: </th>
      <td><input type="text" name="price" th:value="*{price}"/></td>
     </tr>
     <tr>
      <th class="w20">库存: </th>
      <td><input type="text" name="fcount" th:value="*{fcount}"/></td>
     </tr>
     <tr>
      <th class="w20">备注: </th>
      <td><input type="text" name="remark" th:value="*{remark}"/></td>
     </tr>
     <tr>
      <th colspan="2">
       <input type="submit" value="修改" />
      </th>
     </tr>
    </table>
   </form>
  </div>
 </div>
</body>
</html>
```

修改 Dao 层和 Service 层添加修改数据库信息的代码，FruitDAOImpl 示例代码如下。

```
package com.atguigu.dao.impl;
//省略 import 语句

public class FruitDAOImpl extends BaseDao<Fruit> implements FruitDAO {
    //根据 id 修改水果信息
    @Override
    public void updateFruit(Fruit fruit) {
        String sql = "update t_fruit set fname = ? , price = ? ,fcount = ? , remark = ? where
fid = ? " ;
        super.update(sql,fruit.getFname(),fruit.getPrice(),
                        fruit.getFcount(),fruit.getRemark(),fruit.getFid());
    }
}
```

FruitServiceImpl 类的示例代码如下。

```
package com.atguigu.service.impl;
//省略 import 语句

public class FruitServiceImpl implements FruitService {
```

```
//调用 Dao 层修改数据库信息
@Override
public void updateFruit(Fruit fruit) {
    fruitDAO.updateFruit(fruit);
}
}
```

创建 **ToEditPageServlet** 类实现携带水果 id，跳转修改页面功能，示例代码如下。

```
package com.atguigu.servlet;
//省略 import 语句

@WebServlet("/edit.html")
public class ToEditPageServlet extends ViewBaseServlet {

    private FruitService fruitService=new FruitServiceImpl();

    @Override
    public void doGet(HttpServletRequest request ,HttpServletResponse response)throws
IOException, ServletException {
        //获取水果 id
        String fidStr = request.getParameter("fid");

        if(StringUtil.isNotEmpty(fidStr)){
            int fid = Integer.parseInt(fidStr);

            //根据 id 获取水果信息
            Fruit fruit = fruitService.getFruitByFid(fid);
            request.setAttribute("fruit",fruit);
            //跳转页面
            this.processTemplate("edit",request,response);
        }
    }
}
```

创建 **UpdateServlet** 类获取新的参数，将其保存至数据库，示例代码如下。

```
package com.atguigu.servlet;
//省略 import 语句

@WebServlet("/update")
public class UpdateServlet extends ViewBaseServlet {

    private FruitService fruitService=new FruitServiceImpl();

    @Override
    protected void doPost(HttpServletRequest request,HttpServletResponse response) throws
ServletException, IOException {
        //1.设置编码
        request.setCharacterEncoding("utf-8");

        //2.获取参数
        String fidStr = request.getParameter("fid");
        Integer fid = Integer.parseInt(fidStr);
        String fname = request.getParameter("fname");
        String priceStr = request.getParameter("price");
        int price = Integer.parseInt(priceStr);
        String fcountStr = request.getParameter("fcount");
        Integer fcount = Integer.parseInt(fcountStr);
```

```
        String remark = request.getParameter("remark");

        //3.执行更新
        fruitService.updateFruit(new Fruit(fid,fname, price ,fcount ,remark ));

        //4.资源跳转
        response.sendRedirect("index.html");
    }
}
```

启动项目，在首页中单击第一行"红富士"，发现跳转至编辑页面，如图 8-27 所示。然后修改单价为 10 元，库存为 100 个，单击"修改"，如图 8-28 所示，修改成功。

图 8-27　编辑水果信息

图 8-28　修改红富士信息

8.5.3　删除库存信息

继续实现单击首页操作栏图标，删除对应水果信息。

修改 index.html 页面，在操作栏图标处绑定单击事件，示例代码如下。

```
<td>
  <a th:href="@{/del.do(fid=${fruit.fid})}" onclick="delFruit()">
    <img src="imgs/del.jpg" class="delImg" />
  </a>
</td>
```

创建 index.js 文件，单击图标后弹出提示框，携带 id 参数发送请求，示例代码如下。

```
function delFruit(){
    if(!confirm(
'是否确认删除？')){
        event.preventDefault();
    }
}
```

在 index.html 文件中引入 index.js 文件。

```
<head>
    <script language="JavaScript" th:src="@{/js/index.js}"></script>
</head>
```

修改 Dao 层和 Service 层，添加修改数据库信息的代码，FruitDAOImpl 示例代码如下。

```
package com.atguigu.dao.impl;
//省略 import 语句

public class FruitDAOImpl extends BaseDao<Fruit> implements FruitDAO {
    //根据 id 删除水果信息
    public void delFruit(Integer fid) {
    super.update("delete from t_fruit where fid = ? " , fid) ;
    }
}
```

FruitServiceImpl 类的示例代码如下。

```
package com.atguigu.service.impl;
//省略 import 语句
public class FruitServiceImpl implements FruitService {
    //根据 id 删除水果信息
    @Override
    public void delFruit(Integer fid) {
        fruitDAO.delFruit(fid);
    }
}
```

创建 DelServlet 类，实现根据 id 删除水果信息，示例代码如下。

```
package com.atguigu.servlet;
//省略 import 语句


@WebServlet("/del")
public class DelServlet extends ViewBaseServlet {
    private FruitService fruitService=new FruitServiceImpl();
    @Override
    public void doGet(HttpServletRequest request ,HttpServletResponse response)throws
IOException, ServletException {
        //获取水果 id
        String fidStr = request.getParameter("fid");
        if(StringUtil.isNotEmpty(fidStr)){
            int fid = Integer.parseInt(fidStr);
            //根据 id 删除水果
            fruitService.delFruit(fid);
            //重定向到首页
            response.sendRedirect("index.html");
        }
    }
}
```

启动项目，然后单击第一行"红富士"对应的删除图标，如图 8-29 所示。

单击"确定"按钮后再次查看页面，如图 8-30 所示。

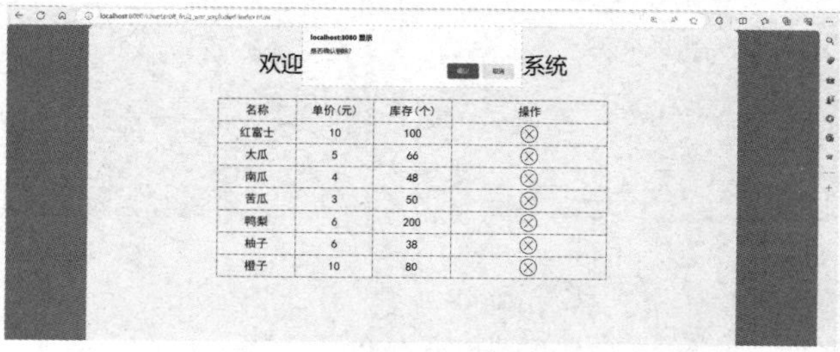

图 8-29 单击删除图标弹出提示框

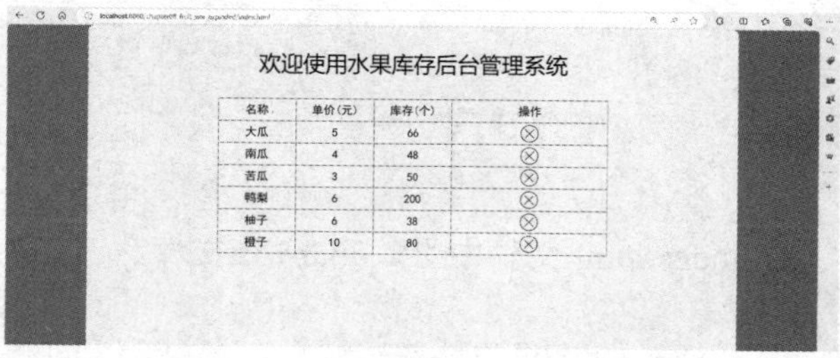

图 8-30 删除"红富士"

从图 8-30 中可知，"红富士"信息被删除。

8.5.4　添加库存信息

最后来实现如何添加水果信息。

首先在首页，表单的右上方添加超链接，单击跳转添加水果库存页面。

```html
<div style="border:0px solid red;width:60%;margin-left:20%;text-align:right;">
    <a th:href="@{/add.html}"
    style="border:0px solid blue;margin-bottom:4px;">添加新库存记录</a>
</div>
```

添加水果库存页面 add.html，示例代码如下。

```html
<html xmlns:th="http://www.thymeleaf.org">
<head><!--省略部分代码--></head>
<body>
<div id="div_container">
    <div id="div_fruit_list">
        <p class="center f30">新增库存信息</p>
        <form th:action="@{/add}" method="post">
            <table id="tbl_fruit">
                <tr>
                    <th class="w20">名称: </th>
                    <td><input type="text" name="fname" /></td>
                </tr>
                <tr>
                    <th class="w20">单价: </th>
                    <td><input type="text" name="price" /></td>
                </tr>
                <tr>
                    <th class="w20">库存: </th>
                    <td><input type="text" name="fcount" /></td>
                </tr>
                <tr>
                    <th class="w20">备注: </th>
                    <td><input type="text" name="remark" /></td>
                </tr>
                <tr>
                    <th colspan="2">
                        <input type="submit" value="添加" />
                    </th>
                </tr>
            </table>
        </form>
    </div>
</div>
</body>
</html>
```

修改 Dao 层和 Service 层，添加修改数据库信息的代码，FruitDAOImpl 示例代码如下。

```java
package com.atguigu.dao.impl;
//省略 import 语句

public class FruitDAOImpl extends BaseDao<Fruit> implements FruitDAO {
    //添加新的水果信息
    @Override
```

```
    public void addFruit(Fruit fruit) {
        String sql = "insert into t_fruit values(0,?,?,?,?)";
        super.update(sql,fruit.getFname(),fruit.getPrice(),
        fruit.getFcount(),fruit.getRemark());
    }
}
```

FruitServiceImpl 类的示例代码如下。

```
package com.atguigu.service.impl;
//省略 import 语句

public class FruitServiceImpl implements FruitService {
    //调用 Dao 层添加数据
    @Override
    public void addFruit(Fruit fruit) {
        fruitDAO.addFruit(fruit);
    }
}
```

创建 ToAddPageServlet，跳转 add.html 页面，示例代码如下。

```
package com.atguigu.servlet;
//省略 import 语句

@WebServlet(name = "ToAddPageServlet", value = "/add.html")
public class ToAddPageServlet extends ViewBaseServlet {
    @Override
    protected void doGet(HttpServletRequest request,HttpServletResponse response) throws
ServletException, IOException {
        doPost(request, response);
    }
    @Override
    protected void doPost(HttpServletRequest request,HttpServletResponse response) throws
ServletException, IOException {
        //跳转页面
        this.processTemplate("add",request,response);
    }
}
```

创建 AddServlet，获取参数，并将其添加至数据库，示例代码如下。

```
package com.atguigu.servlet;
//省略 import 语句

@WebServlet("/add")
public class AddServlet extends ViewBaseServlet {

    private FruitService fruitService=new FruitServiceImpl();

    @Override
    protected void doPost(HttpServletRequest request,HttpServletResponse response) throws
ServletException, IOException {
        //设置编码
        request.setCharacterEncoding("UTF-8");
        //获取参数
        String fname = request.getParameter("fname");
        Integer price = Integer.parseInt(request.getParameter("price")) ;
        Integer fcount = Integer.parseInt(request.getParameter("fcount"));
        String remark = request.getParameter("remark");
```

```
//保存数据至 fruit 对象
Fruit fruit = new Fruit(0,fname , price , fcount , remark ) ;
//调用 service 层
fruitService.addFruit(fruit);
//跳转首页
response.sendRedirect("index.html");
    }
}
```

启动项目，如图 8-31 所示。

单击"添加新库存记录"，跳转添加数据页面，如图 8-32 所示。然后输入信息，单击"添加"后再次查看首页，如图 8-33 所示，添加成功。

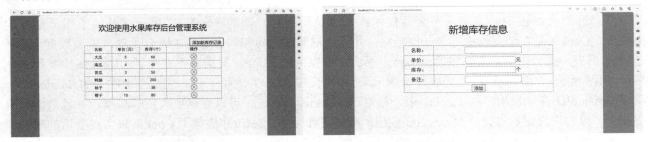

图 8-31 添加新库存记录   图 8-32 新增库存信息

图 8-33 再次添加"红富士"

8.6 本章小结

本章主要介绍 Thymeleaf 页面渲染技术，了解 MVC 和三层架构的概念，从宏观上把握 Thymeleaf 所处位置。Thymeleaf 对视图层进行了封装，在静态页面上渲染显示动态数据，简化视图层的操作，降低组件间耦合度，便于维护。本章介绍了 Thymeleaf 基本语法，包括表达式语法、域对象的使用，以及如何获取请求参数、分支与迭代等。最后通过案例综合应用 Thymeleaf 相关知识，带领大家动手操作，加深理解。

第9章

会话控制

本章介绍会话控制，涉及两个会话技术：一个是用于客户端的 Cookie，另一个是用于服务器端的 Session。Cookie 是在浏览器中记录一些数据，并且浏览器在访问相同服务器端时会主动携带该数据。如果 Cookie 丢失，或者换了一个浏览器再访问，那么之前存储的 Cookie 数据就不存在了。Cookie 主要用于在客户端保持状态。而 Session 是在服务器端记录相关状态数据，并为每个用户生成一个唯一的 SessionID，将该 SessionID 存储在用户的 Cookie 中。相对于 Cookie，Session 可以存储更大量的数据，并且数据相对更安全，因为用户无法直接修改 Session 数据。需要注意的是，Session 依赖于 Cookie 来实现会话的唯一标识。本章将详细介绍 Cookie 和 Session 的应用案例、工作机制以及时效性等内容。

9.1 会话控制简介

由于 HTTP 是基于 TCP 协议的短连接，即完成一次"请求-应答"之后会断开连接。服务器端接到一次 HTTP 请求时，不知道之前是否曾经收到过同一个客户端发送来的请求，即"无状态"，如图 9-1 所示。这意味着如果服务器端处理请求时需要上次请求的信息，客户端必须重传全部信息，这样可能导致每次连接传送的数据量剧增。

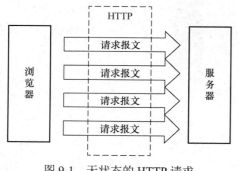

图 9-1 无状态的 HTTP 请求

例如，当用户登录某个邮箱系统后，可以在其中完成查看邮件、收信、发信等操作，这些操作有可能需要访问多个页面来完成，但每次访问新页面就要重新发送一次新的请求，意味着每次操作都需要登录，这样一来，就增加了很多不必要的麻烦。希望有一个技术可以帮我们实现在同一用户访问各个页面时，只需登录一次便能一直保持登录状态，该技术即本章将要学习的会话技术。

会话控制是一种面向连接的可靠通信方式，通常根据会话控制记录判断用户登录的行为。一次会话，是指从浏览器开启到浏览器关闭的整个过程，在此期间，浏览器和服务器端之间会发生连续的一系列请求和响应，就像是从拨通电话到挂断电话之间聊天的全过程。Web 应用的会话状态是指服务器端与浏览器在会话过程中产生的状态信息。借助会话状态，Web 服务器端能够把属于同一会话中的一系列请求和响应过程关联起来，使它们之间可以相互依赖和传递信息。例如，在一个购物网购物结算时，必须知道登录请求表单的结果，以便知道是哪个账户在操作。还必须知道已选商品的信息。其中的用户登录的账户信息和已选商品信息就是会话的状态信息。

而会话技术就是用来保存在会话期间，浏览器和服务器端所产生的数据。因此，我们可以把会话技术分为两类，一类是客户端的会话技术，实现把会话数据保存在客户端的操作，如 Cookie 技术，Cookie 是通过 HTTP 扩展实现的，即在 HTTP 请求头里增加 Cookie 字段，用于存储客户端信息。另一类是服务端的会话技术，实现把会话数据保存在服务端的操作，如 Session 技术。Session 是基于 Cooike 的，在 Cookie 基础上做了进一步完善，解决了 Cookie 的一些局限问题。

9.2　域对象的范围

Servlet 包括三类域对象：请求域、会话域和应用域。前面已经介绍了请求域和应用域，本章介绍的就是会话域，包括 Cookie 对象和 Session 对象。回顾之前知识，对比这三类域对象的作用范围，具体如下。

整个项目部署之后，只会有一个应用域对象，所有客户端都是共同访问同一个应用域对象，在该项目的所有动态资源中也是共用一个应用域对象。应用域的作用范围如图 9-2 所示。

对于请求域，每一次请求都有一个请求域对象，当请求结束的时候，对应的请求域对象也就销毁了。请求域的作用范围如图 9-3 所示。

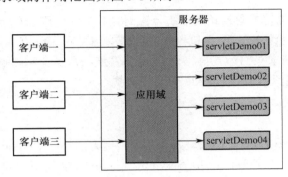

图 9-2　应用域的作用范围

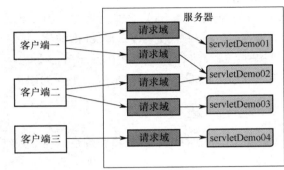

图 9-3　请求域的作用范围

会话域是从客户端连接上服务器端开始，一直到客户端关闭，整个过程中发生的所有请求都在同一个会话域中；而不同的客户端是不能共用会话域的。会话域的作用范围如图 9-4 所示。

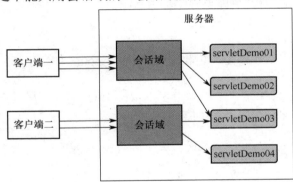

图 9-4　会话域的作用范围

介绍完会话控制、会话技术、会话域等概念，接下来正式进入本章内容，Cookie 技术和 Session 技术的介绍，包括二者是如何工作的、有什么区别，以及应用场景有哪些等。

9.3　Cookie 技术

Cookie 是一种客户端的会话技术，实际上是服务器端保存在浏览器上的一段信息，浏览器每次访问该服务器端的时候，都会携带 Cookie。由于 HTTP 是无状态协议，服务器端不能记录浏览器的访问状态，也就是说服务器端不能区分两次请求是否由一个客户端发出。Cookie 的出现完美解决了这个问题，浏览器访问服务器端时，可以将其访问状态记录在携带的 Cookie 中，从而根据 Cookie 就可以判断不同请求是否为同一客户端发出的。

Cookie 的主要作用就是在浏览器中存放数据。浏览器有了 Cookie 后，每次向服务器端发送请求时都会同时将该信息发送给服务器端，服务器端收到请求后，就可以根据该消息处理请求。

Cookie 可以用于保持用户的登录状态、记住用户名，以及保存电影的播放进度等方面。

- 保持用户登录状态就是当用户在登录后，会在服务器端中保存该用户的登录状态，当该用户后续访问该项目中的其他动态资源（Servlet 或 Thymeleaf）时，能够判断当前是否是已经登录过的。而从用户登录到用户退出登录这个过程中所发生的所有请求，其实都属于在一次会话范围内。
- 记住用户名是指当用户在登录页面输入完用户名后，浏览器会记录此用户名，下一次再访问登录页面时，用户名会自动填充到用户名的输入框中。
- 保存电影的播放进度是指在网页上播放电影时，如果中途退出浏览器了，下一次再打开浏览器播放同一部电影时，会自动跳转到上次退出时的进度，因为在播放的时候会将播放进度保存到 Cookie 中。

Cookie 实际上是在浏览器端存储的一小段数据。当浏览器首次访问服务器端时，服务器端可以在响应头中添加 Set-Cookie 字段来设置 Cookie 的值，并将其发送给浏览器，浏览器接收到该头信息后，会将 Cookie 的信息保存，接下来浏览器每次访问服务器端时，会以请求头的形式再将该 Cookie 发送给服务器端，服务器端便可以通过不同的 Cookie 来区分不同的用户。上述流程就是 Cookie 的工作机制。

9.3.1 常用方法

了解了 Cookie 的作用和工作原理后，接下来继续介绍 Cookie 如何进行应用。常用方法包括 Cookie 对象的创建、获取 Cookie 的值等。另外，还涉及 HttpServletRequest 和 HttpServletResponse 对象对 Cookie 对象的相关操作。

- 创建一个 Cookie 对象，代码如下所示。

```
Cookie cookie = new Cookie(String name,String value);
```

注意，Cookie 存储的是键值对，只能保存字符串数据。

- 通过 HttpServletResponse 对象将 Cookie 写回给浏览器端，代码如下。

```
response.addCookie(cookie);
```

- 通过 HttpServletRequest 对象获取浏览器携带的所有 Cookie，代码如下。

```
Cookie[] cookies = request.getCookies();
```

注意，得到所有的 Cookie 对象是一个数组，可以根据不同 key 值得到目标 Cookie 对象。

- 获取 Cookie 的名称、value 值，代码如下。

```
String name = cookie.getName(); //获取 cookie 名称
String value = cookie.getValue(); //获取 cookie 的 value 值
```

9.3.2 入门案例

下面通过案例演示 Cookie 的具体应用。创建 chapter09_cookie 模块，添加 Web 框架，并创建 ServletDemo01 类和 ServletDemo02 类，借助 Cookie 对象实现在会话域范围内共享数据。

创建 ServletDemo01 类继承 HttpServlet，重写 doGet()和 doPost()方法，创建 Cookie 数据并响应给客户端，示例代码如下。

```
package com.atguigu.servlet;
//省略 import 语句


@WebServlet("/servletDemo01")
public class ServletDemo01 extends HttpServlet {
    @Override
    protected void doPost(HttpServletRequest request, HttpServletResponse response) throws
ServletException, IOException {
        doGet(request, response);
    }
```

```
    @Override
    protected void doGet(HttpServletRequest request, HttpServletResponse response) throws
ServletException, IOException {
        //1. 创建一个 cookie 对象，用于存放键值对
        Cookie cookie = new Cookie("cookie-message","hello-cookie");

        //2. 将 cookie 添加到 response 中
        //底层是通过一个名为"Set-Cookie"的响应头携带到浏览器的
        response.addCookie(cookie);
    }
}
```

创建 ServletDemo02 类继承 HttpServlet，重写 doGet()和 doPost()方法，获取 Cookie 数据，示例代码如下。

```
package com.atguigu.servlet;
//省略 import 语句

@WebServlet("/servletDemo02")
public class ServletDemo02 extends HttpServlet {
    @Override
    protected void doPost(HttpServletRequest request, HttpServletResponse response) throws
ServletException, IOException {
        doGet(request, response);
    }

    @Override
    protected void doGet(HttpServletRequest request, HttpServletResponse response) throws
ServletException, IOException {
        //1. 从请求中取出 cookie
        //底层是由名为"Cookie"的请求头携带的
        Cookie[] cookies = request.getCookies();

        //2. 遍历出每一个 cookie
        if (cookies != null) {
            for (Cookie cookie : cookies) {
                //匹配 cookie 的 name
                if (cookie.getName().equals("cookie-message")) {
                    //它就是我们想要的那个 cookie
                    //我们就获取它的 value
                    String value = cookie.getValue();
                    System.out.println("在 ServletDemo02 中获取 str 的值为: " + value);
                }
            }
        }
    }
}
```

然后在 index.html 文件中编写超链接，访问 ServletDemo01 和 ServletDemo02 类，实现两类之间共享数据。

```
<!DOCTYPE html>
<html lang="en">
<head>
    <meta charset="UTF-8">
    <title>首页</title>

</head>
<body>
```

```
<a href="servletDemo01">单击访问 ServletDemo01</a><br/>
<a href="servletDemo01">单击访问 ServletDemo02</a><br/>

</body>
</html>
```

启动项目后，先打开 F12，再单击访问 ServletDemo01，由于没有设置响应内容，浏览器是一个空白页面，主要查看响应头携带的 Cookie 信息，如图 9-5 所示。

浏览器发送请求携带 Cookie，这里不需要我们手动操作，浏览器会在给服务器端发送请求时，将 Cookie 通过请求头自动携带到服务器端。返回到首页，在 F12 开启的情况下，然后单击访问 ServletDemo02，如图 9-6 所示，可以发现请求头中包含了 cookie-message 的信息。查看控制台，如图 9-7 所示，成功获取 Cookie 信息。

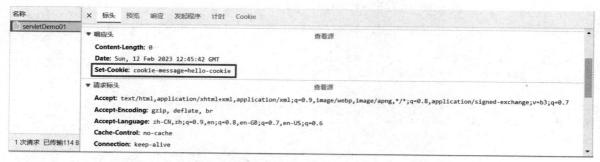

图 9-5　查看响应头携带的 Cookie 信息

图 9-6　查看请求头中 Cookie 信息

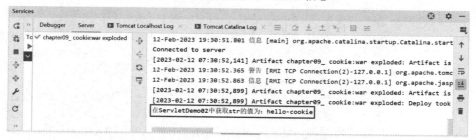

图 9-7　查看控制台 ServletDemo02 类的输出结果

9.3.3　有效时间

默认情况下，Cookie 的有效期是一次会话范围内，我们还可以通过 Cookie 的 setMaxAge()方法设置其时效性，保证 Cookie 持久化保存到浏览器上。

对于会话级别的 Cookie，服务器端并没有明确指定 Cookie 的存在时间。在浏览器端，Cookie 数据存在于内存中，只要浏览器处于打开状态，Cookie 数据就会一直都存在，当浏览器关闭时，内存中的 Cookie 数据就会被释放。

而持久化后的 Cookie，服务器端明确设置了其存在的时间。在浏览器端，Cookie 数据会被保存到硬盘上，Cookie 在硬盘上存在的时间根据服务器端限定的时间来管控，不受浏览器关闭的影响，直到持久化 Cookie 到达预设的时间才会被释放。

设置 Cookie 持久化的代码格式如下。

```
cookie.setMaxAge(int expiry);//设置 cookie 的最长有效时间
```

参数单位是秒，表示 Cookie 的持久化时间。一旦设置了有效时间，时间一到 Cookie 就会自动消失，与浏览器是否关闭无关。值得注意的是，如果参数设置为 0，表示删除浏览器中保存的 Cookie 数据。

例如，创建 CookieTestServlet 类继承 HttpServlet，在该类中创建 Cookie 对象，并为该 Cookie 对象设置有效时间，示例代码如下。

```
package com.atguigu.servlet;
//省略 import 语句

@WebServlet("/cookieTestServlet")
public class CookieTestServlet extends HttpServlet {
    @Override
    protected void doGet(HttpServletRequest request, HttpServletResponse response) throws
ServletException, IOException {
        //1. 新建 Cookie 对象
        Cookie cookie=new Cookie("username","xiaoShang");
        //2. 设置 cookie 对象的有效期
        cookie.setMaxAge(60);//单位是秒
        //3. 将 cookie 对象添加到 response 内
        response.addCookie(cookie);
        //4. 给出响应内容
        response.getWriter().write("success");
    }
}
```

在 index.html 文件中创建超链接访问类，示例代码如下。

```
<a href="cookieTestServlet">单击访问 CookieTestServlet</a>
```

启动项目，在首页单击 F12 键，并单击访问 CookiePathTestServlet，查看响应头信息，如图 9-8 所示。可知 "username=xiaoShang" 的 Cookie 对象设置成功，在请求头中包含该 Cookie 对象，且该对象的有效时间设置为 60 秒。60 秒后，再次单击超链接，访问 CookiePathTestServlet，查看请求头信息，如图 9-9 所示。可知 "username=xiaoShang" 的 Cookie 对象已失效。

图 9-8　查看 Cookie 对象的有效时间

图 9-9　60 秒后，再次访问 CookiePathTestServlet

9.3.4　路径

一般情况下，上网时间长了，本地会自动保存很多 Cookie 数据。但对浏览器来说，不可能每次访问互联网资源时，都携带所有 Cookie 数据。那么如何区分需要携带的数据呢？浏览器会使用 Cookie 的 path 属性值来和当前访问的地址进行比较，从而决定是否携带 Cookie。

我们可以通过调用 Cookie 的 setPath()方法来设置 Cookie 的 path 属性，代码格式如下。

```
cookie.setPath(String uri);    //设置 cookie 的路径
```

其中，浏览器发送请求时，会根据 path 路径判断需要携带哪些 Cookie 给服务器端。

例如，创建 CookiePathTestServlet 类继承 HttpServlet，然后在该类中创建 Cookie 对象，并为其设置 path 路径，示例代码如下。

```java
package com.atguigu.servlet;
//省略 import 语句

@WebServlet("/cookiePathTestServlet")
public class CookiePathTestServlet extends HttpServlet {
    @Override
    protected void doGet(HttpServletRequest request, HttpServletResponse response) throws
ServletException, IOException {
        //1. 新建 Cookie 对象
        Cookie cookie=new Cookie("password","atguigu");
        //2. 设置有效路径
        cookie.setPath(request.getContextPath()+"/cookiePathTestServlet");
        //3. 将 cookie 对象添加到 response
        response.addCookie(cookie);
        //4. 给出响应内容
        response.getWriter().write("success");
    }
}
```

在 index.html 文件中，创建超链接，访问 CookiePathTestServlet 类，示例代码如下。

```html
<a href="cookiePathTestServlet">单击访问 CookiePathTestServlet</a>
```

启动项目，在首页单击 F12 键，并单击访问 CookiePathTestServlet，查看响应头信息，如图 9-10 所示。可知"password=atguigu"的 Cookie 对象对应的 path 路径设置成功，并且由于当前访问该 path 路径，可以看到请求头中只携带了"password=atguigu"的 Cookie 对象。

另外，Cookie 是通过明文传送的，安全性较差，作为请求或响应报文发送，无形中也增加了网络流量。并且 Cookie 信息存储在浏览器中，数量也是有局限的。由于 Cookie 的限制性，注定不能在 Cookie 中保存过多的信息，于是 Session 出现了。Session 是服务器端的技术，服务器端为每一个浏览器开辟一块内存空间，存放 Session 对象。Session 的作用就是在服务器端保存一些用户的数据。

图 9-10　查看响应头中 Cookie 的 Path 属性和 Max-Age 属性

9.4　Session 技术

由于 Cookie 中的信息是保存在浏览器端的，浏览器每次访问时都需要发回 Cookie，因此我们不能在 Cookie 中保存大量的信息。既然客户端不能保存大量的信息，那么可不可以将信息保存到服务器端呢？答案是肯定的，我们可以为每次会话在服务器端中创建一个对象，然后在该对象中保存相关的信息。这个对象的类型是 HttpSession，后面提到的 Session 对象就是 HttpSession 类型的对象。那么如何在会话和对象之间建立一个对应关系呢？服务器端会给每个 Session 对象都赋予一个 id 值，这个 id 是不可重复的，也就是说每个 Session 对象都有唯一的标识。这样我们就可以将这个唯一的标识交给浏览器保存，浏览器每次访问服务器时都会带着这个唯一标识，这样服务器就可以根据这个唯一标识找到每个会话对应的 Session 对象了。这个唯一标识被称为 JSESSIONID，保存在浏览器的 Cookie 中，因此 HttpSession 运行时依赖于 Cookie。

因为 Session 对象是每个浏览器特有的，所以用户的记录可以存放在 Session 对象中，然后传递给用户一个名字为 JSESSIONID 的 Cookie，这个 JESSIONID 对应这个服务器中的一个 Session 对象，通过它就可以获取到保存用户信息的 Session 对象。

Session 的工作机制如下。Session 对象就相当于浏览器在服务器的账户，而 Session 对象的 id（JSESSIONID），相当于这个账户的账号。实际上 Session 对象就是服务器中用来保存会话信息的对象，每个 Session 对象都有唯一的 id，这个 id 通过 Cookie 的形式先由服务器发送给浏览器，浏览器收到 Cookie 后会自动保存，然后在每次访问服务器时，都会带着这个 Cookie，服务器就可以根据 Cookie 中保存的 Session 的 id 找到浏览器对应的 Session 对象。

当服务器端第一次创建 Session 对象的时候，会话就开始了，会话结束分为以下三种情况。

（1）名字为 JSESSIONID 的 Cookie 消失时，即浏览器关闭。

名字为 JSESSIONID 的 Cookie 是一个瞬时的 Cookie，当它消失了，对于服务器来说，意味着找不到 Session 对象，此时服务器会重新创建 Session 对象，从而得到一个全新的 Cookie，这样一来，与之前 Cookie 的会话就结束了。

（2）服务器强制将 Session 对象销毁。

当服务器强制将 Session 对象销毁后，即使客户端还存在 JSESSIONID，但根据 JSESSIONID 找不到对应的 Session 对象，服务器仍会重新创建 Session 对象，重新分配给客户端一个 Cookie，并覆盖掉之前的 Cookie。

（3）Session 的自动失效机制。

一旦 Session 自动失效，和服务器强制销毁是一个效果，即使客户端有 JSESSIONID，但根据 JSESSIONID 找不到对应的 Session 对象，服务器仍会重新创建 Session 对象，重新分配给客户端一个 Cookie，并覆盖掉之前的 Cookie。

9.4.1 入门案例

下面同样通过案例演示 Session 的应用。在会话域范围内，借助 Session 实现在 ServletDemo03 和 ServletDemo04 之间共享数据。

Session 的常用方法如下。

（1）通过 HttpServletRequest 对象获得 Session 对象。

```
HttpSession session = request.getSession();
```

如果第一次调用该方法，其实是创建 Session 对象，第一次调用之后会通过 SessionId 获取 Session。

（2）获取 HttpSession 对象的属性值。

```
Object message = session.getAttribute(String name);
```

（3）设置 HttpSession 对象的属性值。

```
session.setAttribute(String name, Object value);
```

（4）移除 HttpSession 对象的属性值。

```
session.removeAttribute(String name);
```

创建 chapter09_session 模块，在该模块下创建 ServletDemo03 类继承 HttpServlet，重写 doGet()和 doPost()方法，创建 HttpSession 对象并设置其属性，示例代码如下。

```
package com.atguigu.servlet;
//省略 import 语句

@WebServlet("/servletDemo03")
public class ServletDemo03 extends HttpServlet {
    @Override
    protected void doPost(HttpServletRequest request, HttpServletResponse response) throws
ServletException, IOException {
        doGet(request, response);
    }

    @Override
    protected void doGet(HttpServletRequest request, HttpServletResponse response) throws
ServletException, IOException {
        //1. 获取 Session 对象
        HttpSession session = request.getSession();
        //2. 向 Session 对象中存入数据
        session.setAttribute("session-message","hello-session");
    }
}
```

创建 ServletDemo04 类继承 HttpServlet，重写 doGet()和 doPost()方法，获取 Session 属性，示例代码如下。

```
package com.atguigu.servlet;
//省略 import 语句

@WebServlet("/servletDemo04")
public class ServletDemo04 extends HttpServlet {
    @Override
    protected void doPost(HttpServletRequest request, HttpServletResponse response) throws
ServletException, IOException {
        doGet(request, response);
    }

    @Override
    protected void doGet(HttpServletRequest request, HttpServletResponse response) throws
ServletException, IOException {
        //1. 获取 Session 对象
```

```
    HttpSession session = request.getSession();
    //2. 获取 Session 对象中"session-message"对应的属性值
    String message = (String)session.getAttribute("session-message");
    System.out.println(message);
  }
}
```

同样，在 index.html 文件中编写超链接，访问 ServletDemo03 和 ServletDemo04 类，实现两类之间共享数据。接下来启动项目，首先单击访问 ServletDemo03，创建 Session 对象，查看控制台，如图 9-11 所示。

图 9-11　创建 Session 对象

在网页上单击 F12 键，查看响应头中的 JSESSIONID，如图 9-12 所示。

图 9-12　查看 ServletDemo03 的响应头中的 JSESSIONID

然后访问 ServletDemo04，获取 Session 对象及设置的属性值，查看控制台，如图 9-13 所示。

图 9-13　获取 Session 及属性值

结果表明，ServletDemo04 类中获取的 Session 和 ServletDemo03 类中创建的是同一个对象，且在两个类之间成功传递了"session-message"的属性值。

再次在网页单击 F12 键，查看 ServletDemo04 的 Cookie 信息，如图 9-14 所示。

图 9-14　查看 ServletDemo04 响应头中的 Cookie 信息

可以看出，这里同样携带了与 ServletDemo03 中相同的 JSESSIONID。再次论证了每个浏览器对应唯一的 Session 对象，而每个 Session 对象又对应唯一的 JSESSIONID。

9.4.2 工作机制

在浏览器正常访问服务器的前提下,当服务器端调用了 request.getSession()方法,服务器端会检查当前请求中是否携带了 JSESSIONID 的 Cookie。分两种情况:如果有,则根据 JSESSIONID 在服务器端查找对应的 HttpSession 对象,能够找到的话,将找到的 HttpSession 对象作为 request.getSession()方法的返回值返回;找不到,则服务器端会新建一个 HttpSession 对象作为 request.getSession()方法的返回值返回。

如果没有,服务器端会直接新建一个 HttpSession 对象作为 request.getSession()方法的返回值返回,如图 9-15 所示。

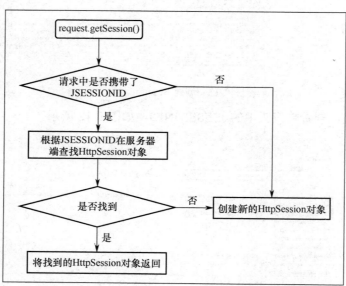

图 9-15　Session 工作机制

另外,可以通过如下代码,查看 HttpSession 对象是否为新对象,以及获取 HttpSession 对象的 id 值。

```java
// 1.调用 request 对象的方法尝试获取 HttpSession 对象
HttpSession session = request.getSession();

// 2.调用 HttpSession 对象的 isNew()方法
boolean wetherNew = session.isNew();

// 3.打印 HttpSession 对象是否为新对象
System.out.println("wetherNew = " + wetherNew+"
HttpSession 对象是新的":"HttpSession 对象是旧的"));

// 4.调用 HttpSession 对象的 getId()方法
String id = session.getId();

// 5.打印 JSESSIONID 的值
System.out.println("JSESSIONID = " + id);
```

9.4.3 有效时间

当浏览器的用户访问量较大时,Session 对象相应的也要创建很多。如果一味创建不释放,那么服务器端的内存迟早要被耗尽。因此我们要为 Session 设置时限。

不过困难之处在于,从服务器端角度来看,很难精确得知类似浏览器关闭的动作。而且即使浏览器一直没有关闭,也不代表用户仍然在使用。因此,决定让服务器端给 Session 对象设置最大闲置时间,服务器端给 Session 对象设置最大闲置时间的默认值为 1800 秒。自行设置具体时间的代码格式如下。

```
void setMaxInactiveInterval(int var1);//设置最大闲置时间,单位是 s(秒)
```

最大闲置时间生效的机制如图 9-16 所示。

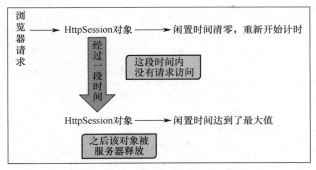

图 9-16　最大闲置时间生效的机制

测试 Session 时效性的示例代码如下。

```
// 获取默认的最大闲置时间
int maxInactiveIntervalSecond = session.getMaxInactiveInterval();
System.out.println("maxInactiveIntervalSecond = " + maxInactiveIntervalSecond);

// 设置默认的最大闲置时间
session.setMaxInactiveInterval(15);
```

前面提到,我们还可以直接强制 Session 立即失效,代码格式如下。

```
session.invalidate();
```

9.5　案例:登录功能完善

下面借助会话控制技术完善 chapter07_login_register 项目的登录功能,使用 Cookie 实现记住用户名和密码功能,使用 Session 实现保持登录状态功能。

创建 chapter09_login_register 模块,并复制 chapter07_login_register 用户登录注册项目,在此基础上实现以下代码。

修改 LoginServlet 类,示例代码如下。将 phone 和 password 存储在 Cookie 内,设置时间默认是 30 日,然后将 Cookie 添加到 HttpServletResponse 中,同时将用户信息保存到 Session,保持登录状态。

```
package com.atguigu.servlet.model;
//省略 import 语句

@WebServlet("/login")
public class LoginServlet extends ViewBaseServlet {
    protected void doPost(HttpServletRequest request,HttpServletResponse response) throws
ServletException, IOException {
        this.doGet(request,response);
    }

    protected void doGet(HttpServletRequest request,HttpServletResponse response) throws
ServletException, IOException {
        //1. 获取请求参数
        String phone = request.getParameter("phone");
        String password = request.getParameter("password");
        //2. 调用业务层处理业务
        UserService userService=new UserServiceImpl();
        User loginUser = userService.login(phone, password);
        //3. 给响应
        if(loginUser!=null){
```

```
        // 判断是否勾选了
        String check = request.getParameter("check");
        if(check!=null){
            //将 phone 和 password 存储在 Cookie 内
            Cookie usernameCookie=new Cookie("atguigu_phone",phone);
            Cookie passwordCookie=new Cookie("atguigu_password",password);
            //设置时间默认是 30 日
            usernameCookie.setMaxAge(60*60*24*30);
            passwordCookie.setMaxAge(60*60*24*30);
            //添加到 response 中
            response.addCookie(usernameCookie);
            response.addCookie(passwordCookie);
        }
        //将用户添加到会话域内(保持登录状态)
        HttpSession session = request.getSession();
        session.setAttribute("user",loginUser);
        //如果成功，跳转至登录成功页面
        processTemplate("index",request,response);
    }else{
        //如果失败，跳转至原页面(登录页面)
        request.setAttribute("errMsg","用户名或密码错误");
        processTemplate("login",request,response);
    }
  }
}
```

在 login.html 页面添加"记住用户名和密码"单选框，勾选表示将 phone 和 password 存储在 Cookie 内，下次登录时会回显 phone 和 password。

```
<div class="content">
<div class="width1190">
    <div class="reg-logo">
<form id="signupForm" method="post" th:action="@{/login}" class="zcform">
        <p class="clearfix agreement" th:text="${errMsg}" style="color: red">
        </p>
        <p class="clearfix">
            <label class="one" for="agent">手机号码: </label>
            <input id="agent" th:value="${atguigu_phone}" name="phone" type="text"
class="required" value placeholder="请输入您的用户名"/>
        </p>

        <p class="clearfix">
            <label class="one" for="password">登录密码: </label>
            <input id="password" name="password" type="password" th:value=
"${atguigu_password}"
                          class="{required:true,rangelength:[8,20],}"          value
placeholder="请输入密码"/>
        </p>
        <p class="clearfix">
            <span style="color: red;margin-left: 90px;"></span>
        </p>
<!-- 这是添加内容: 开始 -->
        <p   class="clearfix   agreement"   th:if="${atguigu_phone==null||atguigu_
phone==''}">
        <input type="checkbox" name="check"/>
        <b class="left">记住用户名和密码</b>
</p>
```

```
<!-- 这是添加内容：结束 -->
                <p class="clearfix"><input class="submit" type="submit" value="立即登录
"/></p>
</form>
<div class="reg-logo-right">
                <h3>如果您没有账号，请</h3>
                <a href="register.html" class="logo-a">立即注册</a>
        </div>
<div class="clears"></div>
    </div><!--reg-logo/-->
  </div><!--width1190/-->
</div><!--content/-->
```

添加如下错误提示信息，如果登录失败，显示"用户名或密码错误"。

```
<p class="clearfix agreement" th:text="${errMsg}" style="color: red">
```

修改 index.html 页面，如果未登录显示登录或注册超链接，登录成功后显示用户昵称，以及注销超链接。

```
<div class="header">
    <div class="width1190">
        <div class="fl">您好，欢迎来到尚好房！</div>
        <div class="fr" th:if="${session.user==null}">
            <a th:href="@{/login.html}">登录</a> |
            <a th:href="@{/register.html}">注册</a> |
            <a href="javascript:;">加入收藏</a> |
            <a href="javascript:;">设为首页</a>
        </div>
        <div class="fr" th:unless="${session.user==null}">
            欢迎: <span th:text="${session.user.nickName}"></span>|
            <a th:href="@{/logout}">注销</a> |
            <a href="javascript:;">加入收藏</a> |
            <a href="javascript:;">设为首页</a>
        </div>
        <div class="clears"></div>
    </div><!--width1190/-->
</div>
```

创建 LogoutServlet 类设置 session 失效，即实现注销用户，示例代码如下。

```java
package com.atguigu.servlet.model;
//省略 import 语句

@WebServlet(name = "LogoutServlet", value = "/logout")
public class LogoutServlet extends HttpServlet {
    @Override
    protected void doGet(HttpServletRequest request,HttpServletResponse response) throws
ServletException, IOException {
        doPost(request,response);
    }

    @Override
    protected void doPost(HttpServletRequest request,HttpServletResponse response) throws
ServletException, IOException {
        HttpSession session = request.getSession();
        //设置 session 失效
        session.invalidate();
        response.sendRedirect(request.getContextPath()+"/index.html");
    }
}
```

启动项目，打开登录页面，如图 9-17 所示。

图 9-17　登录页面

输入手机号和密码，登录后跳转首页，页面上会显示用户昵称和"注销"超链接，如图 9-18 所示。

图 9-18　显示用户昵称和"注销"超链接

单击"注销"按钮，再次查看登录页面，如图 9-19 所示，可知"记住用户名和密码"功能成功完成。

图 9-19　回显数据

如果登录失败则会显示错误信息，如图 9-20 所示。

图 9-20　显示错误信息

9.6　本章小结

本章介绍了会话控制的两大技术——Cookie 和 Session。Cookie 是一种客户端的会话技术，实际上是服务器端保存在浏览器上的一段信息，浏览器每次访问该服务器端时都会携带 Cookie。Session 是服务器端的技术，服务器端为每一个浏览器开辟一块内存空间，存放 Session 对象。每个客户端对应唯一的 Session 对象，同时每个客户端发送请求时会携带唯一的 JSESSIONID 与之对应。主要介绍了 Cookie 和 Session 的常用方法、工作机制、时效性，以及如何应用等。通过本章学习，希望大家对会话技术有所了解，并掌握如何在会话域范围内共享数据。

第10章

JavaScript

JavaScript 是前端开发中最重要的编程语言，经过近三十年的发展，JavaScript 已经成为世界上最流行的编程语言之一。前面已经介绍了 HTML 和 CSS 的相关知识，实际的应用需要三者共同开发，其中 HTML 负责结构，CSS 负责表现，而 JavaScript 负责最重要的行为。本章主要介绍 JavaScript 的基本语法，包括变量、函数、数组和对象等的使用，以及 DOM 模型、事件驱动的讲解，并且提供了丰富的案例，讲练结合。

10.1 JavaScript 简介

1995 年，Netscape 公司的 Brendan Eich 设计并实现了 JavaScript，最初它被命名为 LiveScript。由于 Netscape 与 Sun 公司合作，并希望与 Java 关联，因此将其名称更改为 JavaScript。这个改名并不表示 JavaScript 和 Java 之间有直接的关联，它们是两种不同的编程语言，只是名称上存在一些相似之处。

10.1.1 什么是 JavaScript

JavaScript 是一种直译式脚本语言，是一种动态类型、弱类型、解释型的、基于对象的脚本语言。

脚本语言是指可以嵌入在其他编程语言当执行的开发语言。JavaScript 也是一种广泛用于客户端 Web 开发的脚本语言，其解释器被称为 JavaScript 引擎（后续简称 JS 引擎），是浏览器的一部分。最早是在 HTML（标准通用标记语言下的一个应用）网页上使用，用来给 HTML 网页添加动态功能。随着 JavaScript 的发展，现在可以使用它做更多的事情，如读写 HTML 元素、在数据被提交到服务器之前验证数据等。JavaScript 同样可以适用于服务器端的编程。JavaScript 的具体特点如下。

（1）动态类型。

JavaScript 能够动态地修改对象的属性值类型，在编译时是不知道变量的类型的，只有在运行的时候才能确定变量类型，也就是说当程序执行的时候，数据类型才会确定。

（2）弱类型。

JavaScript 在运行时可能会做隐式类型转换。例如，"1+"2""在 JavaScript 中会将整型 1 转换成字符串"1"，然后再与字符串"2"进行拼接，最后得到的结果为字符串"12"。这里 JavaScript 做了隐式类型转换，因此 JavaScript 具有弱类型的特性。

（3）解释型的脚本语言。

JavaScript 是一种解释型的脚本语言，解释型语言在运行过程中逐行进行解释，不需要被编译为机器码执行。另一种相对应的是编译型语言，它在运行中为先编译后执行，比如 C、C++、Java 等。

（4）基于对象。

JavaScript 是一种基于对象的脚本语言，它不仅可以创建对象，还能使用现有的对象。但是面向对象的三大特性中，JavaScript 能够实现封装，可以模拟继承，不支持多态。

（5）事件驱动。

JavaScript 是一种采用事件驱动的脚本语言，它不需要经过 Web 服务器就可以对用户的输入做出响应。

（6）跨平台性。

JavaScript 脚本语言不依赖于操作系统，仅需要浏览器的支持。因此一个 JavaScript 脚本在编写后可以带到任意机器上使用，前提是机器上的浏览器支持 JavaScript 脚本语言。目前 JavaScript 已被大多数的浏览器所支持。

值得注意的是，JavaScript 的语法与 Java 类似。除此之外，这两门编程语言之间没有任何关系。

JavaScript 由三部分构成，ECMAScript、DOM 和 BOM，如图 10-1 所示。根据宿主（浏览器）的不同，具体的表现形式也不尽相同。

图 10-1　JavaScript 组成

- ECMAScript 是一种规范，规定了 JavaScript 编程语言的标准和规范，是 JavaScript 编程语言的核心部分。同时也定义了最小限度的 API，可以操作数值、文本、数组、对象等。
- BOM 是 Browser Object Model 的缩写，译为"浏览器对象模型"，是浏览器为 JavaScript 提供的一系列 API。
- DOM 是 Document Object Model 的缩写，译为"文档对象模型"，是 HTML 文档为 JavaScript 提供的一系列 API。

事实上，浏览器是 JavaScript 最早的宿主环境，也是目前最常见的运行环境。换句话说，运行在浏览器上的 JavaScript 可以调用浏览器所提供的 API。所谓宿主环境就是运行 JavaScript 的平台，负责对 JavaScript 进行解析编译，以实现代码的运行。

随着互联网的普及，在 2010 年诞生的 Node.js，成为 JavaScript 的另一个宿主环境。从此 JavaScript 不仅可以在浏览器上运行，还可以在 Node.js 上运行。与浏览器相同，运行在 Node.js 上的 JavaScript 也可以调用 Node.js 提供的 API。

BOM 提供了独立于内容的、可以与浏览器窗口进行互动的对象结构。通过 BOM，开发人员可以进行浏览器定位和导航、获取浏览器和屏幕信息、操作窗口的历史记录、获取地理定位、进行本地存储，以及 Cookie 操作等。

当创建好一个页面并加载到浏览器时，DOM 就悄然而生，它会把网页文档转换为一个文档对象，通过 DOM，我们可以获取页面中的元素，操作元素的内容、属性、样式，也可以创建、插入、删除节点，页面中的各种特效效果都需要通过 DOM 来实现。

10.1.2　应用场景

JavaScript 在生活中的应用场景随处可见，只要是与互联网有关的，几乎都使用了 JavaScript。比如开发前端页面特效时，应用在页面中的轮播图、下拉菜单等各种效果以及用户名格式校验、手机号码合法性校验等功能，再比如数据交互时，我们会发送 AJAX（Asynchronous Javascript And XML，Web 数据交互方式）请求将数据传递给后端。

轮播图是 JavaScript 中的经典案例，通过 JavaScript 实现了单击左右按钮切换图片、图片自动轮播等功能。以尚硅谷官网首页的轮播图为例，如图 10-2 所示。

图 10-2　尚硅谷官网首页的轮播图

表单验证举例来说就是登录注册信息。不管在网站上还是在各大 App 上，这都是必须具备的功能。当用户输入一些信息时，可以通过 JavaScript 对表单信息进行格式校验，根据结果进行页面上的相应处理。

这里我们以谷粒学苑的登录页面为例，如图 10-3 所示。

图 10-3　谷粒学苑的登录页面

10.2　HelloWorld 案例

下面编写一个 HelloWorld 入门案例，演示 JavaScript 代码的简单应用。HelloWorld 案例的流程如图 10-4

图 10-4　HelloWorld 案例的流程

所示，通过 HTML 代码编写一个 SayHello 按钮，编写 JavaScript 代码实现当用户通过鼠标单击 SayHello 按钮时，弹出警告框并显示"hello world"字符串。

示例代码如下。

```html
<!DOCTYPE html>
<html lang="en">
<head>
    <meta charset="UTF-8">
    <title>JS 的入门程序</title>
</head>
<body>
    <!-- 在 HTML 代码中定义一个按钮，通过 onclick 属性绑定单击事件，当用户单击按钮时触发 hello 函数，从而
执行 alert 弹框 -->
    <button type="button" onclick="hello()">SayHello</button>
    <!-- 目标：单击按钮时弹出一个警告框 -->
    <script type="text/javascript">
        function hello() {
            //弹出警告框
            alert("hello world");
        }
    </script>
</body>
</html>
```

运行代码查看页面效果，如图 10-5 所示。

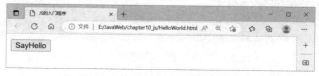

图 10-5　HelloWorld 案例首页面

然后单击"SayHello"按钮，弹出警告框并输出"hello world"字符串，如图 10-6 所示。

图 10-6　单击"SayHello"按钮后的页面

10.3　基本语法

了解了什么是 JavaScript，接下来继续讲解 JavaScript 的基本语法，包括 JavaScript 代码在 HTML 文档中的嵌入方法，以及变量、函数、数组、对象、json 等的使用。

10.3.1　代码嵌入方式

本书所讲解的是运行在浏览器上的 JavaScript 代码，需要嵌入到 HTML 中执行。而常见的编写位置有三种，本节将为读者依次展开介绍。

- 借助 DOM 事件将 JavaScript 代码写在标签的内部。
- HTML 文档中内嵌<script></script>标签。
- 引入外部 JavaScript 文档。

（1）使用 DOM 事件将 JavaScript 代码写在标签的内部，示例代码如下。

```html
<!DOCTYPE html>
<html lang="en">
  <head>
    <meta charset="UTF-8" />
    <meta name="viewport" content="width=device-width, initial-scale=1.0" />
    <title>JavaScript 编写位置</title>
    <style>
      #btn {
        width: 200px;
        height: 40px;
        border-radius: 5px;
      }
    </style>
  </head>
  <body>
    <button onclick="console.log('Hello, 按钮');">单击按钮</button>
    <button onmouseenter="console.log('Hello, World');">鼠标移入按钮</button>
</body>
</html>
```

这里只需明白怎么将 JavaScript 代码放在标签上，代码的具体含义在后面的学习中会逐渐理解。需要注意的是，"console.log()"是用来在浏览器控制台输出内容的，方便调试 JavaScript 代码，在浏览器中单击 F12 键打开开发者工具便可以看到输出结果。相比 alert()弹窗看到的内容更全面，接下来代码中都采用控制台输出方式。

运行这段代码后，页面会出现两个按钮，如图 10-7 所示。

图 10-7　测试使用 DOM 事件将 JavaScript 代码写在标签的内部

当鼠标单击第一个按钮"单击按钮"可以触发 JavaScript 代码的执行，当鼠标移入第二个按钮"鼠标移入按钮"会触发对应的 JavaScript 代码的执行。像 onclick 与 onmouseenter 都是 DOM 事件，更多的 DOM 事件将在 10.8 节详细讲解。

另外使用此方式，HTML 与 JavaScript 代码没有做到分离，而是混在一起，导致代码可读性很差，因此这种方式并不推荐使用。

（2）通过在 HTML 中内嵌<script></script>标签，将 JavaScript 代码写在<script>标签内，示例代码如下。

```html
<!DOCTYPE html>
<html lang="en">
  <head>
    <meta charset="UTF-8" />
    <meta name="viewport" content="width=device-width, initial-scale=1.0" />
    <title>JavaScript 编写位置</title>
    <style>
      #btn {
        width: 200px;
        height: 40px;
        border-radius: 5px;
      }
    </style>
  </head>
  <body>
    <button id="btn">单击按钮</button>
    <script>
      //获取 id 是 btn 的元素
      let btn = document.querySelector("#btn");

      //为元素绑定单击事件
      btn.addEventListener("click", function () {
        console.log("Hello World");
      });
    </script>
  </body>
</html>
```

观察这段代码，可以发现在<body></body>标签对中添加了<script></script>标签对，并且将<script></script>标签对放在了其他标签的后面。

运行代码查看页面效果，如图 10-8 所示。

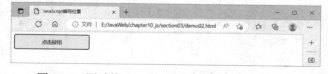

图 10-8 测试将 JavaScript 代码写在 script 标签内

其实<script></script>标签对放在 HTML 文件的任意位置都可以运行，但是我们仍然建议写在其他标签的后面。这是因为 JavaScript 代码的执行会阻塞 HTML 标签的加载，所以更建议开发人员将 JavaScript 代码写在其他标签的后面。等其他标签加载完毕，再执行 JavaScript 代码。除此之外，JavaScript 写在后面还有助于获取到元素，这一点在后面学习 DOM 的时候还会讲到，这里只做了解即可。

如果<script></script>标签写在了 HTML 标签前面，则功能会失效，可以通过 window.onload 去处理，代码如下。

```html
<!DOCTYPE html>
<html lang="en">
<head>
```

```
<meta charset="UTF-8" />
<title>JavaScript 编写位置</title>
<style>
  #btn {
     width: 200px;
     height: 40px;
     border-radius: 5px;
  }
</style>
<script>
  //如果 js 代码在 html 标签上方，导致执行 js 代码时找不到 html 元素，导致失败
  //解决方案：对 window 添加一个 onload 事件，等到 html 文档加载完毕后执行 js 代码
  window.onload=function (){
    //获取 id 是 btn 的元素
    let btn = document.querySelector("#btn");
    //给元素监听事件
    btn.addEventListener("click", function (
)
{
       console.log("Hello World");
    });
  }
</script>
</head>
<
!--html 标签-->
<body>
  <button id="btn">单击按钮</button>
</body>
</html>
```

还要注意的是，在 HTML4.01 标准中，<script>标签上应该添加 type 属性，其值为 "text/javascript"，表示程序的类型是纯文本的 JavaScript，示例代码如下。

```
<script type="text/javascript">
</script>
```

在 HTML5 标准中，<script>标签的 type 属性不再要求必须书写，只需要简单书写<script></script>标签对即可。

（3）同样需要在 HTML 中内嵌<script></script>标签，但不是把 JavaScript 代码写在<script></script>标签对中，而是将 JavaScript 代码写在一个单独的 js 文件中。然后在<script></script>标签中通过 src 属性指定 js 文件的地址。

例如，在和文件同级别的目录下新建一个名为 "index.js" 的文件，将第一种方式<script></script>中的代码写在 "index.js" 文件中，然后再通过<script></script>标签的 src 属性引入。在 HTML 文件中可以这样写，示例代码如下。

```
<script src="index.js"></script>
```

这种写法可以实现 HTML 与 JavaScript 的分离，写法类似于使用 CSS 的<link>标签。只不过这里仍然使用<script></script>标签对。至于<script></script>标签对的位置仍然建议与第二种方式相同，位于<body></body>中其他标签的后面。

10.3.2　声明和使用变量

JavaScript 与 Java 语法类似，接下来分别介绍 JavaScript 代码中的变量、函数、对象和数组等的声明和使用。

JavaScript 程序中，使用变量之前需先声明。ES6 之前的版本，通过关键字 var 定义变量，示例代码如下。

```
var name;
```

代码中定义了一个名为 name 的变量，可以用它存储 JavaScript 支持的任意类型值。例如，给 name 赋值为字符串 "atguigu"。

```
var name;
name = "atguigu";
console.log(name);                      //atguigu
```

事实上，变量的声明和赋值有以下三种方式。

- 先声明变量，然后再对其赋值。
- 声明变量的同时对其赋值。
- 一次声明多个变量。

上面这段代码采用的定义方式就是"先声明，后赋值"。其实，"声明的同时进行赋值"与"先声明，后赋值"的本质是一样的，区别是将赋值和变量声明写在一起了，请看下面的代码。

```
var name = "atguigu";
console.log(name);                      // atguigu
```

运行代码后，控制台输出字符串 atguigu，与"先声明，后赋值"的效果相同。

"一次声明多个变量"也是在开发中常用的一种变量声明的方式。通常有两种使用情况，声明多个变量但是不赋值和声明多个变量并分别赋值。下面将对这两种情况进行分别演示。

声明多个变量不赋值是通过一个 var 关键字对多个变量进行声明，变量间使用逗号","进行分割，示例代码如下。

```
var f,g;
f = 30;
g = 30;
console.log("f=" + f);                  //f=30
console.log("g=" + g);                  //g=30
```

运行代码后，控制台输出 f=30、g=30。

声明多个变量并分别赋值是通过一个 var 关键字为多个变量声明赋值，变量间使用逗号","将变量隔开，示例代码如下。

```
var d = 10, e = 20;
console.log("d=" + d);                  //d=10
console.log("e=" + e);                  //e=20
```

运行代码后，控制台输出 d=10、e=20。

或许大家可能会有疑问，如果一个变量仅被 var 定义出来，但没有用等号赋值，那么它的值是什么呢？

```
var a;
console.log(a);                         //undefined
```

运行代码后，控制台输出 "undefined"。undefind 在英语中的意思为"不明确的，未下定义的"，它是 JavaScript 中一个特殊的值。当变量仅仅被 var 定义，但是没有被赋值时，它的默认值是 undefined。

10.3.3 数据类型

前面提到，JavaScript 是动态类型编程语言，这意味着编程时无须指定变量的类型，JavaScript 引擎会自动识别数据的类型。但 JavaScript 是动态类型，并不意味着 JavaScript 没有类型。在 JavaScript 当中，数据类型主要分为两大类，基本数据类型（简单数据类型）和对象数据类型（复杂数据类型）。ES5 中基本数据类型有 5 种，number、string、boolean、undefined 和 null。复杂数据类型也被称作 Object 对象，包含数组、函数和对象。

JavaScript 提供了一个 typeof 运算符，用来检测任意变量的数据类型，示例代码如下。

```
console.log(typeof 666);                        //number
console.log(typeof "atguigu");                  //string
```

在上述代码中，使用 typeof 关键字检测值 666 的类型，控制台输出结果为"number"，因此值 666 的类型被称为"数字类型"或"数值类型"。使用 typeof 关键字检测值"atguigu"的类型，控制台输出结果为"string"，因此值"atguigu"的类型被称为"字符串类型"。

使用 typeof 检测数据类型，如表 10-1 所示。需要注意的是，返回的都是数据类型名的小写字符串形式。

表 10-1　任意值经过 typeof 后的返回值

数　据	检　测　后
undefined	undefined
true 或 false	boolean
任意字符串	string
任意数字或者 NaN	number
任意对象（非函数）或者 null	object
任意函数	function

下面分别演示 5 种基本数据类型的输出结果。

1. number 类型

任何数字都是 number 类型，无论它是整数还是小数、正数还是负数、较大数还是较小数，都属于 number 类型。这个规定很重要，这是因为一些其他的编程语言如 Java、C++等，它们将数字区别为多种类型，比如整数被称为 int，而小数被称为 float、double 等。注意，在 JavaScript 中，所有的数值都只有一种类型，即 number 类型，示例代码如下。

```
console.log(typeof 123);              //number
console.log(typeof 12.3);             //number
console.log(typeof 1234567890);       //number
console.log(typeof 0.000001);         //number
console.log(typeof -987654321);       //number
```

代码中我们用 typeof 分别测试了数字的各种情况，有整数、有小数、有较大数、有较小数以及负数，返回结果均为"number"。

NaN 也是 JavaScript 中的一个特殊数值，一切数学运算如果难以产生普通数值结果，那么结果为 NaN。NaN 是英语"not a number"的缩写，它的英语原意为"不是一个数"。有趣的是，虽然 NaN 表示"不是一个数"，但它本身却是一个 number 类型值，示例代码如下。

```
var a=10-"atguigu";
console.log(a);               //NaN
console.log(typeof a);        //number
```

运行代码后，控制台输出 NaN 和 number，这证明了 NaN 是一个 number 类型的值。

2. string 类型

字符串由零个或多个字符组成。字符包括字母、数字、标点符号和空格，将字符包含在单引号或者双引号内就是字符串，示例代码如下。

```
console.log(typeof 'abc');            //string
console.log(typeof '尚硅谷');          //string
console.log(typeof "尚硅谷");          //string
console.log(typeof "1234");           //string
```

代码中用 typeof 检测了四个字符串的类型值，其中前两个用单引号包裹，后面两个用双引号包裹。需要特别讲解的是第四行代码，"1234"看上去是数字，但因为嵌套了双引号的缘故变为字符串，所以使用 typeof 检测返回的结果是"string"。

当把字符串赋值给某个变量时，在后续使用中需要注意使用变量不加引号，因为变量里保存的是字符串，而变量无论是定义还是使用，它依旧是变量，所以不必加上引号。

```
var str = "atguigu";
console.log(typeof str);                        //string
```

代码中我们给变量命名为"str"，它是 string 的词头，是程序员对临时字符串常见的命名习惯。使用 typeof 判断变量 str 不用加引号，运行代码后输出"string"。

在实际开发中，建议无论是使用单引号或者是双引号都应在开发中保持一致，一些公司会限制程序员统一使用某种引号。

3. boolean 类型

在 JavaScript 中，boolean 类型只有两个值：true 和 false，分别表示"真"和"假"。"布尔类型"得名于 19 世纪英国数学家乔治·布尔，他是符号逻辑学的开创者，示例代码如下。

```
var a = true;
var b = false;
console.log(typeof a);                          //boolean
console.log(typeof b);                          //boolean
```

这段代码将布尔值 true 和 false 分别存入变量 a 和 b 中，然后使用 typeof 进行类型检测，输出结果都是"boolean"。需要注意的是，布尔值 true 和 false 是区分大小写的，因此不要书写为 True 和 False。

布尔值在实际开发中经常使用，比如"关系运算"的结果就是布尔值。

```
console.log(3 > 6);                             //false
console.log(23 > 15);                           //true
```

这段代码使用了大于运算符比较两组数的大小，JavaScript 中的大于运算符和数学中的大于运算符一样，都是用来比较符号两边的数字。当不等式成立时返回结果为 true，反之返回 false。

4. undefined 类型

前面学习变量相关知识时，我们提到一个变量如果只声明而没有赋值，则它的默认值是 undefined。

在 JavaScript 中，没有值的变量其值是 undefined，类型也是 undefined，示例代码如下。

```
var und;
console.log(und);                               //undefined
console.log(typeof und);                        //undefined
```

在这段代码中，第一个输出的是变量 und 的值为"undefined"，第二个输出的是变量 und 的类型为"undefined"。代码中只是声明了变量，但是没有对它进行初始化。这个例子和下面的例子是等价的。

```
var und = undefined;
console.log(und);                               //undefined
```

这段代码在初始化的时候将值设置为 undefined，但在日常开发中我们一般不这么做，因为未声明的变量其默认值就是 undefined。实际上我们可以在变量使用完成后，将变量赋值为 undefined 来清空变量数据。

```
var und;
und = "我是数据";
console.log(und);                               //我是数据
und = undefined;
console.log(und);                               //undefined
```

5. null 类型

JavaScript 还有一个特殊值 null，其英语原意为"空、无效"，顾名思义，null 在 JavaScript 中表示"空""设为无效"。null 属于基本数据类型，该类型只有一个值为 null，示例代码如下。

```
var a = null;
console.log(a);                                 //null
console.log(typeof a);                          //object
```

在这段代码中，第一个输出的是变量 a 的值为 null，第二个输出的是变量 a 的类型为"object"。

大家可能会有疑惑，之前的基本数据类型中案例不是返回的都是它的类型吗？为什么使用 typeof 检测

null 会返回"object"呢？其实这被程序员认为是 JavaScript 的一个不能修正的小"bug"，它和 number、string、boolean、undefined 一样，属于基本类型值，但是一定要记住，使用 typeof 检测 null 的结果是"object"。

null 这个值的用法，即一般不再需要某个对象、函数或事件监听时，就将它设置为 null 即可。常见的数学运算、关系运算、逻辑运算的计算结果不会产生 null 值。

另外，在 ES6 之前没有特定的关键字来定义存储常量（值不能改变）数据，使用 var 关键字并不能定义真正的常量，因为使用 var 关键字定义的变量都是可以被修改的。为此 ES6 做出了改进，提供了 const 关键字来定义常量，也就是说使用 const 定义的常量是不能被修改的，一般用来保存不用改变的数据，示例代码如下。

```
//ES5 中 var 关键字在定义常量时可以被修改
var username1 = "atguigu";
username1 = "尚硅谷";

//ES6 中 const 关键字在定义常量时不可以被修改
const username2 = "atguigu";
username2 = "尚硅谷";                    //报错
```

使用 var 定义的 username1 的值被更改为"尚硅谷"，使用 const 定义的 username2 会报错，报错信息为"TypeError: Assignment to constant variable"，即不能给常量重新赋值。

如果你在实际开发中定义变量时，不确定这个变量在后期使用时是否需要修改，这种情况下建议使用 const 关键字定义。当在使用时发现需要更改该值时，可以再将声明该值的关键字更改为 var。

在编程的过程中，变量和常量的命名虽然没有很高的技术含量，但对于个人编码或者在一个团队的开发中是相当重要的。良好的书写规范可以让你的 JavaScript 代码更上一个台阶，也更有利于团队的再次开发和阅读代码。

如果随意命名，在小项目中看起来可能没什么影响，但是在大型项目中，当多人协作代码维护时，弊端就会显现出来，增加了理解代码的时间，也增加了代码维护的难度，很可能会造成很难发现的 bug。因此变量的命名规范在日常开发中是至关重要的。

在制定变量的名称时，必须遵守"JavaScript 标识符命名规范"。所谓"标识符"是指变量名、函数名、类名等"名字"。

JavaScript 标识符命名规范如下。

- 区分大小写。
- 由字母、数字、下画线、$符号组成，不能以数字开头。
- 不能和关键字及保留字同名。

根据 JavaScript 标识符命名规范，例如，下面的变量命名都是合法的。

```
var leftPosition;
var pos_2;
var number_1;
var $o0_0o$;
var _;
```

这五个变量的命名都是合法的。一定要记住，变量名中能够含有的"符号"只能是下画线"_"和美元符号"$"，其他的一切符号都是非法的。变量名可以只有一个符号，比如上面最后一个例子"_"单独作为一个变量名，它没有违反标识符的命名规则是合法的。

例如，下面的变量命名都是非法的。

```
var 2008OlympicGame;         //命名非法，变量不能以数字开头
var b@3;                     //命名非法，变量中不能有除_和$外的符号
var year-2021-people;        //命名非法，变量中不能有除_和$外的符号
var my#book                  //命名非法，变量中不能有除_和$外的符号
```

"JavaScript 标识符命名规范"中不允许变量的名字和关键字及保留字同名。所谓"关键字"，前文已

经讲解过，像 "var" 这样的单词，在 JavaScript 内部本身就具有特殊的功能，它们被称为 "关键字"。所谓 "保留字" 是指当前 JavaScript 版本还没有将它们设置为关键字，但是可预见的将来 JavaScript 可能会发展相关的功能，从而它们有机会成为关键字，现阶段它们被予以 "保留"。JavaScript 中常见关键字和保留字如表 10-2 所示。

表 10-2　JavaScript 中常见关键字和保留字

关　键　字				
break	case	catch	continue	default
delete	do	debugger	else	finally
function	false	for	if	in
instanceof	new	null	return	switch
this	typeof	throw	true	try
var	void	with	while	const
class	export	extends	import	static
super	throw			
保　留　字				
abstract	boolean	byte	char	double
enum	final	float	goto	interface
int	implements	long	native	package
protected	private	public	synchronized	short
transient	volatile			

在编程中，不仅要保证变量命名合法，而且要注意变量命名必须清晰、简明，做到 "见名知意"。试想，如果代码中的变量都用 a、b、c 等简单字母表示，那么其他程序员查看代码时，不能马上知晓这个变量的真实含义。如果变量名是 "chinaGoldMedalsNumber" 呢？你会立即猜到它表示的含义 "中国金牌数"，这就是 "见名知意"，尽管它有点长。

10.3.4　运算符和表达式

JavaScript 中的运算符和 Java 的运算符类似，按照功能可以分为算术运算符、赋值运算符、关系运算符、逻辑运算符、条件运算符等。

- 算术运算符：用来实现数学运算，包括+（加）、-（减）、*（乘）、/（除）和%（取余）。
- 赋值运算符分为两类：一元赋值运算符和二元赋值运算符。一元赋值运算符包括++（自增）和--（自减）；二元赋值运算符包括=（赋值）、+=（原值上累加）、-=（原值上累减）、*=（原值上累乘）、/=（原值上累除），以及%=（原值上求余）。
- 关系运算符：用来比较值的关系，且关系运算的结果都是布尔类型值。其包括>（大于）、<（小于）、>=（大于或等于）、<=（小于或等于）、==（等于）、!=（不等于）、===（全等于）和!==（不全等于）。
- 逻辑运算符：通常用于多个表达式的连接，无论逻辑运算符的左右连接的是什么值都适用。其包括&&（与运算）、||（或运算）和!（非运算）。
- 条件运算符用于条件判断，由表达式、问号和冒号构成，因为其每次需要提供三个表达式，所以被称为 "三元运算"。并且条件运算符是运算符中唯一的三元运算符。其语法格式如下，当表达式 1 的 boolean 结果为 true 时，使用表达式 2 的结果值，否则使用表达式 3 的结果值。

表达式 1 ？表达式 2 ：表达式 3

表达式可以是一个变量或数据，也可以是变量或数据与运算符的组合。JavaScript 解释器会计算表达式的结果并返回这个结果值。简单地说，一个表达式总会返回一个数据，任何需要数据的地方都可以使用表达式。

另外，简单介绍一下 Java 代码中没有的运算符，===（全等于）和!==（不全等于），全等于和不全等于除了要求数据是否相同，也会验证数据的格式是否相同，示例代码如下。

```
var a=10;
var b="10";
console.log(a==b);   //虽然类型不同但是==会进行类型转换后再比较，结果是 true
console.log(a===b);  //===要求类型和值都必须相同，此处类型不同，结果是 false
//!==同理
```

10.4　函数

函数是具有某种特定功能代码块的封装体。详细地说，函数就是封装了一些功能代码，当需要的时候可以多次调用函数，它的作用就是实现了代码的复用。

对于定义函数，常见的有两种方式，分别是函数声明、函数表达式。下面将对这两种定义方式依次展开介绍。

10.4.1　函数声明

函数声明是在 JavaScript 中使用 function 关键字来进行函数定义，语法格式如下。

```
function 函数名（参数 1，参数 2……）{
    代码块（函数体）;
}
```

function 在英文中是"功能、函数"的意思，表示其内部封装了一个功能。function 关键字后面是函数的名称，比如 function total(){}，它的函数名称就是 total，也常叫作 total 函数。函数的名称需要符合标识符命名规范，只能由字母、数字、下画线、美元符号组成，不能以数字开头等，具体规则见 10.3.3 节。

函数名后的圆括号用来书写函数的参数，也叫作形式参数（简称形参）。形参相当于函数中定义的局部变量，需要在调用函数时传入参数的具体数据。形参的个数可多可少，一个函数可以有多个形参，也可以没有形参。圆括号中可以使用逗号来分隔形参，比如"(a,b,c,d)"。但是需要注意的是，无论圆括号中是否存在参数，都要书写圆括号。

需要注意的是，与 Java 代码相比，JavaScript 函数中参数的声明无须表明其类型，且对于形参的个数更加随意，传入参数的个数和声明的参数个数不相等也是可以的，例如，声明三个参数，可以传入 2 个或者 4 个都是可以的，但为了代码的可读性和维护性，建议实参个数和形参个数保持一致。

```
//函数 total 指定两个形参
function total(a, b) {
  console.log("该函数为有参函数，参数的值为："+"a="+a+",b="+b);
}

//函数 total 不指定形参
function total() {
  console.log("该函数为无参函数");
}
```

花括号中用来书写功能性代码，也被叫作函数体。通常函数体内需要书写 return 关键字来返回值，简单地说，return 关键字后面的值，最终要返回给函数调用表达式。与 Java 代码不同，即便函数有返回值，也无须指定返回值类型。

```
function total(a, b) {
  sum = a + b;
  return sum;
}
const result = total(1, 2);
console.log(result);                    // 3
```

代码中定义了函数 total，函数体内计算了形参 a 和形参 b 的和，最后使用 return 将结果返回。调用函数后返回结果为"3"。注意，函数调用的结果就是函数体内 return 的结果值。

如果 return 关键字后面不写值，就会返回默认值"undefined"。JavaScript 也允许函数体内没有 return 关键字，此时返回的同样是函数默认的返回值"undefined"。

将函数体内 return 关键字的使用情况总结为以下三种情况。

- 如果函数没有显式地使用 return 语句，那么函数有默认的返回值，为 undefined。
- 如果函数使用了 return 语句，但是 return 后没有值，则返回值为 undefined。
- 如果函数使用了 return 语句，return 后有值，则 return 后面的值为函数的返回值。

需要注意的是：当函数使用了 return 语句后，这个函数在执行完 return 语句之后停止并立即退出，也就是说 return 后面的所有代码都不会再执行。在实际开发中推荐的做法是：要么让函数始终都返回一个值，否则就不要写返回值。

10.4.2　函数表达式

使用函数表达式方式，不再是在 function 关键字后定义函数名，而是通过 var 关键字来声明函数名称，其余部分与函数声明定义的语法相同。

```
var 变量名（函数名） = function(参数，参数……){
    代码块;（函数体）
}
```

将函数声明式定义改为函数表达式定义，示例代码如下。

```
var total = function (a, b) {
  return a + b;
};
console.log(typeof total);                              //function
```

其实不管使用哪种方式定义函数，本质上都是定义了一个变量，然后将函数数据赋值给这个变量。需要注意的是，函数在定义时是不会自动执行的，只有在调用函数的时候才会执行函数。

10.4.3　函数调用

了解了如何定义函数后，下面分别通过函数声明和函数表达式两种不同的方式定义两个函数，来演示几种不同的函数调用情况。

```
<script>
    //函数的定义
    //1.函数声明
    function fun01(a,b){
        console.log("fun01 函数参数的值为: "+"a="+a+",b="+b)
    }
    //2.函数表达式
    var fun02=function (a,b){
        console.log("fun02 函数参数的值为: "+"a="+a+",b="+b)
    }
    //函数调用
    //1. 两个类型相同的实参
    fun01(1,2);             //fun01 函数参数的值为: a=1,b=2

    //2. 两个类型不同的实参
    fun01(1,"atguigu");    //fun01 函数参数的值为: a=1,b=atguigu

    //3. 缺少一个实参
    fun01(1);              //fun01 函数参数的值为: a=1,b=undefined
```

```
//4．传入三个实参
fun01(1,2,3);                //fun01 函数参数的值为：a=1,b=2

//fun02 函数调用时和 fun01 一致
fun02(1,2);                  //fun02 函数参数的值为：a=1,b=2
fun02(1,"atguigu");          //fun02 函数参数的值为：a=1,b=atguigu
fun02(1);                    //fun02 函数参数的值为：a=1,b=undefined
fun02(1,2,3);                //fun02 函数参数的值为：a=1,b=2
</script>
```

综上所述，在 JavaScript 中，对于函数要传递的参数，其个数和数据类型都是比较随意的。如果传入的实参少于形参，缺少的实参值为 undefined；如果传入的实参多于形参，结果只传入对应的实参个数，并不会影响函数的正常调用。

10.5　对象

在 JavaScript 中，有各种不同类型的对象。比如数字对象、布尔值对象、字符串对象、时间对象、函数对象、数组对象等，它们都继承于 Object 类型。

JavaScript 将对象分为三类：内置对象、宿主对象和自定义对象。内置对象是由 ES 标准中定义的对象，如 Object、Math、Date、String、Array、Number、Boolean、Function 等；宿主对象是 JavaScript 的运行环境提供的对象，主要指由浏览器提供的对象，如 BOM、DOM、console、document 等；自定义对象可以理解为自己创建的类，可以通过 new 关键字创建出来对象实例进行应用。

本节主要介绍自定义对象，也就是开发中需要开发人员自己创建的对象。JavaScript 语言提供了两种创建对象的方式：new object()和对象字面量。虽然创建对象的方法很多，看上去语法差异也很大，但实际上它们都是大同小异的。下面分别介绍这两种创建对象的方式。

10.5.1　通过 new 关键字创建对象

在 JavaScript 中，可以使用 new 关键字和 Object 构造函数来显式地创建实例对象，语法格式如下。

```
new Object();
```

语法中通过 new 来执行 Object 函数，此时 Object 称为构造函数，此时会返回对应的实例对象。这样解释可能有些晦涩，通过如下代码来具体讲解。

```
var obj = new Object();
console.log(obj);
```

这段代码通过"new Object()"产生并返回一个实例对象，使用 obj 来接收这个实例对象，后面我们就可以通过 obj 来访问该实例对象。输出的结果如图 10-9 所示。

从图 10-9 中可以看到，对象中只有一个"[[Prototype]]"属性，没有其他属性，该属性涉及了对象底层知识，这里暂且不做讲解。

图 10-9　输出的结果

向对象内部增加属性，可以使用中括号"[]"操作符或者点"."操作符。例如，给创建的 obj 对象添加 name 和 age 属性并赋值如下。

```
obj.name = "尚硅谷";
obj["age"] = 9;
console.log(obj);
```

代码通过点"."操作符向 obj 对象添加了 name 属性，其值为"尚硅谷"。通过中括号"[]"操作符向 obj 对象添加了 age 属性，其值为 9。在控制台输出此时的 obj 对象，如图 10-10 所示。

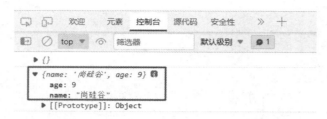

图 10-10　给 obj 对象添加 name 和 age 属性

需要特别注意的是：一个对象中不能存在两个同名的属性，如果出现同名属性，后声明的属性会覆盖同名属性的值。例如，在 obj 对象中再次添加 age 属性。

```
obj.age = 6;
console.log(obj);
```

在实例对象 obj 中，重复声明了两次 age 属性。根据前面所述，后声明的属性会覆盖同名属性的值，因此 obj 对象中的属性 age 对应的值是 6。运行代码，查看控制台，输出 obj 对象，如图 10-11 所示。

我们除了为对象设置属性和属性值，还可以为对象设置函数，示例代码如下。

```
obj.eat = function (){
    console.log(this.name+"在吃饭");
}
obj.run = function (){
    console.log(this.name+"在跑步");
}
```

运行代码，再次查看控制台，如图 10-12 所示。

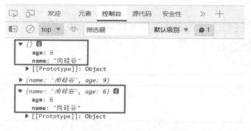

图 10-11　修改 obj 对象的 age 属性值

图 10-12　为对象设置函数

10.5.2　对象字面量

JavaScript 中可以使用对象字面量快速定义对象，这是实际开发中最常用的方式，也是最高效、最简便的方式。语法格式如下。

```
{ 属性名 1: 属性值 1, 属性名 n: 属性值 }
```

在对象字面量中，属性名与属性值之间通过冒号进行分隔。属性名是一个字符串，一般省略引号。属性值可以是任意类型数据，当它是字符串时，引号是不能省略的。属性与属性之间通过逗号进行分隔，最后一个属性末尾一般不加逗号，但语法上是允许的。

如果属性值是对象，则可以设计嵌套结构的对象，示例代码如下。

```
var obj = {
  name: "Lucy",
  sex: "女",
  family: {
    father: "Tom",
    mother: "Marry",
    sister: {
      sis1: "amy",
      sis2: "alice",
```

```
      sis3: "angela",
    },
  },
};
console.log(obj);
```

在这段代码中，使用字面量定义了对象 obj，obj 对象内部存在两层嵌套。尽管属性 family 是一个实例对象，但它也是作为属性嵌套在实例对象 obj 内。属性 sister 同理，也是作为属性嵌套在实例对象 family 中。

运行代码后，查看控制台，如图 10-13 所示。

值得一提的是，如果当前的属性值是一个函数，则把当前属性称作方法。也就是说，方法是特殊的属性，示例代码如下。

图 10-13　使用字面量创建对象

```
var obj = {
  name: "Lucy",
  sex: "女",
  eat: function () {
    console.log(this.name+"是个小吃货~");
  },
};
```

实例对象 obj 中 eat 属性的属性值是一个函数，此时可以将 eat 属性叫作 eat 方法。

实例对象内也可以不包含任何属性，也被称作空对象。示例代码如下。

```
var obj = {}
```

10.5.3　this 关键字

this 关键字包括两种情况。如果出现在函数外面，this 关键字指向 window 对象，代表当前浏览器窗口。如果出现在函数内部，this 关键字指向调用函数的对象。

（1）this 关键字出现在函数外面。

```
//直接打印 this
console.log(this);                    //Window
```

（2）this 关键字出现在函数内部。

```
//函数中的 this
//1.声明函数
function getName() {
    console.log(this.name);
}

//2.创建对象
var obj01 = {
    "name":"tom",
    "getName":getName
};
var obj02 = {
    "name":"jerry",
    "getName":getName
};

//3.调用函数
obj01.getName();          //tom
obj02.getName();          //jerry
```

10.5.4　对象的使用

无论对象是通过哪种方式创建的，关于对象的使用都是一样的。例如，以之前创建的 obj 对象为例，分别演示如何调用对象的属性，以及对象的函数，示例代码如下。

```
//属性
//语法：对象.属性
console.log(obj.name);
console.log(obj.age);
//函数
//语法：对象.函数(实参)
obj.eat();
obj.run();
```

10.6　数组

除了函数和对象，本节学习的数组也属于对象数据类型。JavaScript 中的数组与其他语言的数组大相径庭，以 Java 语言为例，Java 中的数组只能存储相同类型的数据，而 JavaScript 中的数组可以存储任意类型的数据。

数组是一系列有序数据的集合，数组中的每个数据都称作元素。元素可以是 JS 支持的任意类型。数组示例代码如下。

```
var arr = [1, "atguigu", true];
```

这行代码定义了一个数组 arr，它的内部分别存储了三个数据："1""atguigu""true"。

数组也是对象，可以使用 typeof 和 instanceof 进行检测。

```
console.log(typeof arr);;                 // object
console.log(arr instanceof Object)
;;      // true
```

但是数组是一种特别的对象，它拥有自己的特性。数组中每个元素都有一个下标（也被称作索引），从 0 开始依次递增。每定义一个数组，在该数组中都会有一个默认属性为 length，它代表着数组中元素的个数，也被称作数组的长度，示例代码如下。

```
console.log(arr.length);          //3
console.log(arr[0]);              //1
console.log(arr[1]);              //atguigu
console.log(arr[2]);              //true
```

下面介绍如何创建数组，以及对于数组元素的增删改查等操作。

10.6.1　创建数组

数组的创建方式与对象数据类型的创建相似，包括两种方式：一种是使用数组字面量创建；另一种是使用 Array 构造函数创建。

以数组字面量的方式创建数组是直接使用中括号来包裹数据，中括号内以逗号间隔元素，而且数组字面量创建方式是使用频率较高的。示例代码如下。

```
var arr1 = [1, "atguigu", 3];
var  arr2 = [];
var  arr3 = [3];

console.log(arr1);               //[1,"atguigu", 3]
console.log(arr2);               //[]
console.log(arr3);               //[3]
```

在这段代码中，使用数组字面量的方式定义了三个数组：arr1、arr2、arr3。arr1 中包含了三个元素：

"1""atguigu"，"3"；arr2 是一个空数组，内部没有元素；arr3 中只有一个元素 "3"。运行代码后，查看控制台，如图 10-14 所示。

另一种使用 Array 构造函数创建数组，它是创建数组的本质。其实字面量创建数组的方式的底层原理就是使用该方法进行创建的，示例代码如下。

```
var arr1 = new Array(1, 2, 3);
var arr2 = new Array("atguigu");
var arr3 = new Array(3);
var arr4 = new Array();

console.log(arr1);              //[1, 2, 3]
console.log(arr2);              //["atguigu"]
console.log(arr3);              //[empty × 3]
console.log(arr4);              //[]
```

使用构造函数创建数组可以省略 new 关键字，与使用构造函数的方式结果相同。需要注意的是，当参数为一个数字时，该参数代表着数组的长度。需要特别注意的是，使用构造函数创建数组可以省略 new 关键字，与使用 new 的方式结果相同，示例代码如下。

```
var arr1 = Array(1, 2, 3);
var arr2 = Array("atguigu");
var arr3 = Array(3);
var arr4 = Array();

console.log(arr1);              //[1, 2, 3]
console.log(arr2);              //["atguigu"]
console.log(arr3);              //[empty × 3]
console.log(arr4);              //[]
```

这段代码使用 Array() 的方式定义了 arr1、arr2、arr3、arr4 四个数组。arr1 中包含了三个元素："1""2""3"；arr2 中只有一个元素："atguigu"；arr3 中传递了一个数字，此时会返回一个长度为 3 的数组对象。arr4 定义了一个空数组，相当于 "const arr4=[]"。运行代码后，查看控制台，如图 10-15 所示。

图 10-14　使用数组字面量方式创建数组

图 10-15　使用 Array 构造函数创建数组

10.6.2　添加元素

创建完数组后，我们就可以对其元素进行增删改查操作了。我们可以通过索引读取数组中对应位置的元素，同样也可以通过索引添加新元素，示例代码如下。

```
//创建数组
const arr = new Array();
console.log(arr);                      //[]

//以下标的方式添加元素
arr[0] = 1;
arr[1] = "atguigu";

console.log(arr);                      //[1, "atguigu"]
console.log(arr[0], arr[1]);           //1 "atguigu"
```

这段代码定义了一个空数组 arr，使用下标的方式向数组中添加了元素 "1" 和 "atguigu"。此时数组中 arr[0] 的值为 "1"，arr[1] 的值为 "atguigu"。运行代码后，查看控制台，如图 10-16 所示。

上述案例主要演示了向空数组中增加元素的情况，当数组内部有值时，可以通过 length 属性向数组的末尾增加元素，示例代码如下。

```
var arr = [1, 2, 3];
arr[5] = 1000;
arr[arr.length] = 1000;
console.log(arr);
```

这段代码定义了数组 arr，里面包含三个元素："1""2""3"。通过"arr[5]"的方式将 1000 赋值给 arr 数组中下标为 5 的元素，再通过"arr.length"得到 arr 数组的末尾（arr 数组中下标为 6），然后赋值为 1000。此时输出数组 arr，如图 10-17 所示。

图 10-16　向数组中添加元素　　　　图 10-17　通过 length 属性向数组的末尾增加元素

另外，添加元素还可以借助 push()方法和 unshift()方法。

push()方法用于实现在数组末尾添加一个或多个元素，其返回值为添加元素后的新数组的长度，语法格式如下。

```
push(item1, item2, ..., itemX);
```

其中，item 分别表示添加到数组的元素。

示例代码如下。

```
var arr = [1, 2, 3];
console.log(arr.push('tom','jerry')); //[1, 2, 3, "tom", "jerry"]
```

unshift()方法可以向数组第一位新增一个或多个元素，语法格式如下。

```
unshift(item1, item2, ..., itemX);
```

示例代码如下。

```
const arr = new Array();

console.log(arr);            //[]

arr.unshift(1);
console.log(arr);            //[1]

arr.unshift("atguigu", 3);
console.log(arr);            //["atguigu", 3, 1]
```

10.6.3　遍历数组

访问数组每个元素的过程叫作遍历。数组遍历有 for、for...in、forEach、for...of 四种方法。下面介绍两种常见的遍历数组的方式，即 for 循环语句和 for...in 循环语句。

使用 for 循环语句来遍历数组，是利用数组的 length 属性来控制 for 循环的执行次数，示例代码如下。

```
var arr = [1, 2, 3];

for (var i = 0; i < arr.length; i++) {
  console.log(arr1[i]);
}
```

这段代码数组的第一个下标"0"作为起始循环值，在循环体内依次对数组中的每项值依次遍历。运行代码后，查看控制台，如图 10-18 所示。

图 10-18　遍历数组

for...in 循环是一种特殊类型的循环，它是普通 for 循环的变体，其语法格式如下。

```
for (variable in object) {
    // 循环体代码
}
```

使用该方法需要传入两个参数，其中变量 variable 表示数组的下标，object 表示需要遍历的对象，在这里指的是数组。

示例代码如下。

```
var arr = [1, 2, 3];

//遍历 arr 数组
for (var i in arr) {
  console.log(arr[i]);
};
```

运行结果同普通 for 循环结果。因为 for 语句需要配合 length 属性和数组下标来实现，所以执行效率没有 for...in 语句高。另外，for...in 语句会跳过空元素。对于超长数组来说，建议使用 for...in 语句进行迭代。

10.6.4　更新元素

通过前面的学习可以得知，可以使用下标更新对应的元素。如果想要更新多个元素要怎么操作呢？

请思考这个问题：将数组[1, 3, 5]每个元素值都增加 10，如何实现？

此时可以通过循环语句的方式对数组中每个元素进行遍历，再进行更新操作，如下代码所示。

```
function addTen(arr) {
  for (var element = 0; element < arr.length; element++) {
    arr[element] = arr[element] + 10;
  }
  return arr;
}

var arr1 = [1, 2, 3];
var arrOver = addTen(arr1);
console.log(arrOver);                  //[11, 12, 13]
```

这段代码封装了函数 addTen，函数内部遍历了形参 arr，对每项元素加 10 并返回。从而实现了数组内元素的更新。运行代码后，查看控制台，如图 10-19 所示。

图 10-19　更新数组中多个元素

10.6.5　删除数组元素

删除数组元素其实与数组添加元素的方式类似，可以在数组的头部、中间和尾部进行操作。

对数组尾部进行操作可以利用数组的属性 length 来实现，示例代码如下。

```
var arr = [1, 2, 3, 4, 5];
```

```
//第一次删除
arr.length -= 1;

//第二次删除
arr.length = arr.length - 1;

//第三次删除
arr.length--;
console.log(arr);                    //[1,2]
console.log(arr[4]);                 //undefined
```

　　这段代码通过操作 length 属性，在数组的末尾进行了三次删除。因为在前面的操作中删除了 arr[4]，所以最后输出 arr[4]返回的结果为 undefined。运行代码后，查看控制台，如图 10-20 所示。

　　删除数组头部元素与在头部添加元素原理相同，都是利用 for 循环来实现，只不过删除头部元素是将数组中的整体元素前移，再删除一个元素，示例代码如下。

```
var arr = [1, 2, 3, 4, 5];
for (var i = 1; i <= arr.length - 1; i++) {
  arr[i - 1] = arr[i];
}
arr.length--;
console.log(arr);                    //[ 2, 3, 4, 5 ]
```

　　这段代码使用 for 循环，将数组中索引大于 0 的元素全部向前移动一位。通过 arr.length--删除 arr 数组的末尾，实现将数组的头部第一个数删除。运行代码后查看控制台，如图 10-21 所示。

图 10-20　利用属性 length 删除元素

图 10-21　利用 for 循环删除元素

　　对于删除数组元素，JavaScript 也提供了三种简洁的方式：使用 pop 方法删除数组最后一个元素、使用 shift 方法删除数组的第一个元素和 splice 方法删除数组中指定位置元素。下面将分别讲解这三种方法的使用。

　　pop 方法可以在数组末尾删除一个元素，该方法是没有参数的，其方法的返回值为删除的元素，这个方法会影响原数组，示例代码如下。

```
var arr = [1, 2, 3, 4];
var result = arr.pop();
console.log(arr);                    //[ 1, 2, 3 ]
console.log(result);                 //4
```

　　这段代码使用 pop 方法将 arr 数组的最后一位删除，返回结果为删除的数组元素"4"。运行代码后，查看控制台，如图 10-22 所示。

　　需要注意的是，如果操作数组为空数组，则返回结果为 undefined。

```
var arr = [];
var result = arr.pop();
console.log(arr);                    //[]
console.log(result);                 //undefined
```

　　此时数组 arr 为空数组，运行代码后查看控制台，如图 10-23 所示。

图 10-22　使用 pop 方法删除元素

图 10-23　使用 pop 方法操作空数组

　　shift 方法可以在数组头部删除一个元素，该方法是没有参数的，其方法返回值为返回删除的元素，同样这个方法也会影响原数组，示例代码如下。

```
var arr = [1, 2, 3, 4];
const result = arr.shift();
console.log(arr);                    //[ 2, 3, 4 ]
console.log(result);                 //1
```

运行代码后查看控制台，如图 10-24 所示。

图 10-24　使用 shift 方法删除元素

另外，如果操作数组为空数组，shift 方法与 pop 方法相同，返回结果也为 undefined。

splice 方法可以删除数组中指定位置的元素，该方法有两个参数，第一个是索引位置，第二个是删除数据个数。示例代码如下。

```
var arr=[1,2,3,4,5,6,7,8,9,10];
console.log(arr)                     //[ 1, 2, 3, 4, 5, 6, 7, 8, 9, 10 ]
// 语法: arr.splice(n,m)  n 是开始的索引位置，m 是个数
// splice(2,2)，表示从索引位置为 2 的位置开始删除，删除两个
arr.splice(2,2);
console.log(arr);                    //[ 1, 2, 5, 6, 7, 8, 9, 10 ]
```

10.7　JSON

10.7.1　JSON 简介

JSON 全称为 JavaScript Object Notation，翻译为 JavaScript 对象表示法，是一种轻量级的数据交换格式，并不属于一种编程语言。它是基于 JavaScript 的一个子集，易于人的编写和阅读，也易于机器解析。JSON 采用完全独立于语言的文本格式，并且凭借其简洁和清晰的层次结构，使得 JSON 成为理想的数据交换语言。

JSON 主要由对象和数组两种结构组成，具体如下。

- 对象，使用键值对的无序集合表示，以"{"开始，同时以"}"结束，键值对之间以":"相隔，不同的键值对之间以","相隔。值得注意的是，这里的对象可以被称为记录、结构、字典、哈希表、有键列表或关联数组等。JSON 对象的语法格式如下所示。

```
{key:value,key:value,...,key:value}
```

- 数组，使用值的有序列表表示，以"["开始，同时以"]"结束。JOSN 数组的语法格式如下所示。

```
[value,value,...,value]
```

其中，键值对中"key"的类型固定是字符串，"value"的类型可以是基本数据类型，也可以为引用类型，如 JSON 对象或 JSON 数组。以上两种数据结构都是常见的数据结构，事实上大部分计算机语言都能够以某种形式支持它们。这使得 JSON 这种数据格式，能够轻松地在基于这些数据结构的编程语言之间进行交换。示例代码如下，JSON 语法定义了一个 sites 对象，该对象是包含 3 条网站信息（对象）的数组。

```
{"sites":[
    {"name":"Runoob", "url":"www.runoob.com"},
    {"name":"Google", "url":"www.google.com"},
    {"name":"Taobao", "url":"www.taobao.com"}
]}
```

JSON 之所以受欢迎，主要是因为它仍然使用 JavaScript 语法来描述数据对象，并没有改变开发人员的使用习惯，这使得开发人员更容易接受。由于这种相似性，JavaScript 程序无须解析器，便可以直接用 JSON 数据来生成原生的 JavaScript 对象。

JSON 主要有以下特性，正是这些特性使它成为理想的数据交换语言。

- JSON 是轻量级的文本数据交换格式。
- JSON 具有自我描述性，更易理解。
- JSON 采用完全独立于语言的文本格式。

JSON 使用 JavaScript 语法来描述数据对象，但是 JSON 仍然独立于语言和平台。JSON 解析器和 JSON 库支持许多不同的编程语言。目前常见的动态编程语言（PHP、JSP、.NET）都支持 JSON。

JSON 是存储和交换文本信息的一种语法，它与 XML 具有相同的特性，是一种数据存储格式，却比 XML 更小、更快、 更易于人编写和阅读、更易于生成和解析。

类似于 XML 的特性，具体如下。

- JSON 是纯文本的。
- JSON 具有"自我描述性"（人类可读）。
- JSON 具有层级结构（值中还包含值）。
- JSON 可以通过 JavaScript 进行解析。
- JSON 数据可以使用 AJAX 进行传输。

相比 XML 的不同之处，具体如下。

- JSON 中没有标签。
- JSON 字符串更短、读写的速度更快。
- JSON 能够使用内建的 JavaScript eval()方法进行解析。
- JSON 可以使用数组。
- JSON 不使用保留字。

例如，创建 JSONObject 对象，借助 JavaScript 代码输出，示例代码如下。

```html
<!DOCTYPE html>
<html lang="en">
<head>
    <meta charset="UTF-8">
    <title></title>
</head>
<body>
    <p>
    weibo: <span id="weibo"></span><br />
    github: <span id="github"></span>
    </p>
    <script type="text/JavaScript">
        var JSONObject={
            "weibo": "https://weibo.com/",
            "github": "https://github.com/"
        };
    //下面两行代码是将 json 对象中的数据，填充到 span 标签内，在 10.8 节详细介绍 DOM 操作
        document.getElementById("weibo").innerHTML=JSONObject.weibo;
document.getElementById("github").innerHTML=JSONObject.github;
    </script>
</body>
</html>
```

运行代码查看页面效果，如图 10-25 所示，成功输出 weibo 和 github 对应的值。

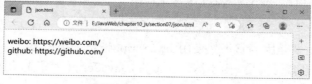

图 10-25　输出 JSON 对象

10.7.2　JSON 格式应用

在开发中涉及跨平台数据传输时，首选的数据类型一定是 JSON 格式。因为 JSON 格式中 value 部分还可以继续使用 JSON 对象或 JSON 数组，所以 JSON 格式是可以多层嵌套的，不论多么复杂的数据类型都可以表达。

例如，创建简单的 JSON 对象，示例代码如下。

```javascript
var json01={
  id:103,
  name:"王五",
  age:18,
  address:"北京"
}

  console.log(json01.id)
  console.log(json01.name)
  console.log(json01.age)
  console.log(json01.address)
```

运行代码后查看控制台，如图 10-26 所示。

创建复杂的 JSON 对象，对象中包含对象属性，示例代码如下。

```javascript
var json02={
  id:103,
  name:"王五",
  age:18,
  address:"北京",
  computer:{
      id:501,
      brand:"联想",
      price:5000,
  }
}
  console.log(json02.id)
  console.log(json02.name)
  console.log(json02.computer.id)
  console.log(json02.computer.brand)
  console.log(json02.computer.price)
```

运行代码后查看控制台，如图 10-27 所示。

图 10-26　创建简单的 JSON 对象

图 10-27　创建复杂的 JSON 对象

创建简单的 JSON 数组，示例代码如下。

```javascript
var json03=[10,20,"java"];
for (var i = 0; i < json03.length; i++) {
   console.log(json03[i])
}
```

运行代码后查看控制台，如图 10-28 所示。

图 10-28　创建简单的 JSON 数组

创建复杂数组（对象数组），示例代码如下。

```
var json04=[{
id:101,
name:"张三",
age:18,
address:"北京"
},{
id:102,
name:"李四",
age:18,
address:"北京"
},{
id:103,
name:"王五",
age:18,
address:"北京"
}]
for (var i = 0; i < json04.length; i++) {
    console.log(json04[i].id)
    console.log(json04[i].name)
}
```

运行代码后查看控制台，如图 10-29 所示。

创建复杂对象（数组对象），示例代码如下。

```
var json05={
id:101,
name:"张三",
computers:[{
id:501,
    brand:"联想",
    price:5000,
  },{
    id:502,
brand:"华为",
price:6000,
    }]
}
    console.log(json05.id)
    console.log(json05.name)
    for (var i = 0; i < json05.computers.length; i++) {
    console.log(json05.computers[i].id)
    console.log(json05.computers[i].brand)
    console.log(json05.computers[i].price)
    }
```

运行代码后查看控制台，如图 10-30 所示。

图 10-29　创建复杂数组（对象数组）

图 10-30　创建复杂对象（数组对象）

10.7.3　JSON 对象和 JSON 字符串互转

JSON 格式在语法上与创建 JavaScript 对象代码是相同的。由于它们很相似，所以 JavaScript 程序可以很容易地将 JSON 数据转换为 JavaScript 对象。

值得注意的是，JSON 对象是可以通过对象.属性的方式获取到属性值，但是 JSON 字符串是办不到的，因为 JSON 字符串的数据类型是 String。

（1）JSON 对象转 JSON 字符串。

```
var jsonObj = {"stuName":"tom","stuAge":20};//JSON 对象
var jsonStr = JSON.stringify(jsonObj);//将 JSON 对象转为 JSON 字符串

console.log(typeof jsonObj);          //object
console.log(typeof jsonStr);          //string
```

运行代码后查看控制台，如图 10-31 所示。

图 10-31　JSON 对象转 JSON 字符串

（2）JSON 字符串转 JSON 对象。

```
jsonObj = JSON.parse(jsonStr);     //将 JSON 字符串转为 JSON 对象
console.log(jsonObj);              //{stuName: "tom", stuAge: 20}
```

运行代码后查看控制台，如图 10-32 所示。

图 10-32　JSON 字符串转 JSON 对象

10.8　DOM 操作

DOM 是 Document Object Model 的缩写，翻译为文档对象模型，简单来说就是将 HTML 文档抽象成模型，再封装成对象，目的是方便程序操作。这是一种非常常用的编程思想，将现实世界的事物抽象成模型，这样就很容易使用对象来量化描述现实事物，从而把生活中的问题转化成一个程序问题，最终实现用应用软件来协助解决现实问题。而模型就是连通现实世界和代码世界的桥梁。

DOM 是 W3C（World Wide Web Consortium）制订的一套技术规范，用来描述 JavaScript 脚本如何与 HTML 进行交互的 Web 标准。W3C 文档对象模型（DOM）是中立于平台和语言的接口，它允许程序动态地访问、更新文档的内容、结构和样式。W3C DOM 标准被分为三个不同的部分：Core DOM 代表所有文档类型的标准模型；XML DOM 代表 XML 文档的标准模型；HTML DOM 代表 HTML 文档的标准模型，如图 10-33 所示。

DOM 的历史可以追溯至 1990 年后期微软与 Netscape 的"浏览器大战"，双方为了在 JavaScript 与 JScript 之间一决生死，于是大规模赋予浏览器的强大功能。

在加载 HTML 页面时，Web 浏览器生成一个树形结构，用来表示页面内部结构。DOM 将这种树形结构理解为由节点组成的 DOM 树。DOM 规定了一系列标准接口，允许开发人员通过标准方式访问文档结构、操作网页内容、控制样式和行为等。

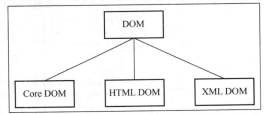

图 10-33　W3C 文档对象模型

10.8.1　DOM 树

　　浏览器把 HTML 文档从服务器下载后，就开始按照从上到下的顺序读取 HTML 标签。每个标签都会被封装成一个对象。

　　而第一个读取到的肯定是根标签 html，然后是它的子标签 head，再然后是 head 标签里的子标签等，以此类推直到遍历完所有的标签。因此从 html 标签开始，整个文档中的所有标签都会根据它们之间的父子关系被放到一个树形结构的对象中，如图 10-34 所示。

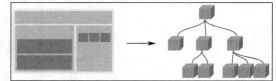

图 10-34　HTML 标签转换为树形结构

　　树形结构包括父子关系，如图 10-35 所示，以及先辈与后代的关系，如图 10-36 所示。

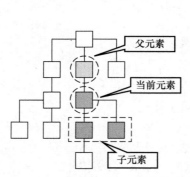

图 10-35　父子关系

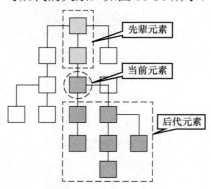

图 10-36　先辈与后代的关系

　　其中这个包含了所有标签对象的整个树形结构对象，就是 JavaScript 中的一个可以直接使用的内置对象——Document 对象。例如，下面的标签结构。

```html
<!DOCTYPE html>
<html lang="en">
<head>
<title>文档标题</title>
</head>
<body>
        <a href="index.html">我的链接</a>
<h1>我的标题</h1>
</body>
</html>
```

　　浏览器解析后得到的结果，如图 10-37 所示。

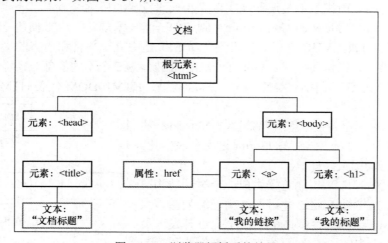

图 10-37　浏览器解析后的结果

整个文档中的一切都可以看作 Node 节点。各个组成部分的具体类型可以看作 Node 类型的子类。HTML 文档与 Node 节点之间的对应关系如表 10-3 所示。

表 10-3　HTML 文档与 Node 节点之间的对应关系

组 成 部 分	节 点 类 型	具 体 类 型
整个文档	文档节点	Document
HTML 标签	元素节点	Element
HTML 标签内的文本	文本节点	Text
HTML 标签内的属性	属性节点	Attribute

严格来说，JavaScript 并不支持真正意义上的继承，这里我们借用 Java 中的继承概念，从逻辑上来帮助我们理解各个类型之间的关系。

10.8.2　查询操作

由于实际开发时，基本上都是使用 JavaScript 的各种框架来操作，而框架中的操作方式和我们现在看到的原生操作完全不同，所以下面展示的 API 仅供参考，不做要求。

（1）在整个文档范围内查询元素节点，如表 10-4 所示。

表 10-4　在整个文档范围内查询元素节点

功　　能	具 体 方 法	返 回 值
根据 id 值查询	document.getElementById("id 值")	一个具体的元素节点
根据标签名查询	document.getElementsByTagName("标签名")	元素节点数组
根据 name 属性值查询	document.getElementsByName("name 值")	元素节点数组
根据类名查询	document.getElementsByClassName("类名")	元素节点数组

（2）在具体元素节点范围内查找子节点，如表 10-5 所示。

表 10-5　在具体元素节点范围内查找子节点

功　　能	具 体 方 法	返 回 值
查找子标签	element.children	子标签数组
查找第一个子标签	element.firstElementChild	标签对象
查找最后一个子标签	element.lastElementChild	节点对象

（3）查找指定元素节点的父节点，如表 10-6 所示。

表 10-6　查找指定元素节点的父节点

功　　能	具 体 方 法	返 回 值
查找指定元素节点的父标签	element.parentElement	标签对象

（4）查找指定元素节点的兄弟节点，如表 10-7 所示。

表 10-7　查找指定元素节点的兄弟节点

功　　能	具 体 方 法	返 回 值
查找前一个兄弟标签	node.previousElementSibling	标签对象
查找后一个兄弟标签	node.nextElementSibling	标签对象

使用 DOM 操作查找元素，示例代码如下。

```
<!DOCTYPE html>
<html lang="en">
```

```html
<head>
    <meta charset="UTF-8">
    <title>DOM 之查询</title>
</head>
<body>
    <div id="div01">
        <input type="text" id="username" name="aaa"/>
        <input type="text" id="password" name="aaa"/>
        <input type="text" id="email"/>
        <input type="text" id="address"/>
    </div>
    <input type="text"/><br>
    <input type="button" value="整个文档搜索按钮" id="btn01"/>
    <input type="button" value="具体元素子级搜索按钮" id="btn02"/>
    <input type="button" value="子级找父级搜索按钮" id="btn03"/>
    <input type="button" value="兄弟搜索按钮" id="btn04"/>
    <script>
        document.getElementById("btn01").onclick=function () {
            //根据 id 属性值获得元素对象
            var elementById = document.getElementById("username");
            console.log(elementById);
            //根据标签名称获得元素对象数组
            var inputs = document.getElementsByTagName("input");
            console.log(inputs.length);
            for (var i = 0; i < inputs.length; i++) {
                console.log(inputs[i]);
            }
            //根据 name 属性值获得元素对象数组
            var elementsByName = document.getElementsByName("aaa");
            console.log(elementsByName.length);
            for (var i = 0; i < elementsByName.length; i++) {
                console.log(elementsByName[i]);
            }
        }
        document.getElementById("btn02").onclick=function () {
            //从 div 内搜索
            var div01 = document.getElementById("div01");
            //div01 中的所有子节点元素数组
            var children = div01.children;
            console.log(children.length);
            for (var i = 0; i < children.length; i++) {
                console.log(children[i]);
            }
            //第一个子节点元素
            var firstElementChild = div01.firstElementChild;
            console.log(firstElementChild);
            //最后一个子节点元素
            var lastElementChild = div01.lastElementChild;
            console.log(lastElementChild);
        }
        document.getElementById("btn03").onclick=function () {
            var elementById = document.getElementById("password");
            //父级节点元素
            var parentElement = elementById.parentElement;
            console.log(parentElement)
```

```
        }
        document.getElementById("btn04").onclick=function () {
            var elementById = document.getElementById("password");
            //前一个兄弟
            var previousElementSibling = elementById.previousElementSibling;
            console.log(previousElementSibling)
            //后一个兄弟
            var nextElementSibling = elementById.nextElementSibling;
            console.log(nextElementSibling)
        }
    </script>
</body>
</html>
```

运行代码查看页面效果，如图 10-38 所示。

图 10-38　DOM 查询

10.8.3　元素属性与标签体操作

关于元素属性操作和标签文本值的操作具体如下。

（1）关于属性的操作，如表 10-8 所示。

表 10-8　属性操作

需　　求	操 作 方 式
读取属性值	元素对象.属性名
修改属性值	元素对象.属性名=新的属性值

（2）关于标签体的操作，如表 10-9 所示。

表 10-9　标签体操作

需　　求	操 作 方 式
获取标签体的文本内容	element.innerText
获取标签体的内容	element.innerHTML
设置标签体的文本内容	element.innerText=新的文本值
设置标签体的内容	element.innerHTML=新值

使用 DOM 操作属性和标签体，示例代码如下。

```
<!DOCTYPE html>
<html lang="en">
    <head>
        <meta charset="UTF-8">
        <title>操作标签的属性和文本</title>
    </head>
    <body>
        <input type="text" id="username" name="username" />
        <div id="d1">
            <h1>你好世界</h1>
```

```
        </div>
        <script>
            //目标：获取 id 为 username 的输入框的 value
            //1. 找到要操作的标签
            var ipt = document.getElementById("username");

            //2. 设置标签的 value 属性值
            ipt.value = "张三"

            //3. 获取标签的 value 属性的值
            var value = ipt.value;
            console.log(value)

            //获取 id 为 d1 的 div 中的文本内容
            //获取标签的文本：element.innerText,获取文本的时候会将左右两端的空格去掉
            var innerText = document.getElementById("d1").innerText;
            console.log(innerText)

            //获取标签体的内容：element.innerHTML,获取标签体的内容
            var innerHTML = document.getElementById("d1").innerHTML;
            console.log(innerHTML)

            //设置标签体的内容:建议使用 innerHTML,如果是使用 innerText 的话它会将标签当作普通文本处理
            document.getElementById("d1").innerHTML
= "<h1>hello world</h1>"
        </script>
    </body>
</html>
```

运行代码查看页面效果，如图 10-39 所示。

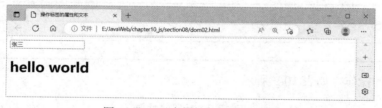

图 10-39　元素属性与标签体操作

10.8.4　增删改操作

使用 DOM 还可以对文档内容进行增删改操作，下面介绍一些常用的操作，如表 10-10 所示。

表 10-10　DOM 增删改操作

功　　能	具 体 方 法
创建元素节点并返回，但不会自动添加到文档中	document.createElement("标签名")
将 ele 添加到 element 所有子节点的后面	element.appendChild(ele)
将 newEle 插入到 targetEle 前面	parentEle.insertBefore(newEle,targetEle)
用新节点替换原有的旧子节点	parentEle.replaceChild(newEle, oldEle)
删除某个标签	element.remove()

例如，创建一个城市列表，示例代码如下。

```
<!DOCTYPE html>
<html lang="en">
```

```
    <head>
        <meta charset="UTF-8">
        <title>创建和删除标签</title>
    </head>
    <body>
        <ul id="city">
            <li id="bj">北京</li>
            <li id="sh">上海</li>
            <li id="sz">深圳</li>
            <li id="gz">广州</li>
        </ul>
    </body>
</html>
```

运行代码查看页面效果，如图 10-40 所示。

在城市列表的最后添加一个子标签"长沙"，示例代码如下。

```
<!DOCTYPE html>
<html lang="en">
    <head>
        <meta charset="UTF-8">
        <title>创建和删除标签</title>
    </head>
    <body>
        <ul id="city">
            <li id="bj">北京</li>
            <li id="sh">上海</li>
            <li id="sz">深圳</li>
            <li id="gz">广州</li>
        </ul>
<script>
        //目标1：在城市列表的最后添加一个子标签 <li id="cs">长沙</li>
        //1. 创建一个 li 标签  <li></li>
        var liElement = document.createElement("li");
        //2. 给创建的 li 标签设置 id 属性和文本 <li id="cs">长沙</li>
        liElement.id = "cs";
        liElement.innerText = "长沙";
        //3. 将创建的 li 标签添加到城市列表中（ul）
        var cityUl = document.getElementById("city");
        //父.appendChild(子)将子标签添加到父标签的最后面
        cityUl.appendChild(liElement);
</script>
    </body>
</html>
```

运行代码查看页面效果，如图 10-41 所示。

图 10-40　城市列表

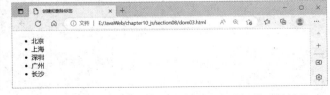

图 10-41　在城市列表的最后添加一个子标签"长沙"

还可以在城市列表中的"深圳"之前添加一个子标签"长沙"，示例代码如下。

```
<!DOCTYPE html>
<html lang="en">
    <head>
        <meta charset="UTF-8">
        <title>创建和删除标签</title>
    </head>
    <body>
        <ul id="city">
            <li id="bj">北京</li>
            <li id="sh">上海</li>
            <li id="sz">深圳</li>
            <li id="gz">广州</li>
        </ul>
        <script>
            //目标2:在城市列表的深圳之前添加一个子标签<li id="cs">长沙</li>
            //1. 创建一个li标签  <li></li>
            var liElement = document.createElement("li");
            //2. 给创建的li标签设置id属性和文本 <li id="cs">长沙</li>
            liElement.id = "cs"
            liElement.innerText = "长沙"
            //3. 将创建的li标签添加到城市列表中（ul）
            var cityUl = document.getElementById("city");

            //4. 获取到深圳这个标签
            var szElement = document.getElementById("sz");
            //父.insertBefore(新标签,参照标签)
            cityUl.insertBefore(liElement,szElement)
        </script>
    </body>
</html>
```

运行代码查看页面效果，如图 10-42 所示。

在城市列表中添加一个子标签"长沙"替换深圳，示例代码如下。

```
<!DOCTYPE html>
<html lang="en">
    <head>
        <meta charset="UTF-8">
        <title>创建和删除标签</title>
    </head>
    <body>
        <ul id="city">
            <li id="bj">北京</li>
            <li id="sh">上海</li>
            <li id="sz">深圳</li>
            <li id="gz">广州</li>
        </ul>
        <script>
            //目标3:在城市列表中添加一个子标签<li id="cs">长沙</li>替换深圳

            //1. 创建一个li标签  <li></li>
            var liElement = document.createElement("li");
            //2. 给创建的li标签设置id属性和文本 <li id="cs">长沙</li>
            liElement.id = "cs";
            liElement.innerText = "长沙";
```

```
        //3. 将创建的 li 标签添加到城市列表中（ul）
        var cityUl = document.getElementById("city");

        //4. 获取到深圳这个标签
        var szElement = document.getElementById("sz");
        //父.replaceChild(新标签,被替换的标签)
        cityUl.replaceChild(liElement,szElement);
    </script>
    </body>
</html>
```

运行代码查看页面效果，如图 10-43 所示。

图 10-42　在城市列表的深圳之前添加一个子标签"长沙"　　图 10-43　在城市列表中添加一个子标签"长沙"替换深圳

在城市列表中删除子标签"深圳"，示例代码如下。

```
<!DOCTYPE html>
<html lang="en">
    <head>
        <meta charset="UTF-8">
        <title>创建和删除标签</title>
    </head>
    <body>
        <ul id="city">
            <li id="bj">北京</li>
            <li id="sh">上海</li>
            <li id="sz">深圳</li>
            <li id="gz">广州</li>
        </ul>
        <script>
            //目标4：在城市列表中删除深圳
            //获取到深圳这个标签
            var szElement = document.getElementById("sz");
            szElement.remove();
        </script>
    </body>
</html>
```

运行代码查看页面效果，如图 10-44 所示。

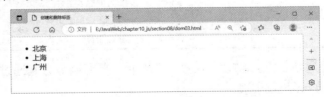

图 10-44　在城市列表中删除子标签"深圳"

最后，清除城市列表中的所有城市，保留城市列表标签<ul>，示例代码如下。

```
<!DOCTYPE html>
<html lang="en">
    <head>
        <meta charset="UTF-8">
```

```
        <title>创建和删除标签</title>
    </head>
    <body>
        <ul id="city">
            <li id="bj">北京</li>
            <li id="sh">上海</li>
            <li id="sz">深圳</li>
            <li id="gz">广州</li>
        </ul>
        <script>
            //目标 5：清除城市列表中的所有城市,保留城市列表标签 ul
            var cityUl = document.getElementById("city");
            cityUl.innerHTML = "";
        </script>
    </body>
</html>
```

运行代码后，发现页面没有任何城市列表信息。

10.9　事件驱动

10.9.1　事件简介

HTML 事件是发生在 HTML 元素上的“事情”，是浏览器或用户做的某些事情。事件通常与函数配合使用，这样就可以通过发生的事件来驱动函数执行。常见事件如表 10-11 所示。

表 10-11　常见事件

事　件	说　　明	事件发生的时间
onclick	鼠标单击事件	当用户单击某个对象时触发事件
ondblclick	鼠标双击事件	当用户双击某个对象时触发事件
onchange	改变事件	域的内容发生改变时触发事件
onblur	失去焦点事件	元素失去焦点时触发事件
onfocus	获得焦点事件	元素获得焦点时触发事件
onload	加载完成事件	文档加载完成后触发事件，并且能够为该事件注册事件处理函数
onsubmit	表单提交事件	单击“确认”按钮或者表单被提交时触发事件
onkeydown		某个键盘按键被按下时触发事件
onkeyup		某个键盘按键被松开时触发事件
onmousedown		鼠标按钮被按下时触发事件
onmouseup		鼠标按钮被松开时触发事件
onmouseout		鼠标从某元素移开时触发事件
onmouseover		鼠标移到某元素之上时触发事件
onmousemove		鼠标被移动时触发事件

事件绑定的方式分为普通函数方式和匿名函数方式两种，普通函数方式通过设置标签属性值的方式实现，匿名函数方式借助 function 函数实现。

- 普通函数方式

```
<标签 事件属性="js 代码，调用函数"></标签>
```

- 匿名函数方式

```
<script>
    标签对象.事件属性 = function(){
```

```
            //执行一段代码
        }
</script>
```

下面介绍几种常见事件的应用。

10.9.2 单击事件

创建两个 button 按钮,分别使用普通函数方式和匿名函数方式给按钮绑定单击事件,实现每单击一次按钮就会弹出警告框。

```html
<!DOCTYPE html>
<html lang="en">
<head>
    <meta charset="UTF-8">
    <title>单击事件</title>
</head>
<body>
    <input type="button" value="按钮1" onclick="fn1()">
    <input type="button" value="按钮2" id="btn">
    <script>
        //当单击的时候要调用的函数
        function fn1() {
            console.log("通过普通函数方式绑定的单击事件");
        }
        //给另外一个按钮,绑定单击事件
        //1.先根据id获取标签
        var btn = document.getElementById("btn");
        //2.设置btn的onclick属性(绑定事件)
        //绑定匿名函数
        btn.onclick = function (){
            console.log("通过匿名函数方式绑定的单击事件");
        }
    </script>
</body>
</html>
```

运行代码查看页面效果,如图 10-45 所示。

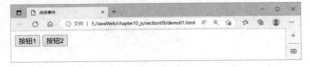

图 10-45 单击事件的页面效果

单击"按钮 1",查看控制台,如图 10-46 所示。
单击"按钮 2",查看控制台,如图 10-47 所示。

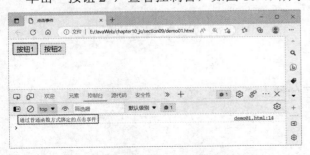

图 10-46 单击"按钮 1"的页面效果

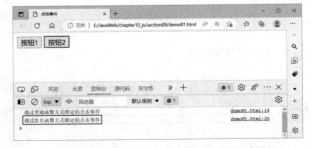

图 10-47 单击"按钮 2"的页面效果

10.9.3　焦点事件

焦点事件包括获得焦点事件和失去焦点事件。下面分别演示这两者，创建输入框，给输入框设置获得和失去焦点事件。

```html
<!DOCTYPE html>
<html lang="en">
<head>
    <meta charset="UTF-8">
    <title>焦点事件</title>
</head>
<body>
输入框: <input type="text" id="ipt" onfocus="fun01()" onblur="fun02()">

<script>
    function fun01(){
        console.log("获取焦点了...")
    }
    function fun02(){
        console.log("失去焦点了...")
    }

</script>
</body>
</html>
```

运行代码查看页面效果，如图 10-48 所示。

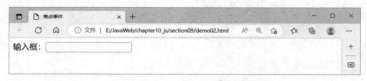

图 10-48　焦点事件的页面效果

当光标在输入框里面时触发获得焦点事件，如图 10-49 所示，输入"123"，查看控制台。

当光标从输入框移开时触发失去焦点事件，如图 10-50 所示，查看控制台。

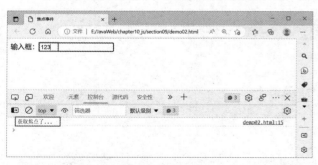

图 10-49　获得焦点事件的页面效果

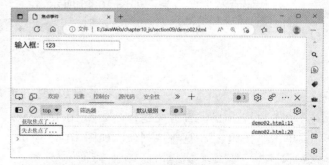

图 10-50　失去焦点事件的页面效果

10.9.4　内容改变事件

创建下拉框并为其设置 onchange 事件。当下拉框里的城市信息发生改变时便会触发该事件。

```html
<!DOCTYPE html>
<html lang="en">
<head>
    <meta charset="UTF-8">
```

```
    <title>onchange 事件</title>
</head>
<body>
    <!--内容改变(onchange)-->
    <select onchange="changeCity(this)">
        <option value="bj">北京</option>
        <option value="sh">上海</option>
        <option value="sz">深圳</option>
    </select>
    <!--当下拉框里的城市发生改变时触发该事件-->
    <script>
        function changeCity(obj){
            console.log("城市改变了，当前为"+obj.value);
        }
    </script>
</body>

</html>
```

运行代码查看页面效果，如图 10-51 所示。

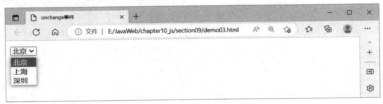

图 10-51　onchange 事件的页面效果

当城市从"北京"改为"上海"时查看控制台，如图 10-52 所示。

图 10-52　改变下拉框的城市信息后的页面效果

其他事件和上述介绍事件操作方式一致。

10.10　正则表达式

正则表达式是对字符串操作的一种逻辑公式，就是用事先定义好的一些特定字符及这些特定字符的组合，组成一个"规则字符串"，这个"规则字符串"用来表达对字符串的一种过滤逻辑。通俗来讲就是正则表达式是用来校验字符串是否满足一定规则的公式。

正则表达式的作用主要包括模式验证、匹配读取、匹配替换，具体如下。

- 模式验证：检测某个字符串是否符合规则，如检测手机号、身份证号等是否符合规范。
- 匹配读取：读取字符串中符合规则的内容。
- 匹配替换：替换字符串中符合规则的内容。

10.10.1　基本语法

定义正则表达式，包括对象形式和直接量形式两种。

（1）对象形式。

```
//类似创建数组可以 new Array()、创建对象可以使用 new Object()
var reg = new RegExp("a");
```

（2）直接量形式。

```
//类似创建数组时可以使用[]、创建对象可以使用{}
var reg = /a/;
```

另外，正则表达式本身也是一个字符串，它由两种字符组成：普通字符和元字符。普通字符如大、小写英文字母，数字等。元字符指被系统赋予特殊含义的字符。例如，^表示以某个字符串开始，$表示以某个字符串结束。

正则表达式的字符集合包括以下三种不同的语法格式，如表 10-12 所示。

表 10-12　字符集合的语法格式

语法格式	示　　例	说　　明
[字符列表]	正则表达式[abc]：表示目标字符串包含 abc 中的任何一个字符则匹配成功。如目标字符串为 plain，判断是否匹配，结果匹配成功，因为 plain 中的 "a" 在列表 "abc" 中	目标字符串中任何一个字符出现在字符列表中就算匹配
[^字符列表]	正则表达式[^abc]：表示目标字符串包含 abc 以外的任何一个字符则匹配成功。如目标字符串为 plain，判断是否匹配，结果匹配成功，因为 plain 中包含 "p" "l" "i" "n"	匹配字符列表中未包含的任意字符
[字符范围]	正则表达式[a-z]，匹配所有小写英文字符组成的字符列表 正则表达式[A-Z]，匹配所有大写英文字符组成的字符列表	匹配指定范围内的任意字符

在正则表达式中被赋予特殊含义的字符，不能被直接当作普通字符使用。常见的元字符如表 10-13 所示。

表 10-13　常见的元字符

	说　　明
.	匹配除换行字符以外的任意字符
\w	匹配字母或数字或下画线等价于[a-zA-Z0-9_]
\W	匹配任何非单词字符。等价于[^A-Za-z0-9_
\s	匹配任意的空白符，包括空格、制表符、换页符等。等价于[\f\n\r\t\v]
\S	匹配任何非空白字符。等价于[^\f\n\r\t\v]
\d	匹配数字。等价于[0-9]
\D	匹配一个非数字字符。等价于[^0-9
\b	匹配单词的开始或结束
^	匹配字符串的开始，但在[]中使用表示取反
$	匹配字符串的结束

如果要匹配元字符本身，需要对元字符进行转义，转义的方式是在元字符前面加上 "\"，例如 "\^"。还有一些常见的元字符，表示出现的次数，如表 10-14 所示。

表 10-14　表示出现次数的元字符

	说　　明
*	出现零次或多次
+	出现一次或多次
?	出现零次或一次
{n}	出现 n 次
{n,}	出现 n 次或多次
{n,m}	出现 n 到 m 次

正则表达式可以用于校验用户名、密码等是否符合要求，常用的正则表达式如表 10-15 所示。

表 10-15　常用的正则表达式

	正则表达式
校验用户名	/^[a-zA-Z_][a-zA-Z_\-0-9]{5,9}$/
校验密码	/^[a-zA-Z0-9_\-\@\#\&*]{6,12}$/
校验前后空格	/^\s+|\s+$/g
校验电子邮箱	/^[a-zA-Z0-9_\.-]+@([a-zA-Z0-9-]+[\.]{1})+[a-zA-Z]+$/

10.10.2　正则表达式的应用

下面通过具体场景应用正则表达式，包括模式验证、匹配读取、全文查找等方面。

（1）模式验证。

```
//创建一个最简单的正则表达式对象
var reg = /o/;
//创建一个字符串对象作为目标字符串
var str = 'Hello World!';
//调用正则表达式对象的test()方法验证目标字符串是否满足指定的这个模式
//返回结果true
console.log("/o/.test('Hello World!')="+reg.test(str));
```

注意，这里使用正则表达式对象来调用方法。

（2）匹配读取。

```
//在目标字符串中查找匹配的字符，返回匹配结果组成的数组
var resultArr = str.match(reg);
console.log("resultArr.length="+resultArr.length);//数组长度为1

console.log("resultArr[0]="+resultArr[0]);//数组内容是o
```

注意，这里使用字符串对象来调用方法。

（3）替换。

```
var newStr = str.replace(reg,'@');
//只有第一个o被替换了，说明我们这个正则表达式只能匹配第一个满足的字符串
console.log("str.replace(reg)="+newStr);//Hell@ World!

//原字符串并没有变化，只是返回了一个新字符串
console.log("str="+str);//str=Hello World!
```

注意，这里使用字符串对象来调用方法。

（4）全文查找。

正则表达式中“/g”表示全文查找。例如，判断目标字符串“Hello World!”中大写字母的个数。

正则表达式中没有使用全局匹配的情况如下。

```
//目标字符串
var targetStr = 'Hello World!';

//没有使用全局匹配的正则表达式
var reg = /[A-Z]/;
//获取全部匹配
var resultArr = targetStr.match(reg);
console.log("resultArr.length="+resultArr.length);//数组长度为1

//遍历数组，发现只能得到'H'
for(var i = 0; i < resultArr.length; i++){
    console.log("resultArr["+i+"]="+resultArr[i]);
}
```

借助/g 使用了全局匹配后，示例代码如下。

```
//目标字符串
var targetStr = 'Hello World!';

//使用了全局匹配的正则表达式
var reg = /[A-Z]/g;
//获取全部匹配
var resultArr = targetStr.match(reg);
console.log("resultArr.length="+resultArr.length);//数组长度为 2

//遍历数组，发现可以获取"H"和"W"
for(var i = 0; i < resultArr.length; i++){
    console.log("resultArr["+i+"]="+resultArr[i]);
}
```

对比以上两种情况，如果不使用 g 对正则表达式对象进行修饰，则使用正则表达式进行查找时，仅返回第一个匹配；使用 g 后，返回所有匹配。

（5）忽略大小写。

正则表达式中"/i"表示忽略大小写。例如，判断目标字符串"Hello WORLD!"中包含小写字母 o 的个数，不忽略大小写的示例代码如下。

```
//目标字符串
var targetStr = 'Hello WORLD!';

//没有使用忽略大小写的正则表达式
var reg = /o/g;
//获取全部匹配
var resultArr = targetStr.match(reg);
console.log("resultArr.length="+resultArr.length);//数组长度为 1

//遍历数组，仅得到'o'
for(var i = 0; i < resultArr.length; i++){
    console.log("resultArr["+i+"]="+resultArr[i]);
}
```

借助 i 忽略大小写后，查找到 o 和 O 两个结果。

```
//目标字符串
var targetStr = 'Hello WORLD!';
//使用了忽略大小写的正则表达式
var reg = /o/gi;
//获取全部匹配
var resultArr = targetStr.match(reg);
console.log("resultArr.length="+resultArr.length);//数组长度为 2

//遍历数组，得到'o'和'O'
for(var i = 0; i < resultArr.length; i++){
    console.log("resultArr["+i+"]="+resultArr[i]);
}
```

（6）元字符的使用。

例如，判断以下两个字符串"I love Java"和"Java love me"是否以 Java 开头。

```
var str01 = 'I love Java';
var str02 = 'Java love me';
//匹配以 Java 开头
var reg = /^Java/g;
```

```
console.log('reg.test(str01)='+reg.test(str01));   // flase
console.log("<br />");
console.log('reg.test(str02)='+reg.test(str02));   // true
```

再例如，判断以下两个字符串 "I love Java" 和 "Java love me" 是否以 Java 结尾。

```
var str01 = 'I love Java';
var str02 = 'Java love me';
//匹配以 Java 结尾
var reg = /Java$/g;

console.log('reg.test(str01)='+reg.test(str01));   // true
console.log("<br />");
console.log('reg.test(str02)='+reg.test(str02));   // flase
```

（7）字符集合的使用。

例如，判断字符串 "123456789" 是否匹配 n 位数字的正则表达式。

```
//n 位数字的正则
var targetStr="123456789";
var reg=/^[0-9]{0,}$/;
//或者 var reg=/^\d*$/;

var b = reg.test(targetStr);                            //  true
```

例如，判断字符串 "HelloWorld" 是否匹配含有数字或字母或下画线的 6～16 位的正则表达式。

```
//数字+字母+下画线，6-16 位
var targetStr="HelloWorld";
var reg=/^[a-z0-9A-Z_]{6,16}$/;

var b = reg.test(targetStr);                            //  true
```

10.11　案例：水果库存静态页面功能优化

下面借助 JavaScript 的相关知识对水果库存静态页面进行优化，功能优化主要包括鼠标悬浮和离开时的操作、单价的更新，以及删除指定行。

10.11.1　鼠标悬浮效果实现

对于水果库存静态页面，实现当鼠标悬浮在某一行时，该行字体和背景颜色加深表示特指，与其他行区分开；而当鼠标离开后，该行恢复到原状。

对静态页面中不同水果的所在行，<tr>标签上绑定 onmouseover 事件和 onmouseout 事件。onmouseover 事件，表示鼠标悬浮时触发的事件；onmouseout 事件，表示鼠标离开时触发的事件。并且为了代码的简洁易懂，我们把 JavaScript 代码单独放到一个文件，命名为 demo01.js，具体实现如下，其中 showBGColor() 函数表示鼠标悬浮时的具体操作，clearBGColor() 函数表示鼠标离开时的具体操作。

```
//当鼠标悬浮时，显示背景颜色
function showBGColor(){

    //event : 当前发生的事件
    //event.srcElement : 事件源
    //alert(event.srcElement)
    //alert(event.srcElement.tagName) --> TD
    if (event && event.srcElement && event.srcElement.tagName=="TD")
    {
        var td = event.srcElement;
        //td.parentElement  表示获取 td 的父元素  -->TR
        var tr = td.parentElement;
```

```
            //如果想要通过js代码设置某节点的样式，则需要加上.style
            tr.style.backgroundColor = "navy";

            //tr.cells表示获取这个tr中的所有的单元格
            var tds = tr.cells;
            for(var i = 0; i < tds.length; i++){
                tds[i].style.color = "white";
            }
        }
    }

//当鼠标离开时，恢复原始样式
function clearBGColor(){

    if(event && event.srcElement && event.srcElement.tagName == "TD"){

        var td = event.srcElement;
        var tr = td.parentElement;
        tr.style.backgroundColor = "transparent";//透明色

        var tds = tr.cells;
        for(var i = 0; i < tds.length; i++){
            tds[i].style.color = "darkslategrey";
        }
    }
}
```

然后在 demo01.html 文件中引入 demo01.js 文件，借助<script>标签实现，并在相应的<tr>标签上分别绑定 onmouseover 事件和 onmouseout 事件，具体代码如下。

```
<html>
<head>
    <title>水果库存静态页面功能优化</title>
    <meta charset="utf-8"/>
    <link rel="stylesheet" href="css/demo01.css">
    <script type="text/javascript" src="js/demo01.js"></script>
</head>
<body>
    <div id="div_container">
        <div id="div_fruit_list">
            <table id="tbl_fruit">
                <tr>
                    <td>名称</td>
                    <td>单价</td>
                    <td>数量</td>
                    <td>小计</td>
                    <td>操作</td>
                </tr>
                <tr onmouseover="showBGColor()" onmouseout="clearBGColor()">
                    <td>苹果</td>
                    <td>5</td>
                    <td>20</td>
                    <td>100</td>
                    <td><img src="imgs/del.jpg" class="delImg"></td>
                </tr>
                <tr onmouseover="showBGColor()" onmouseout="clearBGColor()">
                    <td>香蕉</td>
```

```
                <td>7</td>
                <td>10</td>
                <td>70</td>
                <td><img src="imgs/del.jpg" class="delImg"> </td>
            </tr>
            <tr onmouseover="showBGColor()" onmouseout="clearBGColor()">
                <td>梨儿</td>
                <td>3</td>
                <td>20</td>
                <td>60</td>
                <td><img src="imgs/del.jpg" class="delImg"> </td>
            </tr>
            <tr onmouseover="showBGColor()" onmouseout="clearBGColor()">
                <td>西瓜</td>
                <td>10</td>
                <td>20</td>
                <td>200</td>
                <td><img src="imgs/del.jpg" class="delImg"> </td>
            </tr>
            <tr>
                <td>总计</td>
                <td colspan="4">430</td>
            </tr>
        </table>
    </div>
  </div>
</body>
</html>
```

访问该页面，单击“香蕉”所在的行，其背景颜色和字体颜色发生了变化，如图 10-53 所示。

图 10-53　鼠标悬浮时的页面效果

鼠标移开后，“香蕉”所在行的页面效果恢复原状，如图 10-54 所示。

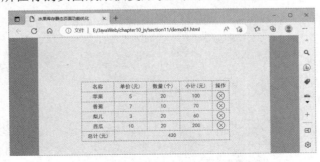

图 10-54　鼠标离开后的页面效果

另外，我们还可以更换光标的形状，例如，当鼠标悬浮在“单价”所在列时，光标变成小手的形状。同理，需要对单价列所对应的单元格，即<td>标签，绑定 onmouseover 事件。

demo01.js 文件中添加 showHand()函数，示例代码如下。

```javascript
//当鼠标悬浮在单价单元格时，显示手势
function showHand(){
    if(event && event.srcElement && event.srcElement.tagName == "TD"){
        var td = event.srcElement;
        //cursor: 光标
        //如果 hand 无效，也可以设置为"pointer"
        td.style.cursor = "hand";
    }
}
```

在 demo01.html 文件中单价所对应的<td>标签上绑定 onmouseover 事件，示例代码如下。

```html
<html>
<head>
    <title>水果库存静态页面功能优化</title>
    <meta charset="utf-8"/>
    <link rel="stylesheet" href="css/demo01.css">
    <script type="text/javascript" src="js/demo01.js"></script>
</head>
<body>
    <div id="div_container">
        <div id="div_fruit_list">
            <table id="tbl_fruit">
                <tr>
                    <td>名称</td>
                    <td>单价</td>
                    <td>数量</td>
                    <td>小计</td>
                    <td>操作</td>
                </tr>
                <tr onmouseover="showBGColor()" onmouseout="clearBGColor()">
                    <td>苹果</td>
                    <td onmouseover="showHand()">5</td>
                    <td>20</td>
                    <td>100</td>
                    <td><img src="imgs/del.jpg" class="delImg"></td>
                </tr>
                <tr onmouseover="showBGColor()" onmouseout="clearBGColor()">
                    <td>香蕉</td>
                    <td onmouseover="showHand()">7</td>
                    <td>10</td>
                    <td>70</td>
                    <td><img src="imgs/del.jpg" class="delImg"></td>
                </tr>
                <tr onmouseover="showBGColor()" onmouseout="clearBGColor()">
                    <td>梨儿</td>
                    <td onmouseover="showHand()">3</td>
                    <td>20</td>
                    <td>60</td>
                    <td><img src="imgs/del.jpg" class="delImg"></td>
                </tr>
                <tr onmouseover="showBGColor()" onmouseout="clearBGColor()">
                    <td>西瓜</td>
                    <td onmouseover="showHand()">10</td>
                    <td>20</td>
```

```
            <td>200</td>
            <td><img src="imgs/del.jpg" class="delImg"></td>
        </tr>
        <tr>
            <td>总计</td>
            <td colspan="4">330</td>
        </tr>
    </table>
    </div>
    </div>
</body>
</html>
```

10.11.2　更新单价操作

本节内容对水果的单价进行优化，实现当鼠标单击单价列时显示文本框，能够输入新的数额，更新单价信息。

在 4.5.1 节中为实现鼠标悬浮和离开时的动态效果，在 demo01.html 文件嵌套了许多 JavaScript 代码，进行事件绑定。为了使代码更加简洁明了，我们还可以进一步对其优化，拆分 JavaScript 代码和 HTML 代码，保证 HTML 文件只包含 HTML 代码，JavaScript 文件中只包含 JavaScript 代码。

首先复制一份 demo01.js 文件命名为 demo02.js 文件；复制一份 demo01.html 文件命名为 demo02.html 文件，删除该文件中绑定的所有 JavaScript 代码，恢复到原始的水果库存静态页面，并引入 demo02.js 文件。

demo02.html 文件示例代码如下。

```
<html>
<head>
    <title>水果库存静态页面功能优化</title>
    <meta charset="utf-8"/>
    <link rel="stylesheet" href="css/demo01.css">
    <script type="text/javascript" src="js/demo02.js"></script>
</head>
<body>
    <div id="div_container">
        <div id="div_fruit_list">
            <table id="tbl_fruit">
                <tr>
                    <td>名称</td>
                    <td>单价</td>
                    <td>数量</td>
                    <td>小计</td>
                    <td>操作</td>
                </tr>
                <tr>
                    <td>苹果</td>
                    <td>5</td>
                    <td>20</td>
                    <td>100</td>
                    <td><img src="imgs/del.jpg" class="delImg"></td>
                </tr>
                <tr>
                    <td>香蕉</td>
                    <td>7</td>
                    <td>10</td>
                    <td>70</td>
```

```
            <td><img src="imgs/del.jpg" class="delImg"></td>
        </tr>
        <tr>
            <td>梨儿</td>
            <td>3</td>
            <td>20</td>
            <td>60</td>
            <td><img src="imgs/del.jpg" class="delImg"></td>
        </tr>
        <tr>
            <td>西瓜</td>
            <td>10</td>
            <td>20</td>
            <td>200</td>
            <td><img src="imgs/del.jpg" class="delImg"></td>
        </tr>
        <tr>
            <td>总计</td>
            <td colspan="4">430</td>
        </tr>
    </table>
    </div>
    </div>
</body>
</html>
```

demo02.js 文件中添加如下代码，借助 JavaScript 中提供的 window 对象和 document 对象实现对 demo02.html 中的标签绑定相对应的事件。

```
window.onload = function () {
    //当页面加载完成，需要绑定事件
    //根据 id 获取表格（table 对象）
    var fruitTbl = document.getElementById("tbl_fruit");
    //获取表格中的所有行
    var rows = fruitTbl.rows;
    for(var i = 1; i < rows.length-1; i++){
        var tr = rows[i];
        //1.绑定鼠标悬浮以及离开时设置背景颜色事件
        tr.onmouseover = showBGColor;
        tr.onmouseout = clearBGColor;
        //获取 tr 这一行的所有单元格
        var cells = tr.cells;
        var priceTD = cells[1];
        //2.绑定鼠标悬浮在单价单元格变手势的事件
        priceTD.onmouseover = showHand;
    }

}
```

分析上述代码，解释如下。

- window.onload=function(){具体事件内容}，表示当整个页面的其他代码加载完毕之后再来加载这里面的内容。
- window 对象代表浏览器中一个打开的窗口。
- document 对象代表给定浏览器窗口中的 HTML 文档。
- getElementById 方法获取对 ID 标签属性为指定值的第一个对象的引用。
- rows 集合获取来自 table 对象的 tr（表格行）对象的集合。

访问 demo02.html 文件，鼠标悬浮在"苹果"所在行同样可以触发相应事件，如图 10-55 所示。

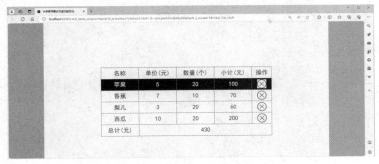

图 10-55　优化后的水果库存静态页面

　　然后，为单价输入框绑定失去焦点事件，失去焦点时更新单价，同时更新小计和总计。在 demo02.js 文件中添加如下代码。

```javascript
//当鼠标单击单价单元格时进行价格编辑
function editPrice(){
    if(event && event.srcElement && event.srcElement.tagName=="TD"){
        var priceTD = event.srcElement;
        //判断当前 priceTD 是否有子节点，而且第一个子节点是文本节点，
        //TextNode 对应 3，ElementNode 对应 1
        if(priceTD.firstChild && priceTD.firstChild.nodeType==3){
            //innerText 表示设置或者获取当前节点的内部文本
            var oldPrice = priceTD.innerText;
            //innerHTML 表示设置当前节点的内部 HTML
            priceTD.innerHTML = "<input type='text' size='4'/>";
            //呈现的效果即<td><input type='text' size='4'/></td>
            var input = priceTD.firstChild;
            if(input.tagName=="INPUT"){
                input.value = oldPrice;
                //选中输入框内部的文本
                input.select();
                //4.绑定输入框失去焦点事件，失去焦点时更新单价
                input.onblur = updatePrice;
            }
        }
    }
}


//失去焦点时更新单价
function updatePrice(){
    if(event && event.srcElement && event.srcElement.tagName=="INPUT"){
        var input = event.srcElement;
        var newPrice = input.value;
        //input 节点的父节点是 td
        var priceTD = input.parentElement;
        priceTD.innerText = newPrice;

        //5.更新当前行的小计的值
        //priceTD.parentElement td 的父元素是 tr
        updateXJ(priceTD.parentElement);
    }
}
```

```
//更新指定行的小计
function updateXJ(tr){
    if(tr && tr.tagName=="TR"){
        var tds = tr.cells;
        var price = tds[1].innerText;
        var count = tds[2].innerText;
        //innerText 获取到的值的类型是字符串类型，因此需要类型转换，才能进行数学运算
        var xj = parseInt(price) * parseInt(count);
        tds[3].innerText = xj;

        //6.更新总计
        updateZJ();
    }
}


//更新总计
function updateZJ(){
    var fruitTbl = document.getElementById("tbl_fruit");
    var rows = fruitTbl.rows;
    var sum = 0;
    for(var i = 1; i < rows.length-1; i++){
        var tr = rows[i];
        var xj = parseInt(tr.cells[3].innerText);//NaN (not a number)
        sum = sum + xj;
    }
    rows[rows.length-1].cells[1].innerText = sum;
}
```

例如，修改香蕉的单价为 10 元如图 10-56 所示。

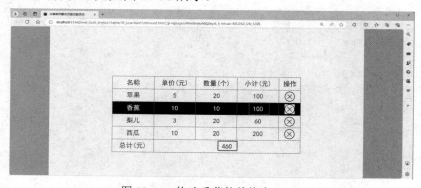

图 10-56　修改香蕉的单价为 10 元

从图 10-56 中可知，香蕉单价修改为 10 元后，小计为 100 元，总计为 460 元，表明更新单价成功。另外，我们可以设置在 demo02.js 文件的一开始就调用更新总计函数，从而保证总计结果的正确性。

```
window.onload = function () {
    updateZJ();
    //当页面加载完成，需要绑定事件
    //根据 id 获取表格（table 对象）
    var fruitTbl = document.getElementById("tbl_fruit");
    ……
}
```

此外，还有一个问题值得我们思考，比如更新单价时如果输入的不是数字，该怎么办呢？不小心输入了字母，如图 10-57 所示。

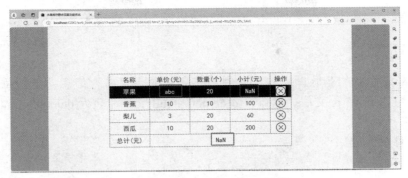

图 10-57　单价输入的不是数字

结果表明输入的不是数字，则导致小计和总计的结果都是错误的，因此这里我们需要判断，如果不是数字则不进行后续操作，保证只有当输入数字时，才能够输入成功。

demo03.js 文件中添加如下代码，确保更新单价时输入的是数字，这样才可以进行数学运算，从而得到正确的小计和总计的结果，且重新输入单价数目后按下回车键也可以实现修改操作。

```javascript
//当鼠标单击单价单元格时进行价格编辑
function editPrice(){
    if(event && event.srcElement && event.srcElement.tagName=="TD"){
        var priceTD = event.srcElement;
        //判断当前 priceTD 是否有子节点，而且第一个子节点是文本节点，
        //TextNode 对应 3，ElementNode 对应 1
        if(priceTD.firstChild && priceTD.firstChild.nodeType==3){
            //innerText 表示设置或者获取当前节点的内部文本
            var oldPrice = priceTD.innerText;
            //innerHTML 表示设置当前节点的内部 HTML
            priceTD.innerHTML = "<input type='text' size='4'/>";
            //呈现的效果即<td><input type='text' size='4'/></td>
            var input = priceTD.firstChild;
            if(input.tagName=="INPUT"){
                input.value = oldPrice;
                //选中输入框内部的文本
                input.select();
                //绑定输入框失去焦点事件，失去焦点时更新单价
                input.onblur = updatePrice;
                //在输入框上绑定键盘按下的事件，此处需要保证用户输入的是数字
                input.onkeydown = ckInput;
            }
        }
    }
}

//检验键盘按下的值是否为数字
function ckInput(){
    var kc = event.keyCode;
    //0~9 对应 ASCII 码为 48~57；backspace 对应 8；enter 对应 13；带有数字小键盘的请自行测试 keyCode 值
    //console.log(kc);
    if(!((kc>=48 && kc<=57) || kc==8 || kc==13)){
        event.returnValue = false;
    }
    //输入值后按下回车键触发失去焦点事件
    if(kc == 13){
        event.srcElement.blur();
    }
}
```

由于输入字母失败的现象，以及按下回车键完成修改操作无法截图说明，所以上述功能请读者自行测试。

10.11.3 删除指定行

接下来实现单击操作栏的删除图标，删除对应指定行的水果库存信息并更新总计。同样复制一份 demo02.js 文件命名为 demo03.js 文件；复制一份 demo02.html 文件命名为 demo03.html 文件，并修改内容引入 demo03.js 文件。

在 demo03.js 文件中添加如下代码。

```javascript
window.onload = function () {
    //当页面加载完成，需要绑定事件
    //根据 id 获取表格（table 对象）
    var fruitTbl = document.getElementById("tbl_fruit");
    //获取表格中的所有行
    var rows = fruitTbl.rows;
    for(var i = 1; i < rows.length-1; i++){
        var tr = rows[i];
        //1.绑定鼠标悬浮以及离开时设置背景颜色事件
        tr.onmouseover = showBGColor;
        tr.onmouseout = clearBGColor;
        //获取 tr 这一行的所有单元格
        var cells = tr.cells;
        var priceTD = cells[1];
        //2.绑定鼠标悬浮在单价单元格变手势的事件
        priceTD.onmouseover = showHand;
        //3.绑定鼠标单击单价单元格事件
        priceTD.onclick = editPrice;

        //4.绑定删除小图标的单击事件
        var img = cells[4].firstChild;
        if(img && img.tagName=="IMG"){
            //绑定单击事件
            img.onclick = delFruit;
        }
    }
}


//删除图标的单击事件
function delFruit(){
    if(event && event.srcElement && event.srcElement.tagName=="IMG"){
        //alert 表示弹出一个对话框，只有"确定"按钮
        //confirm 表示弹出一个对话框，有"确定"和"取消"按钮，
        //当单击"确认"按钮返回 true,否则返回 false
        if(window.confirm("是否确认删除当前库存记录?")){
            var img = event.srcElement;
            var tr = img.parentElement.parentElement;
            var fruitTbl = document.getElementById("tbl_fruit");
            fruitTbl.deleteRow(tr.rowIndex);

            updateZJ();
        }
    }
}
```

例如，删除西瓜的库存记录，当单击西瓜所在行对应的删除图标时，弹出如图 10-58 所示的对话框。

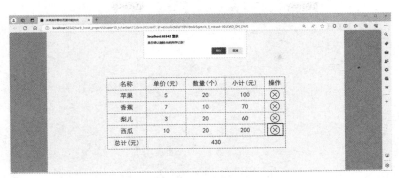

图 10-58　弹出"是否确认删除当前库存记录"对话框

单击"确认"按钮，再次查看页面效果，如图 10-59 所示。成功删除西瓜的库存记录。

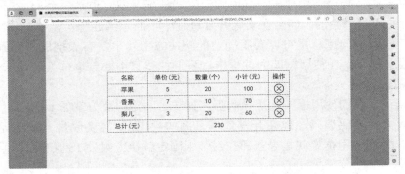

图 10-59　单击删除西瓜库存记录后的效果

10.12　本章小结

JavaScript 在生活中的应用场景随处可见，只要是与互联网有关的，几乎都使用了 JavaScript，本章主要介绍了 JavaScript 的基本语法和简单应用，其中包括 5 种基本数据类型和函数、对象、数组等复杂数据类型，以及 JSON 的使用。还介绍了 DOM 操作、事件绑定和正则表达式的基本应用。并提供水果库存静态页面的综合案例来巩固练习 JavaScript 相关知识。希望大家通过练习的过程查缺补漏，理解并掌握所学知识。

第11章

Vue

本章要学习的 Vue 是一套用于构建用户界面的渐进式框架，同时也是一个 JavaScript 框架。任何编程语言在最初的时候都是没有框架的，随着在实际开发过程中不断总结经验，积累最佳实践，慢慢地，人们发现很多特定场景下的特定问题总是可以套用固定的解决方案。于是有人把成熟的固定解决方案收集起来，整合在一起就成了框架。在使用框架的过程中，我们往往只需要告诉框架做什么（声明），而不需要关心框架怎么做（编程）。

对于 Java 程序来说，我们使用框架就是导入那些封装了固定解决方案的 jar 包，然后通过配置文件告诉框架做什么，从而大大简化编码，提高开发效率。例如，JUnit 其实就是一款单元测试框架。而对于 JavaScript 程序来说，我们使用框架就是导入那些封装了固定解决方案的 JS 文件，然后在框架的基础上编写代码实现业务逻辑。

Vue 框架提供了一套开发规则，按照这个开发规则可提高开发效率。Vue 框架是轻量级的，有很多独立的功能或库，使用 Vue 时可以根据项目需求来选用它的一些功能。Vue 的核心库只关注视图层，不仅易于上手，还便于与第三方库或既有项目整合。另一方面，当与现代化的工具链以及各种支持类库结合使用时，Vue 也完全能够为复杂的单页应用提供驱动。本章主要介绍 Vue 的基本语法和生命周期，以及如何应用，如声明式渲染、条件渲染、列表渲染、事件驱动等。

11.1 Vue 简介与入门案例

Vue 的作者是尤雨溪，Vue 最早发布于 2014 年 2 月。作者在 Hacker News、Echo JS 与 Reddit 的 JavaScript 版块发布了最早的版本。一天之内，Vue 就登上了这三个网站的首页。Vue 是 Github 上最受欢迎的开源项目之一。

Vue 最初的目标是成为大型项目的一个良好补充，"渐进式框架"的设计思想是为了遵循淡化框架本身的主张，从而降低框架作为工具的复杂度，以及对使用者的要求。

Vue 是为了实现前后端分离的开发理念，开发前端 SPA（single page web application）项目，实现数据绑定、路由配置、项目编译打包等一系列工作的技术框架。Vue 有著名的全家桶系列，包含了 vue-router、vuex、vue-resource，再加上构建工具 vue-cli、sass 样式，就是一个完整的 vue 项目的核心构成。概括起来就是项目构建工具、路由、状态管理、HTTP 请求工具。

由于 Vue.js 只聚焦视图层，本质上说是一个构建数据驱动的 Web 界面的库。Vue 通过简单的 API（应用程序编程接口）提供高效的数据绑定和灵活的组件系统。Vue 的特点如下。

- 轻量级框架：只关注视图层，是一个构建数据的视图集合。Vue 也是渐变式框架，能根据自己的需求添加功能。
- 简单易学：中国人开发，中文文档，不存在语言障碍，易于理解和学习。
- 双向数据绑定：保留了 Angular 的特点，在数据操作方面更为简单。
- 组件化：保留了 React 的优点，实现了 HTML 的封装和重用，在构建单页面应用方面有着独特的优势。

- 视图和数据之间结构分离：使数据的修改更为简单，不需要进行逻辑代码的改动，只需要操作数据就能完成相关操作。
- 虚拟 DOM：DOM 操作是非常耗费性能的，不再使用原生的 DOM 操作节点，极大地解放了 DOM 操作，但具体操作的还是 DOM，不过是换了另一种方式。
- 运行速度更快：相比 React 而言，同样是操作虚拟 DOM，但在性能上，Vue 存在很大的优势。

Vue.js 的两大核心要素是数据驱动和组件化。数据驱动，简单来说就是修改绑定的数据（页面上依赖的数据）就能对应地更新视图（页面），这样一来极大地解放了 DOM 操作的工作，提高开发效率。组件化开发通常是将一个应用以一棵嵌套组件树的形式来组织，把页面按照页面功能（如导航、侧边栏、下拉框）拆分业务，每个组件代表一个独立的功能，从而大大提高了代码可维护性和复用性。

Vue 数据驱动采用 MVVM 模式，M（Model）指的是模型层，这里表示 JavaScript 对象，V（View）指的是视图层，这里表示 DOM（HTML 操作的元素），VM（ViewModel）指的是连接视图和数据的中间件，Vue.js 就是 MVVM 中的 VM 层的实现者。Vue 与 MVVM 模式的关系如图 11-1 所示。

在 MVVM 架构中，是不允许数据和视图直接通信的，只能通过 VM 层来通信，而 VM 本质就是一个观察者。VM 能够观察到数据的变化，并对视图下对应的内容进行更新；还能够监听到视图的变化，并通知数据发生改变。综上，Vue.js 就是一个 MVVM 的实现者，它的核心就是实现了 DOM 监听和数据绑定。

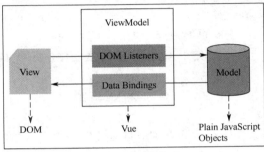

图 11-1　Vue 与 MVVM 模式的关系

下面通过入门案例，来简单了解一下 Vue 的使用。

Vue 是 JavaScript 的框架，使用 Vue 开发需要引入该框架的源码，Java 的框架源码是 JAR 包形式，那么 JS 框架的源码是什么类型的文件呢？答案一目了然，就是 JS 文件。接下来以 Vue2.7.14 为例进行演示。首先搭建 Vue 框架，具体步骤如下。

（1）创建空 vue.js 文件，将官网提供的 vue.js 文件的内容复制粘贴到本地 vue.js 文件中。

（2）创建 HTML 文件引入该 vue.js，并创建\<div\>标签，设置其 id 属性。

（3）在该\<div\>标签下创建\<script\>标签，并在\<script\>标签内创建 Vue 实例。

搭建完成后的 HTML 文件如下。

```
<!DOCTYPE html>
<html lang="en">
<head>
    <meta charset="UTF-8">
    <title>Title</title>
    <script src="vue.js"></script>
</head>
<body>
    <div id="box">
    </div>
    <script>
        new Vue();
    </script>
</body>
</html>
```

例如，创建一个 span 标签和一个按钮，单击按钮修改 span 标签的内容。接下来分别用 JavaScript 代码和 Vue 代码实现该案例效果。

使用 JavaScript 实现的代码如下。

```
<!DOCTYPE html>
<html lang="en">
```

```
<head>
    <meta charset="UTF-8">
    <title>Title</title>
    <script>
        function fun01() {
            var span01 = document.getElementById("span01");
            span01.innerText = "新的值";
        }
    </script>
</head>
<body>
    <!--创建一个 span 标签和一个按钮，单击按钮修改 span 标签的内容-->
    <span id="span01">这是原始内容</span><br/>
    <input type="button" value="单击修改 span 的值" onclick="fun01()">
</body>
</html>
```

查看页面效果，如图 11-2 所示。

单击该按钮，发现值发生变化，如图 11-3 所示。

这是原始内容
单击修改span的值

新的值
单击修改span的值

图 11-2　使用 JavaScript 实现单击按钮修改 span 标签的内容 　　图 11-3　单击按钮查看结果

使用 Vue 实现的代码如下。

```
<!DOCTYPE html>
<html lang="en">
<head>
    <meta charset="UTF-8">
    <title>Title</title>
    <script src="vue.js"></script>
</head>
<body>
    <!--创建一个 span 标签和一个按钮，单击按钮修改 span 标签的内容-->
    <div id="box">
        <!--将 span 的标签体内容和 Vue 的数据模型做一个绑定关系，一旦绑定成功，要想操作 span 的内容，直接操
作 msg 的值即可-->
        <span>{{msg}}</span><br/>
        <input type="button" value="按钮" @click="fun01()">
    </div>
    <script>
        //向 Vue 对象内传递 Json 对象
        new Vue({
            //el 是 Element 的缩写，#box 是 id 选择器，选择一个 Vue 可以操作的区域
            el:"#box",
            //data 是数据模型
            data:{
                msg:"这是原始数据"
            },
            //创建函数
            methods:{
                fun01:function () {
                    //操作 span 标签的内容
                    this.msg = "新值"
```

```
            }
        }
    });

  </script>
</body>
</html>
```

查看页面单击按钮，同样能实现相同的效果。Vue 的实现原理是将 span 的标签体内容和 Vue 的数据模型做一个绑定关系，一旦绑定成功，要想操作 span 的内容，直接操作 msg 的值即可。显而易见，如果页面内有很多位置，都需要操作 span 内容时，Vue 代码比 JS 更方便。

11.2　模板语法

随着前端交互复杂度的不断提升，各种字符拼接、循环遍历、DOM 节点的操作也都复杂多变，当数据量大，交互频繁的时候，不论是从用户体验还是性能优化上，都会面临前端渲染的问题。

Vue 使用了一种基于 HTML 的模板语法，使我们能够声明式地将应用或组件实例的数据绑定到呈现的 DOM 上。模板中除了 HTML 的结构，还包含两个 Vue 模板的特有语法：插值语法和指令语法。插值语法只有一个功能，就是向标签体插入一个动态的值。指令语法用来操作所在的标签，比如指定动态属性值、绑定事件监听、控制显示隐藏等。

在底层机制中，Vue 会将模板编译成高度优化的 JavaScript 代码。结合响应式系统，当应用状态数据变更时，Vue 能够自动更新需要变化的 DOM 节点，并做到最小化更新。

下面分别对插值和指令进行具体讲解。

11.2.1　插值语法

插值语法是用来向标签体插入一个动态的数据值。插值语法的结构很固定，是用双大括号包含一个 JavaScript 表达式，像这样：{{JavaScript 表达式}}。值得一提的是，插值语法只可以作为一个标签的标签体文本或者文本的一部分，不能作为标签的一个属性值。双大括号中可以包含任意 JavaScript 表达式，除此之外，它包含的也可以是一个常量值、一个变量，还可以是一个变量对象的方法调用，甚至可以是一个三目表达式。

但是需要注意的是，模板中变量读取数据的来源都是配置指定的 data 对象。虽然还有其他的数据来源，在这里我们暂时只需要理解为 data 对象。

例如，来看一段简单的 Vue 使用实例。

```html
<!DOCTYPE html>
<html lang="en">
<head>
    <meta charset="UTF-8">
    <title>Title</title>
    <script src="vue.js"></script>
</head>
<body>
    <div id="app">
        <p>{{123}}</p>
        <p>{{msg}}</p>
        <p>{{msg.toUpperCase()}}</p>
        <p>{{score<60 ? '入学测试未通过，暂时不可以来尚硅谷学习' : '入学测试通过，欢迎来尚硅谷学习'}}
        </p>
    </div>

    <script>
```

```
        //向 Vue 对象内传递 Json 对象
        new Vue({
            //el 是 Element 的缩写，#app 是 id 选择器，选择一个 Vue 可以操作的区域
            el: "#app",
            //data 是数据模型
            data: {
                msg: 'Welcome to Atguigu',
                score: 59
            }
        });
    </script>
</body>
</html>
```

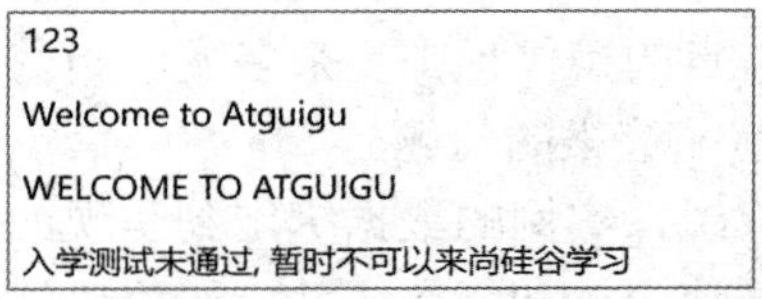

图 11-4　页面中输出效果

上面代码使用插值语法分别包含了常量"123"、变量"msg"、变量对象的方法调用"msg.toUpperCase()"，以及三目表达式"score<60 ? '入学测试未通过，暂时不可以来尚硅谷学习' : '入学测试通过，欢迎来尚硅谷学习'"。由于模板中的所有变量读取的都是 data 中的数据，除了常量"123"不需要读取数据，后三者都会读取 data 中对应的值。此时页面中输出的效果如图 11-4 所示。

11.2.2　指令语法

指令（Directives）是带有"v-"前缀的标签属性，其属性值一般是一个 JavaScript 表达式。Vue 中包含了一些不同功能的指令，比如 v-bind 用来给标签指定动态属性值，v-on 用来给标签绑定事件监听，v-if 和 v-show 用来控制标签是否显示。但要注意，不管是什么功能的指令，它们操作的都是指令属性所在的标签。

下面以 v-bind 与 v-on 为例来演示一下指令语法的使用，v-bind 与 v-on 两个属性的语法格式如下。

```
v-bind:属性名="JS 表达式"
v-on:事件名="方法名表达式"
```

示例代码如下。

```
<!DOCTYPE html>
<html lang="en">
<head>
    <meta charset="UTF-8">
    <title>Title</title>
    <script src="vue.js"></script>
</head>
<body>
    <div id="app">
        <a v-bind:href="url">去学习 IT 技术</a><br/>
        <button v-on:click="confirm">确认一下</button>
    </div>

    <script>
        //向 Vue 对象内传递 Json 对象
        new Vue({
            //el 是 Element 的缩写，#app 是 id 选择器，选择一个 Vue 可以操作的区域
            el:"#app",
            //data 是数据模型
            data:{
                url: 'http://www.atguigu.com'
            },
```

```
        //创建函数
        methods:{
            //单击 button 按钮触发 confirm 函数（方法）
            confirm:function () {
                if (window.confirm('确定要来学习吗？')) {
                    window.location.href = 'http://www.atguigu.com'
                }
            }
        }
    });
    </script>
</body>
</html>
```

　　上面这段代码使用了 v-bind 指令为<a>标签指定了动态属性值 url，此时<a>标签的 href 的值就是 data 中定义的 url 的值，上面代码还在<button>标签上使用了 v-on 指令，为其绑定监听并指定回调 confirm 函数，当单击按钮时触发该函数执行对应操作。

　　单击 F12 键，可以看到<a>标签的 href 属性值被替换成了 data 中定义的动态值，如图 11-5 所示。

　　单击 "button" 按钮，先弹出如下对话框，如图 11-6 所示。

图 11-5　<a>标签 href 的属性值

图 11-6　先弹出对话框

　　然后单击 "确定" 按钮后跳转尚硅谷官网，如图 11-7 所示。

图 11-7　单击 "确定" 按钮后跳转至尚硅谷官网

　　Vue 允许将 "v-bind:属性名" 简化为 ":属性名"、"v-on:事件名" 简化为 "@事件名" 的形式。此时，我们可以将上面代码简化为如下代码。

```
<div id="app">
<a :href="url">去学习 IT 技术</a><br>
<button @click="confirm">确认一下</button>
</div>
```

11.2.3 data 属性和 methods 方法

从入门案例中看出，在创建 Vue 对象时，其内部包含几个属性，这里重点介绍一下 data 和 methods。

data 的返回值是一个包含 *n* 个可变属性的对象，一般称此对象为 data 对象。此对象中的属性，即称为 data 属性。模板中可以读取任意 data 属性进行动态显示。

而 methods 是一个包含 *n* 个方法的对象。在方法中可以通过 this.xxx 来读取或更新 data 对象中对应的属性。当更新了对应的 data 属性后，界面会自动更新。

有一点需要特别说明，data 对象和 method 方法中的 this 本质上是一个代理（Proxy）对象。它代理了 data 对象所有属性的读写操作，也就是说，我们可以通过 this 来读取或更新 data 中的属性。在 methods 中定义的所有方法最终也添加到了代理对象中，同理也可以在方法中通过 this 来更新 data 属性，从而触发界面自动更新。至于模板中的表达式读取变量或函数，本质上也都是从代理对象上查找的。

11.3 声明式渲染

声明式渲染是指使用简洁的模板语法，声明式的方式将数据渲染进 DOM 系统。声明式是相对于编程式而言，声明式是面向对象的，告诉框架做什么，具体操作由框架完成。编程式是面向过程思想，需要手动编写代码完成具体操作。渲染通俗来讲就是，将 Vue 数据模型中的值显示在网页上的过程。

例如，使用 Vue 模板语法"{{ message }}"来声明式地将 message 数据显示在网页上，而使用模板语法的这种方式就叫作声明式渲染。HTML 文档渲染前后的效果如图 11-8 所示。

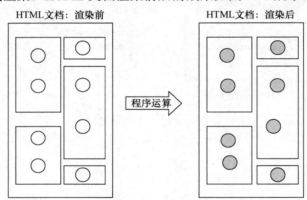

图 11-8　HTML 文档渲染前后的效果

其中，方框表示 HTML 标签。空心圆表示动态、尚未确定的数据。实心圆表示经过程序运算以后，计算得到的具体的、可以直接在页面上显示的数据。渲染就是程序计算动态数据得到具体数据的过程。下面看一个具体的例子。

HTML 代码如下。使用插值表达式"{{message}}"，指定要被渲染的数据。

```html
<!-- 使用{{}}格式，指定要被渲染的数据 -->
<div id="app">{{message}}</div>
```

Vue 代码如下。创建 Vue 对象，并传入所需要的参数。

```javascript
//创建Vue对象，挂载#app这个div标签
var app = new Vue({
    el:"#app",
    // data属性设置了Vue对象中保存的数据
    data:{
        message:"Hello Vue!"
    }
});
```

　　或者分两步创建，首先创建 JSON 对象，指定 Vue 对象要关联的 HTML 元素，以及 message 对应的具体数据，然后将该 JSON 对象作为参数传入 Vue 对象。

```
// 1.创建一个 JSON 对象，作为 new Vue 时要使用的参数
var argumentJson = {
    el:"#app",
    // data 属性设置了 Vue 对象中保存的数据
    data:{
        message:"Hello Vue!"
    }
};
// 2.创建 Vue 对象，传入上面准备好的参数
var app = new Vue(argumentJson);
```

　　通过验证 Vue 对象的响应式效果，可以看到 Vue 对象和页面上的 HTML 标签始终保持着关联的关系，同时可知 Vue 框架在背后也做了大量的工作。

　　接下来，我们继续介绍不同类型的数据渲染，包括标签绑定、条件渲染、列表渲染、事件驱动等。

11.4　标签绑定

　　Vue 数据模型 data 与标签绑定包括两种：与标签体内容绑定和与标签属性值绑定。Vue 的数据模型和标签体内容进行绑定，只发生在双标签上，通常借助插值表达式绑定，语法格式如下。

```
<标签名>插值表达式：{{数据模型中定义的 key 值}}</标签名>
```

　　示例代码参见 11.2.1 插值语法的应用。

　　而 Vue 的数据模型和标签的属性值进行绑定，可以发生在双标签，也可以发生在单标签，包括单向绑定和双向绑定两种。

11.4.1　单向绑定

　　单向绑定通常借助指令语法 v-bind 实现，语法格式如下。

```
v-bind:原始属性名="数据模型中定义的 key 值"
```

　　下面通过具体的例子进行演示。

　　在 HTML 代码如下，为<input>标签中 value 属性绑定 Vue 数据模型 data 中定义的 msg 值。

```
<div id="app">
    <!-- v-bind:value 表示将 value 属性交给 Vue 来进行管理，也就是绑定到 Vue 对象 -->
    <!-- msg 是一个用来渲染属性值的表达式，相当于标签体中加{{}}的表达式 -->
    <input type="text" v-bind:value="msg" />

    <!-- 同样的表达式，在标签体内通过{{}}告诉 Vue 这里需要渲染； -->
    <!-- 在 HTML 标签的属性中，通过 v-bind:属性名="表达式"的方式告诉 Vue 这里要渲染 -->
    <p>{{msg}}</p>
</div>
```

　　在 Vue 代码如下，创建 Vue 对象，指定 msg 对应的值。

```
//创建 Vue 对象，挂载#app 这个 div 标签
var app = new Vue({
    el:"#app",
    data:{
        msg:"太阳当空照"
    }
});
```

　　单向绑定页面效果如图 11-9 所示。

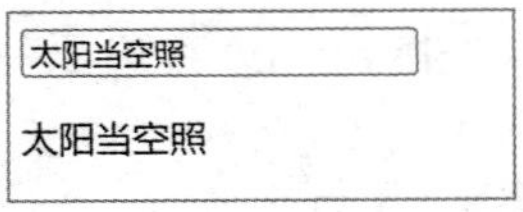

图 11-9　单向绑定页面效果

值得一提的是，v-bind 可以省略，其语法格式简化为如下形式。

```
//省略 v-bind
:原始属性名="数据模型的 key 值"
```

与 value 绑定类似，style 绑定同样是通过"v-bind:style="数据模型中定义的 key 值""来绑定动态 style 样式，当然我们一般也会使用":style="数据模型中定义的 key 值""的简写方式。

HTML 代码如下。

```
<div id="app">
    <p v-bind:style="fontCss">Vue and CSS</p>
</div>
```

Vue 代码如下。

```
//创建 Vue 对象
new Vue({
        el:"#app",
        data:{
            fontCss:{
                color:"red",
                font-size:"30px",
            }
        }
});
```

另外，对于 value 属性值的绑定，我们需要思考一个问题，当修改 Vue 数据模型中 msg 的值时，对应 `<input>` 标签中的 value 属性值会随之改变，那么用户修改文本框的 value 属性时，msg 的值会跟着变化吗？答案是并不会改变。修改数据模型的值，网页会跟着发生变化，反之不变，我们把这种现象称为单向绑定。那么如何实现双向绑定呢？我们继续往下看。

11.4.2　双向绑定

双向绑定需要借助另一个指令语法 v-model 实现，语法格式如下。

```
v-model:原始属性名="数据模型的 key 值"
```

当然，并不是所有的标签属性都能够双向绑定，只有用户可以修改的属性能够满足双向绑定。例如，表单项里标签的 value 属性，用户是可以修改的，可以进行双向绑定，而 id、name 等属性都不适用。

同样地，将前面单向绑定中的示例，使用双向绑定重新实现。HTML 代码如下。

```
<div id="app">
    <!-- v-bind:属性名 效果是从 Vue 对象渲染到页面 -->
    <!-- v-model:属性名 效果不仅是从 Vue 对象渲染到页面，而且能够在页面上数据修改后反向修改 Vue 对象中的
数据属性
-->
    <input type="text" v-model:value="msg" />

    <p>{{msg}}</p>
</div>
```

Vue 代码如下。

```
// 创建 Vue 对象，挂载#app 这个 div 标签
var app = new Vue({
    el:"#app",
    data:{
```

```
        msg:"太阳当空照"
    }
});
```

双向绑定的页面效果如图 11-10 所示。

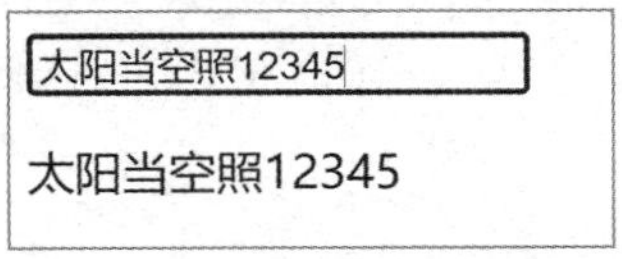

可以看出，<p>标签内的数据能够和文本框中的数据实现同步修改。这也说明，页面上数据被修改后，Vue 对象中的数据属性也跟着被修改。

另外，v-model 还可以省略属性名，即默认 value 属性，简化后的语法格式如下。

图 11-10　双向绑定的页面效果

```
//去掉属性名，默认为 value 属性
v-model = "数据模型的 key 值"
```

在实际开发中，要考虑到用户在输入数据时，有可能会包含前后空格。而这些前后的空格对于程序运行来说都是干扰因素，需要去掉不必要的空格。

我们可以通过在 v-model 后面加上.trim 修饰符来实现去空格。

```
//去掉前后空格
v-model.trim= "数据模型的 key 值"
```

11.5　条件渲染

在项目开发中，有两种场景极为常见：第一种局部界面需要满足某种条件后显示，第二种是在多个不同的界面效果中间进行切换显示。无论哪一种，都需要满足某种条件才能显示渲染。在 Vue 中将其称为条件渲染，可以通过 v-if 相关指令或 v-show 指令实现。

11.5.1　v-if 相关指令

v-if 指令用于控制元素显示或者隐藏，其相关指令包含 v-if、v-else 和 v-else-if。v-if 与 v-else-if 指令的表达式需要一个布尔型的表达式，结果是 true，表示满足条件，显示对应的元素；v-else 是不需要指定表达式的，只需要指定属性名，当其前面的 v-if 和 v-else-if 指令的表达式都不满足时才会显示。

如果只有一个界面的条件渲染，推荐选择使用 v-if 指令。如果有两个界面的条件渲染，推荐选择使用 v-if 与 v-else 指令。如果超过两个界面的条件渲染，那么推荐选择使用 v-if、v-else-if 和 v-else 指令来实现。

阅读下方代码并思考下面代码的运行效果，分析如何在下面代码的基础上进行优化。

```
<!DOCTYPE html>
<html lang="en">
<head>
    <meta charset="UTF-8">
    <title>Title</title>
    <script src="vue.js"></script>
</head>
<body>
    <div id="app">
        <h1>你的入学测试得分：{{score}}</h1>
        <button @click="examAgin">学习后再复试一次</button>
    </div>

    <script>
        //创建 Vue 对象，挂载#app 这个 div 标签
        var app = new Vue({
            el:"#app",
            data:{
                score: 55,
            },
```

```
        methods:{
            examAgin (){
                this.score += 10
            }
        }

    });
  </script>
</body>
</html>
```

这段代码比较简单，页面上会显示 data 中的 score 的值和一个按钮，当单击按钮后，score 的值增加 10。如图 11-11、图 11-12 所示。

图 11-11　初始页面

图 11-12　单击按钮后的页面

但如果现在的需求改为：只有当入学得分小于 60 的时候才会显示该按钮。此时我们就可以通过 v-if 指令来实现。在<button>按钮上做简单改动，具体如下。

```
<button @click="examAgin" v-if="score<60">学习后再复试一次</button>
```

图 11-13　得分大于 60 时按钮消失

当 v-if 指定的表达式的值为 true 时，<button>按钮才会显示。对于上面代码来说，初始时 score 的值为 55，显示按钮，单击按钮后，由于 score 大于 60 了，所以按钮自动消失了，如图 11-13 所示。

现在再次添加一个新需求：当得分大于等于 60 时，显示绿色的 h3 文本"欢迎来到尚硅谷学习！"；当得分小于 60 时，显示红色的 h4 文本"很遗憾，你的入学测试没有通过..."。

根据前面的学习，相信大家已经想到使用 v-if 对两个标签进行控制。但实际上，Vue 提供了更便捷的方式，前面提及过 v-if 的相关指令，对于这个需求可以使用 v-if 和 v-else 配合实现。不过需要注意，v-else 不用指定表达式。

此时修改代码，具体如下。

```
<h2 v-if="score>=60" style="color: green;">欢迎来到尚硅谷学习！</h2>
<h3 v-else style="color: red;">很遗憾，你的入学测试没有通过...</h3>
```

v-if 的条件与上一段代码的页面效果相同，这里不做过多讲解，但当不满足 v-if 的条件时，就会显示 v-else 所对应的标签体内容。当 data 中的 score 值为 55，不满足条件，则会显示"很遗憾，你的入学测试没有通过..."，如图 11-14 所示。

单击按钮，得分变成 65，大于 60，显示"欢迎来到尚硅谷学习！"，如图 11-15 所示。

图 11-14　得分为 55 时的页面效果

图 11-15　得分为 65 时的页面效果

用户的需求总是多变的。如果需求再次更改：当得分大于等于 60 时，显示绿色的 h2 文本"欢迎来到尚硅谷学习！"；当得分小于 50 时，显示红色的 h3 文本"很遗憾，你的入学测试没有通过，可以考虑 UI 或测试"；如果在 50～60，则显示紫色的 h4 文本"此次测试没有完全通过，可选择复试"。此时可以使用 v-if、v-else-if 和 v-else 配合使用实现。需要注意的是，v-else-if 指定的表达式为 true 时，其对应的标签体内容才会显示。

再次修改代码，如下所示。

```
<button @click="examAgin" v-if="score<60 && score>=50">学习后再复试一次</button>
```

```
<h2 v-if="score>=60" style="color: green;">欢迎来到尚硅谷学习!</h2>
<h3 v-else-if="score<50" style="color: red;">
很遗憾，你的入学测试没有通过，可以考虑 UI 或测试
</h3>
<h4 v-else style="color: purple;">此次测试没有完全通过，可选择复试</h4>
```

当 score 的值大于等于 60 时，显示"欢迎来到尚硅谷学习!"；当 score 的值小于 50 时，会显示"此次测试没有完全通过，可选择复试"；其余情况显示"很遗憾，你的入学测试没有通过，可以考虑 UI 或测试"。分别如图 11-16、图 11-17 和图 11-18 所示。

图 11-16　当 score 的值大于等于 60 时的页面效果

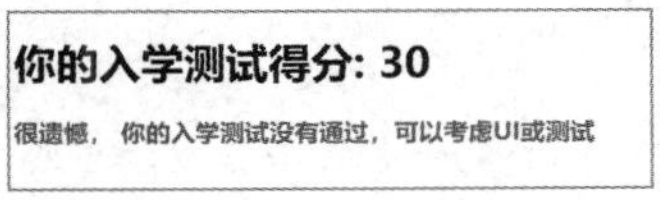

图 11-17　当 score 的值小于 50 时的页面效果

图 11-18　其余情况下时的页面效果

前面介绍的案例都是针对单个标签进行条件渲染，那么如果是多个标签又要怎么处理呢？我们可以使用<template>标签来包含需要条件渲染的多个标签，并在<template>标签上使用 v-if 指令来判断是否显示。需要注意的是，<template>标签只存在于模板中，并不会在页面中产生任何标签与之对应，如下所示。

```
<h1>你的入学测试得分: {{score}}</h1>
<button @click="examAgin">学习后再复试一次</button><br/>

<template v-if="score>=60">
 <button>去找咨询老师办理入学</button><br/>
 <button>去找技术老师深入交流技术疑问</button><br/>
 <button>去找就业老师了解就业信息</button><br/>
</template>
```

运行代码后，由于 score 的值初始为 55，不满足 v-if 的条件，所以只显示入学得分和"学习后再复试一次"的按钮。当单击"学习后再复试一次"按钮后，score 的值更改为 65，满足 v-if 的条件，显示其余三个按钮，如图 11-19 所示。

此时观察页面结构，发现没有<template>标签，验证了<template>标签只在模板中存在，并不会产生任何对应的 HTML 标签的说法，如图 11-20 所示。

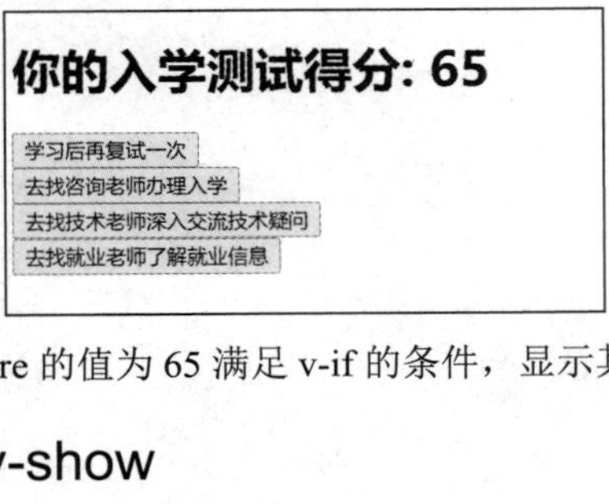

图 11-19　score 的值为 65 满足 v-if 的条件，显示其余三个按钮

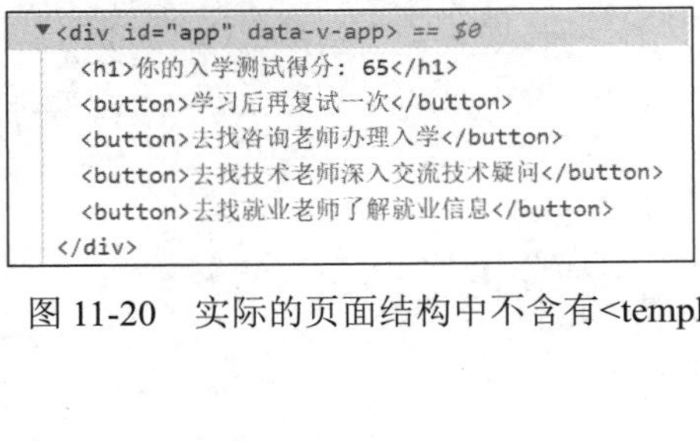

图 11-20　实际的页面结构中不含有<template>标签

11.5.2　v-show

在 Vue 中，v-show 指令也可以实现条件渲染。当指定的表达式为 true 时，对应的内容才会显示。下面我们将 v-if 中涉及的案例再次使用 v-show 进行实现。

代码片段 1 如下。

```
<button @click="examAgin" v-show="score<60">学习后再复试一次</button>
```

当 score 的值小于 60 时，显示"学习后再复试一次"按钮。

代码片段 2 如下。

```
<h2 v-show="score>=60" style="color: green;">欢迎来到尚硅谷学习!</h2>
<h3 v-show="score<60" style="color: red;">很遗憾，你的入学测试没有通过...</h3>
```

当 score 的值大于等于 60 时，显示"欢迎来到尚硅谷学习!"；当 score 的值小于 60 时，显示"很遗憾，你的入学测试没有通过..."。

代码片段 3 如下。

```
<h2 v-show="score>=60" style="color: green;">欢迎来到尚硅谷学习!</h2>
<h3 v-show="score<50" style="color: red;">
很遗憾，你的入学测试没有通过，可以考虑 UI 或测试
</h3>
<h4 v-show="score<60 && score>=50" style="color: purple;">
此次测试没有完全通过，可选择复试
</h4>
```

当 score 的值大于等于 60 时，显示"欢迎来到尚硅谷学习!"；当不满足大于等于 60 和小于 50 时，会显示"此次测试没有完全通过，可选择复试"；其余情况显示"很遗憾， 你的入学测试没有通过，可以考虑 UI 或测试"。

需要注意的是，v-show 是不能与 v-else 和 v-else-if 配合使用的。当需要在多个标签间切换显示时，要使用多个 v-show 来实现。还有一点，v-show 不能用在<template>标签上。

11.5.3 比较 v-if 和 v-show

通过前面学习的内容可知，v-if 和 v-show 两者实现的功能效果是一致的，但实际上二者内部的实现机制截然不同，这一点在理论面试时也是经常提问到的点，因此对于两者的区别，大家也需要了解一二。

在初始化解析显示时，如果表达式为 true，那么二者的内部处理相同；如果表达式为 false，处理完全不同。v-if 对应的模板标签结构不会解析，也就不会产生对应的 HTML 标签结构；而 v-show 则会解析模板，生成 HTML 标签结构，只不过会通过指定样式 display 为 none 来隐藏标签结构。

在更新数据后，表达式变为 true 时，就需要显示标签结构。v-if 的标签会重新创建 HTML 标签结构并显示，而 v-show 只需要去除 display 为 none 的样式让元素重新绘制出来。

当再次更新数据后，表达式变为 false 时，需要隐藏标签结构。v-if 的标签直接被删除，内存中不再有对应的 DOM 结构；v-show 的标签则通过 display 为 none 来隐藏标签结构。

接下来通过代码进行验证。

HTML 代码如下。

```
<div id="app">
  <h1 v-if="isShow">尚硅谷 IT 教育 1</h1>
  <h2 v-show="isShow">尚硅谷 IT 教育 2</h2>
  <button @click="isShow=!isShow">切换标识</button>
</div>
```

Vue 代码如下。

```
//创建 Vue 对象，挂载#app 这个 div 标签
var app = new Vue({
    el:"#app",
    data:{
        isShow: false
    }
});
```

代码中通过 v-if 指令控制<h1>标签的显示或隐藏，通过 v-show 来控制<h2>标签的显示或隐藏。

初始显示时，由于 isShow 为 false，页面中<h1>与<h2>对应的两个标签体都不可见。查看元素可以发现<h1>标签确实不存在，但<h2>标签是存在的，只是通过 display 为 none 的样式将其隐藏了，如图 11-21 所示。

单击按钮对 isShow 标识进行取反，isShow 更新为 true。此时<h1>和<h2>对应的两个标签体都会显示，但通过 v-if 控制的<h1>标签是新创建的，而<h2>标签是通过删除 display 为 none 的样式将其显示，如图 11-22 所示。

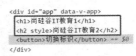

图 11-21　isShow 为 false 发现<h2>是存在　　　图 11-22　isShow 更新为 true 发现<h1>和<h2>都会出现

再次单击按钮时，isShow 更新为 false。此时<h1>和<h2>对应的两个标签体都会消失，但 v-if 的<h1>标签被删除，不存在了，但通过 v-show 控制的<h2>标签还存在，只是添加了 display 为 none 的样式。

最后简单总结 v-if 与 v-show 的区别，在隐藏时，v-if 会删除标签，而 v-show 只是通过样式控制标签不显示；再次显示时，v-if 需要重新创建标签，而 v-show 只需要更新样式就可以显示。

对于使用场景的选择上，如果条件渲染的条件变化相对频繁，或要控制的标签结构比较大，那么选择 v-show 比较合适。因为 v-if 在从隐藏变为显示时，需要重新创建 DOM 结构，效率相对低些。但 v-show 在隐藏时，标签结构没有删除，比 v-if 占用的内存更大一些。这也就是编程中经常说到的，以空间换时间的技术，即用更大的空间占用，换取后面更少的时间执行"。

还有一点需要注意，如果初始渲染条件值为 false 时，v-if 是不会解析模板产生 HTML 标签的，有时也称它为懒加载，但 v-show 则不是懒加载。

11.6　列表渲染

在项目开发的界面中，有很多列表效果需要动态显示。这在 Vue 中称为列表渲染，可以通过 v-for 指令来实现。通过 v-for 指令可以遍历多种不同类型的数据，数组是较为常见的一种数据，当然数据还可以是对象或数值。

动态显示列表后，我们可以对列表进行添加、删除、修改、过滤、排序等操作。另外，在通过 v-for 进行列表渲染时，有一个特别重要的属性——key 属性，这点需要注意。

11.6.1　列表的动态渲染

下面分别介绍 v-for 作用于数组、对象，以及整数的具体操作。
- 通过 v-for 遍历数组显示列表，其语法格式如下。

```
v-for="(item, index) in array"
```

其中，item 为遍历 array 数组的元素别名，index 为数组元素的下标。如果遍历不需要下标，可以简化为如下格式。

```
v-for="item in array"
```

另外值得注意的是，item 和 index 的名称不是固定的，可以自定义其他合法名称。
- 通过 v-for 遍历一个对象时，遍历的是对象自身可遍历的所有属性，其语法格式如下。

```
v-for="(value, name) in obj"
```

其中，value 为遍历的 obj 对象的属性值，而 name 是属性名。如果只需要属性值，可以简化为如下格式。

```
v-for="value in obj"
```

同样，value 和 name 的名称不是固定的，可以使用其他合法名称。
- 当 v-for 的目标是一个正整数 n 时，一般用于将当前模板在 $1\sim n$ 的取值范围内重复产生 n 次，其语法格式如下。

```
v-for="value in n"
```

其中，value 为从 1 开始到 n 为止，依次递增的数值。接下来，通过代码分别演示 v-for 作用于 persons 数组、car 对象，以及 num 数字的 3 种情况。

HTML 代码如下。

```html
<div id="app">
    <h2>测试遍历数组<人员列表>（用得很多）</h2>
    <ul>
        <li v-for="(p,index) in persons">
            {{index}}--{{p.name}}--{{p.age}}
        </li>
    </ul>

    <h2>测试遍历对象<汽车信息>（用得少）</h2>
    <ul>
        <li v-for="(value,name) in car">
            {{name}}--{{value}}
        </li>
    </ul>

    <h2>测试遍历指定次数（用得少）</h2>
    <ul>
        <li v-for="value in num">
            {{value}}
        </li>
    </ul>
</div>
```

Vue 代码如下，提供 persons 数组、car 对象，以及 num 数值的信息。

```javascript
//创建 Vue 对象，挂载#app 这个 div 标签
var app = new Vue({
    el:"#app",
    data:{
        persons:[
            {id:'001',name:'张三',age:22},
            {id:'002',name:'李四',age:24},
            {id:'003',name:'王五',age:23}
        ],
        car:{
            name:'奥迪 A8',
            price:'70 万',
            color:'黑色'
        },
        num: 5
    }
});
```

v-for 作用于单个标签的页面效果，如图 11-23 所示。

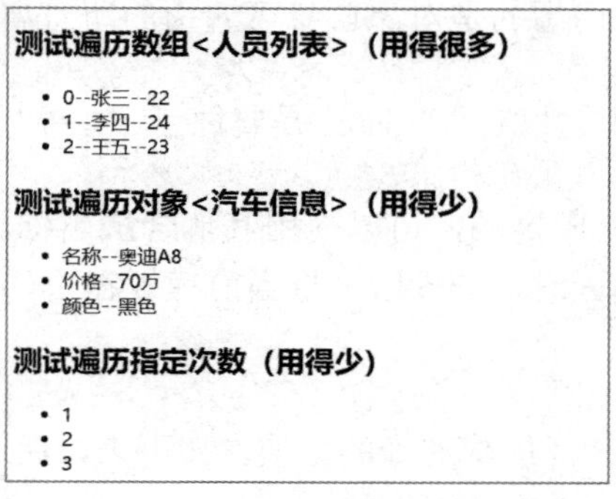

测试遍历数组<人员列表>（用得很多）

- 0--张三--22
- 1--李四--24
- 2--王五--23

测试遍历对象<汽车信息>（用得少）

- 名称--奥迪A8
- 价格--70万
- 颜色--黑色

测试遍历指定次数（用得少）

- 1
- 2
- 3

图 11-23　v-for 作用于单个标签的页面效果

与 v-if 类似，我们也可以利用在<template>标签上使用 v-for 指令，实现对多个标签的列表渲染。示例代码如下。

```
<div>
<h2>v-for 同时作用于多个标签</h2>
<ul>
        <template v-for="p in persons">
            <li>{{p.name}}--{{p.age}}</li>
            <span>来自尚硅谷学员</span>
        </template>
</ul>
</div>
```

上面代码利用了在<template>标签上使用 v-for 的方式，实现了标签列表循环，此时页面中每个<li>标签和<span>标签都是一组，如图 11-24 所示。

综上，我们已经可以利用 v-for 指令对数据进行循环了。

11.6.2 列表的增删改

动态显示数组列表后，一般不会只作为展示存在，可能还需要对列表进行增删改操作。下面展示一个简易的列表，并演示对列表的增删改操作。如图 11-25 所示，用户对于该列表有如下需求。

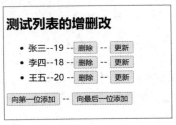

图 11-25 需要演示增删改操作的列表

（1）单击"向第一位添加"按钮，向第一位添加一个随机产生的人。

（2）单击"向最后一位添加"按钮，向最后一位添加一个随机产生的人。

（3）单击"删除"按钮，直接删除对应的人。

（4）单击"更新"按钮，将对应的人替换为一个随机产生的人。

根据上述用户需求，编写代码实现其功能。

HTML 代码如下。

```
<div id="app">
    <h2>测试列表的增删改</h2>
    <ul>
        <li v-for="(p,index) in persons" :key="p.id" style="margin-top: 5px;">
            {{p.name}}--{{p.age}}--
            <button @click="deleteItem(index)">删除</button>--
            <button @click="updateItem(index, {id: Date.now(), name: '小兰', age: 12})">更
新</button>
        </li>
    </ul>

    <button @click="addFirst({id: Date.now(), name: '小明', age: 10})">向第一位添加</button>
--
    <button @click="addLast({id: Date.now(), name: '小红', age: 11})">向最后一位添加</button>
</div>
```

Vue 代码如下。

```
//创建 Vue 对象，挂载#app 这个 div 标签
var app = new Vue({
    el:"#app",
    data:{
        persons:[
            {id:'001',name:'张三',age:19},
            {id:'002',name:'李四',age:18},
            {id:'003',name:'王五',age:20}
        ]
    },
    methods:{
        addFirst (newP) { // 向第一位添加
            this.persons.unshift(newP)
        },
        addLast (newP) { // 向最后一位添加
            this.persons.push(newP)
        },
        deleteItem (index) { // 删除指定下标的
            this.persons.splice(index, 1)
        },
        updateItem (index, newP) {// 将指定下标的替换为新的人
            this.persons.splice(index, 1, newP)
        }
    }
});
```

上面代码中为每个按钮都封装了相应的方法来实现对应的功能，从而实现对数组元素的增删改操作。其实每个功能方法内部都是通过调用数组变更内部元素的方法（包括 unshift、push 和 splice 方法）来实现的。

11.7　事件驱动

前面已经多次演示在<button>按钮上绑定单击事件来处理单击响应操作了，本节我们详细介绍一下 Vue 中的事件处理。不过，Vue 中既支持原生 DOM 事件处理，也支持 Vue 自定义事件处理，这里我们暂时只关注原生事件的处理。

11.7.1　事件绑定方式

我们可以在 HTML 标签上使用 v-on 指令语法来绑定原生 DOM 事件，语法格式如下。

```
v-on:事件名="handler"
```

通常情况下，我们一般用简化语法，具体如下。

```
@事件名="handler"
```

handler 为事件处理器，Vue 中支持多种 handler 的写法。下面我们会对 handler 常用的两种写法进行讲解。

- handler 是一个方法名，对应 methods 配置中的一个同名方法。
- handler 是一条语句，此时这条语句有两种可能性，既可以是调用 methods 中某个方法的语句，也可以是直接更新 data 数据的语句。

例如，在如下初始代码的基础上，演示 handler 的使用。HTML 代码如下。

```
<div id="app">
  <h2>num: {{num}}</h2>
```

```
<button>测试 event1(单击提示按钮的文本)</button><br><br>
<button>测试 event2(单击提示指定的特定数据)</button><br><br>
<button>测试 event4(单击 num 增加 3)</button><br><br>
<button>测试 event3(单击"提示"按钮的文本和指定的特定数据)</button><br><br>
</div>
```

Vue 代码如下。

```
//创建 Vue 对象，挂载#app 这个 div 标签
var app = new Vue({
    el:"#app",
    data:{
        num: 2
    },

});
```

1. handler 是一个方法名

当事件触发时，对应的方法就会自动调用。这也是使用最多的一种，我们可以使用它来实现第一个按钮的单击功能。

HTML 代码如下。

```
<button @click="handleClick1">测试 event1(单击提示按钮的文本)</button>
```

Vue 代码如下。

```
//创建 Vue 对象，挂载#app 这个 div 标签
var app = new Vue({
    el:"#app",
    data:{
        num: 2
    },
    methods:{
        handleClick1 (event) {
            alert(event.target.innerHTML)
        }
    }
});
```

对于上面代码来说，当单击按钮时触发 handleClick1 方法。需要特别说明的是，handleClick1 方法中定义的形参 event，接收到的就是事件对象，这就是原生 DOM 事件监听回调原本的特性。

2. handler 是一条语句

handler 作为一条语句，包括调用 methods 中某个方法的语句和直接更新 data 数据的语句。下面具体说明。

（1）调用 methods 中某个方法的语句。

例如，借助 handler 作为调用方法的语句，并传入自定义数据，实现单击初始代码中的第二个按钮，提示指定的特定内容。

HTML 代码如下。

```
<button @click="handlerClick2('特定任意类型数据')">
测试 event2(指定特定数据)
</button>
```

Vue 代码如下。

```
//创建 Vue 对象，挂载#app 这个 div 标签
var app = new Vue({
    el:"#app",
```

```
    data:{
        num: 2
    },
    methods:{
        handleClick2 (msg) {
            alert(msg)
        }
    }
});
```

需要特别说明的是，方法调用的语句在事件发生前不会执行，只有在事件发生后，才会自动调用。

（2）更新 data 数据的语句。

例如，借助 handler 作为直接更新 data 数据中 num 的语句，实现单击第三个按钮，让 num 的数量加 3。

HTML 代码如下。

```
<button @click="num += 3">测试 event4 (单击 num 增加 3)</button>
```

11.7.2　事件的默认行为

比如单击超链接后会直接跳转页面、单击表单提交按钮后会直接提交表单等，是单击超链接和按钮后的默认行为。但是，如果现在我们希望单击超链接或按钮之后，根据判断的结果再决定是否要跳转，此时其默认行为就不符合我们的预期了，这种情况下，我们需要取消事件的默认行为。

在 JavaScript 代码中，可以调用事件对象的 preventDefault()方法取消事件的默认行为。

（1）取消超链接的默认行为。

HTML 代码如下。

```
<a id="anchor" href="http://www.baidu.com">超链接</a>
```

JavaScript 代码如下。

```
document.getElementById("anchor").onclick = function(event) {
    console.log("我单击了一个超链接");
    //取消单击超链接后的跳转行为
    event.preventDefault();
}
```

运行代码后发现，单击超链接并不会跳转百度网页。

（2）取消表单提交的默认行为。

HTML 代码如下。

```
<form action="http://www.baidu.com" method="post">
    <button id="submitBtn" type="submit">提交表单</button>
</form>
```

JavaScript 代码如下。

```
document.getElementById("submitBtn").onclick = function(event) {
    console.log("我单击了一个表单"提交"按钮");
    //取消单击提交按钮后的表单提交行为
    event.preventDefault();
}
```

图 11-26　一个<div>标签嵌套
另一个<div>标签

运行代码后发现，填写完表单单击表单"提交"按钮后并不会跳转提交。

另外还有一个常见的事件冒泡行为。事件冒泡是指当一个元素上的事件被触发的时候，比如鼠标单击了一个按钮，同样的事件将会在那个元素的所有祖先元素中被触发。这一过程被称为事件冒泡。这个事件从原始元素开始一直冒泡到 DOM 树的最上层。

如图 11-26 所示，由两个<div>标签组成。

示例代码如下。

```
<!DOCTYPE html>
<html lang="en">
<head>
    <meta charset="UTF-8">
    <title>Title</title>
    <!-- 引入样式 -->
    <link href="demo02.css" type="text/css" rel="stylesheet" />
</head>
<body>
    <div id="outterDiv">
        <div id="innerDiv"></div>
    </div>
    <!-- 引入 JS 文件 -->
    <script src="demo02.js"></script>
</body>
</html>
```

单击内部<div>标签的同时，也相当于单击了外层的<div>标签，此时如果两个<div>标签上都绑定了单击响应函数，那么就会同时被触发。demo02.js 文件如下。

```
document.getElementById("outterDiv").onclick = function() {
    console.log("外层 div 的事件触发了");
}

document.getElementById("innerDiv").onclick = function() {
    console.log("内层 div 的事件触发了");
}
```

事件冒泡就是一个事件会不断向父元素传递，直到最顶层的 window 对象。如果这不是我们想要的效果，那么可以使用事件对象的 stopPropagation()方法来阻止事件冒泡行为。

```
document.getElementById("innerDiv").onclick = function(event) {
    console.log("内层 div 的事件触发了");
    //取消事件冒泡行为
    event.stopPropagation();
}
```

11.7.3　Vue 事件修饰符

在原生 DOM 事件处理中，我们可以在事件监听回调函数中通过 event.preventDefault()来阻止事件默认行为，还可以通过 event.stopPropagation()来阻止事件冒泡。Vue 主张在方法中最好是只有纯粹的数据逻辑，而不是处理 DOM 事件细节，因此设计了更简洁的事件修饰符，来实现对事件的这两个操作及事件的其他操作。

事件修饰符是用点表示的事件指令后缀，比如"@事件名.修改符名="handler""。常用的事件修饰符如下。

- .stop：停止事件冒泡。
- .prevent：阻止事件默认行为。
- .once：事件只处理一次。

下面通过案例来演示几个常见事件修饰符的使用。

HTML 代码如下。

```
<div id="app">
    <a href="http://www.baidu.com" @click.prevent="test1">去百度</a>
    <br><br>
    <div style="width:200px;height:200px;background: yellow;" @click="test2">
        outer
```

```
        <div style="width:100px;height:100px;background: green;
        margin-top: 30px;margin-left: 50px;"@click.stop="test3">
            inner
        </div>
    </div>
    <br>
    <button @click.once="test4">只响应一次单击</button>
</div>
```

Vue 代码如下。

```
// 创建 Vue 对象，挂载#app 这个 div 标签
var app = new Vue({
    el:"#app",
    data:{
        num: 2
    },
    methods: {
        test1 () {
            alert('响应单击链接')
        },
        test2 () {
            alert('单击 outer')
        },
        test3 () {
            alert('单击 inner')
        },
        test4 () {
            alert('响应单击')
        }
    },
});
```

图 11-27　演示事件修饰符的页面效果

演示事件修饰符的页面效果如图 11-27 所示。

通常情况下，单击链接默认会跳转页面，但是上面代码通过 ".prevent" 阻止默认行为，最终就不会跳转了。

在外部 div 和内部 div 上都绑定单击事件。当单击内部 div 的绿色区域，默认内部 div 会响应，但是由于事件冒泡，外部 div 也会响应。上面代码加上了 ".stop" 停止事件冒泡，那么外部 div 就不会响应了。

另外，因为上面代码为按钮指定了 ".once" 修饰符，所以单击下面的按钮时，只会响应一次。

11.8　侦听属性

下面请看一段代码并思考一个问题：如果我们希望 firstName 或 lastName 属性发生变化时，　fullName 属性也能随之做出相应改变，那么应该如何实现呢？

```
<div id="app">
    <p>尊姓: {{firstName}}</p>
    <p>大名: {{lastName}}</p>
    尊姓: <input type="text" v-model="firstName" /><br/>
    大名: <input type="text" v-model="lastName" /><br/>
    <p>全名: {{fullName}}</p>
</div>
```

正确的做法是，此时需要对 firstName 或 lastName 属性进行侦听。具体来说，所谓侦听就是对属性进行监控，通过 watch 选项配置一个函数来监视某个响应式属性的变化。监视函数默认在数据变化时回调，且接收新值和旧值两个参数，其语法格式如下。

```
watch: {
    xxx(newVal, oldVal){
        // 处理 xxx 数据变化后的逻辑
    }
}
```

对于上述案例，就是当 firstName 或 lastName 属性的值发生变化时，直接调用准备好的函数，对 fullName 属性做出相应修改。

在 watch 中声明对 firstName 和 lastName 属性进行侦听的函数。Vue 代码如下。

```
var app = new Vue({
    el:"#app",
    data:{
        firstName:"jim",
        lastName:"green",
        fullName:"jim green"
    },
    watch:{
        firstName:function(inputValue){
            this.fullName = inputValue + " " + this.lastName;
        },
        lastName:function(inputValue){
            this.fullName = this.firstName + " " + inputValue;
        }
    }
});
```

侦听前的初始页面如图 11-28 所示。

设置 watch 侦听后，修改 firstName 和 lastName 属性值，发现 fullName 属性值也随之改变，如图 11-29 所示。

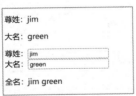

图 11-28　侦听前的初始页面

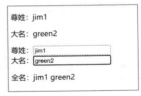

图 11-29　侦听后修改 firstName 和 lastName 属性值

11.9　Vue 的生命周期

Vue 实例在应用过程中会有初始、挂载、更新，以及卸载的运行过程，我们将这个过程称为 Vue 实例的生命周期。对应在开发中，不同阶段程序会主动通过调用特定的回调函数来通知我们，我们将其称为"生命周期钩子函数"。

11.9.1　生命周期流程图

Vue 实例的生命周期主要包括初始、挂载、更新、销毁几个不同的阶段，它们是按照顺序依次执行的。不是所有阶段的执行次数和目标都是相同的，其中初始、挂载和销毁这三个阶段都只执行一次；更新阶段是在不断发展和变化的，会不断地被触发。下面通过一个图来演示 Vue 实例的生命周期，如图 11-30 所示。

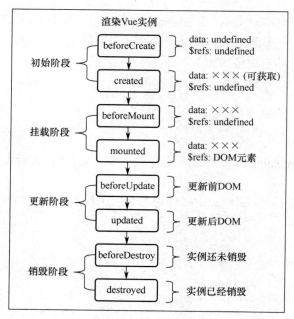

图 11-30　Vue 实例的生命周期

11.9.2　Vue 生命周期钩子函数

我们把一个对象从创建到被销毁的过程称为生命周期。而生命周期函数，就是在某个时刻会自动执行的函数。每个 Vue 实例在被创建时都要经过一系列的初始化过程：创建实例、装载模板、渲染模板等。Vue 为生命周期中的每个状态都设置了钩子函数（监听函数）。当 Vue 实例处于不同阶段的生命周期时，对应的函数就会被触发调用。Vue 中常见的八大生命周期钩子函数如表 11-1 所示。

表 11-1　Vue 中常见的八大生命周期钩子函数

钩 子 函 数	调 用 时 间
beforeCreate()	Vue 实例初始化前调用
created()	Vue 实例初始化后调用
beforeMount()	挂载到 DOM 树前调用
mounted()	挂载到 DOM 树后调用
beforeUpdate()	数据更新前调用
updated()	数据更新后调用
beforeDestroy()	Vue 实例销毁前调用
destroyed()	Vue 实例销毁后调用

Vue 生命周期钩子函数的代码书写位置与 data、methods、watch 等配置属于同级并列关系。下面结合代码分析每个生命周期钩子函数并了解它们之间的差异。

```
<!DOCTYPE html>
<html lang="en">
<head>
    <meta charset="UTF-8">
    <title>Title</title>
    <script src="vue.js"></script>
</head>
<body>
    <div id="app">
        <p ref="pRef">{{message}}</p>
```

```
        <button @click="message = '尚硅谷拥有最好的互联网技术培训'">更新内容</button>
    </div>
    <script>
        //创建Vue对象,挂载#app这个div标签
        var app = new Vue({
            el:"#app",
            data:{
                message: '欢迎来到尚硅谷'
            },
            //1.实例创建前
            beforeCreate(){
                console.log('beforeCreate', this.message, this.$refs.pRef)
            },
            //2.实例创建完成
            created() {
                console.log('created', this.message, this.$refs.pRef)
            },
            //3.数据挂载前
            beforeMount() {
                console.log('beforeMount', this.message, this.$refs.pRef)
            },
            //4.数据挂载完成
            mounted() {
                console.log('mounted', this.message, this.$refs.pRef)
            },
            //5.数据更新前
            beforeUpdate() {
                console.log('beforeUpdate')
                debugger;//设置debugger断点,进行调试,当F12打开的情况下,程序运行到此行会进入到debug
模式
            },
            //6.数据更新完成
            updated() {
                console.log('updated')
            },
            //7.实例卸载前
            beforeDestroy() {
                console.log('beforeDestroy', this.$refs.pRef)
                debugger;
            },
            //8.实例卸载完成
            destroyed() {
                console.log('destroyed', this.$refs.pRef)
            }
        });
    </script>
</body>
</html>
```

　　需要注意的是，ref 属性用于普通的 DOM 元素，表示引用指向的是该 DOM 元素，通过$refs 可以获取该 DOM 的属性集合，作用与 JavaScript 的选择器类似。上述代码中，在<P>元素标签上使用 ref 属性，通过"this.$refs.ref.属性值"可以获取整个<p>标签。

　　代码中演示了生命周期的 8 个钩子函数，下面分别进行分析。

- beforeCreate()

这是 Vue 实例的第一个生命周期钩子函数。在该钩子函数中出现了 this 对象，这个 this 对象指向的是当前 Vue 的实例对象。如果实例对象上有数据或者方法等内容，后续可以通过 this.xxx 的方式调用。值得一提的是，这个钩子函数是在 Vue 实例完成后立即触发的，但此时像 data 数据初始化、methods 方法调用，以及 watch 监控等内容都还没有进行初始化，更不用说$el 的 DOM 元素对象了。因此在该生命周期钩子函数中，this.message 数据内容和 this.$refs.pRef 获取的 DOM 对象都为 undefined 未定义。

* created()

该钩子函数是在处理完所有和状态相关的选项后调用的，这就意味着调用钩子函数之前 data、methods、watch 等内容都已经设置完成。因此 this.message 内容会打印出"欢迎来到尚硅谷"字符串信息，但是由于挂载阶段还没有开始，所以 this.$refs.pRef 属性仍旧为 undefined。

* beforeMount()

这是在挂载 DOM 之前触发的生命周期钩子函数。如果有 template 模板内容，则会将其编译成 render 函数并调用。因为这一阶段还没有获取 DOM 对象，所以相关的内容都停留在虚拟 DOM 的阶段。因此在这一阶段，this.message 内容会打印出"欢迎来到尚硅谷"字符串信息，但 this.$refs.pRef 仍旧为 undefined。

* mounted()

在这一阶段的网页中，el 元素对象最终被实例的$el 元素对象内容所代替，成功地将虚拟 DOM 内容渲染到了真实 DOM 对象上。用户现在可以查看到网页元素最终渲染的效果，因此当前 this.$refs.pRef 打印出来的结果是一个 DOM 元素渲染后的<p>标签。

到这里前面出现的生命周期钩子函数都只会按照讲解顺序执行一次。我们可以将其称为"初始挂载阶段"，生命周期顺序以及相关内容输出打印的结果如图 11-31 所示。

图 11-31　生命周期顺序以及相关内容输出打印的结果

* beforeUpdate()

由于组件的响应式状态变更，在即将更新 DOM 树前，会调用该生命周期钩子函数。比如示例代码中可以通过按钮修改 message 信息，这就产生了一个响应式数据的变更。在代码中的钩子函数中设置一个 debugger 断点进行效果的查看，最终会发现界面中显示的仍旧是数据修改之前的 DOM 内容，如图 11-32 所示。

* updated()

该生命周期钩子函数与 beforeUpdate 钩子函数类似，一个在更新 DOM 树前调用，一个在更新 DOM 树后调用。将之前的断点调试继续运行，则会发现界面中 message 内容已经被替换成了"尚硅谷拥有最好的互联网技术培训"字符串内容，如图 11-33 所示。

图 11-32　设置 debugger 断点查看效果

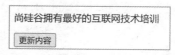

图 11-33　message 内容已经被替换

* beforeDestroy()

当调用当前的生命周期钩子函数时，组件实例未被销毁，依然还保有全部的功能。值得注意的是，打开 F12 控制台，输入 app.$destroy()主动销毁 Vue 实例，该函数才能被调用。同样在该生命周期钩子函数中进行 debugger 断点调试，就可以查看 beforeDestroy 生命周期钩子函数的调用结果。此时界面中仍将保留 DOM 显示的状态，控制台中的 this.$refs.pRef 仍旧显示有元素对象，如图 11-34 所示。

图 11-34　进入 beforeUnmount 生命周期钩子函数后页面状态

● destroyed()

与 beforeDestroy()一样，需要在控制台输入 app.$destroy()，该函数才能被调用。该生命周期钩子函数在一个组件实例被卸载后调用，此时对应实例的 DOM 对象也不复存在。如图 11-35 所示，程序进入 destroyed 生命周期，显然 this.$refs.pRef 对象内容已经被清空，而网页中也不再显示任何的 DOM 元素。

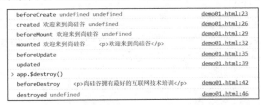

图 11-35　网页中不显示任何的 DOM 元素

11.9.3　常用的生命周期方法

在这么多的生命周期钩子函数中，哪些才是项目开发中最为常用的呢？下面结合实际情况，从 6 个方面对各个生命周期钩子函数进行分析。

（1）beforeCreate()是在实例初始化之后、数据观测（data observer）和事件配置（event/watcher setup）之前被调用的。在该阶段，实例已经被创建，但是数据和方法还未初始化，因此不能进行数据操作和方法调用。通常在该钩子函数中可以进行一些初始化设置或者订阅事件。

（2）虽然 created()中已经拥有了 data、method、watch 等内容，这就意味着可以尝试进行数据请求并修改数据的操作。但此时并没有 DOM 对象，谁也无法确保在 Vue 实例化过程中是否会出现异常，从而导致 DOM 无法渲染，最终造成数据请求操作和数据修改变得无意义。

（3）beforeMount()主要处理的是虚拟 DOM 生成，如果想要操作虚拟 DOM 可以在这一阶段实现。但因为开发过程中，开发人员直接操作虚拟 DOM 并不常见，所以这一生命周期钩子函数也不常用。

（4）其实最为常用的生命周期钩子函数是 mounted()。因为此时已经确保所有的 data、method、watch 等内容都存在，可以操作所有响应式数据。那么在该生命周期钩子函数中，对请求数据、后续接口处理时，操作原来定义的方法、计算与监控等。而且在该生命周期钩子函数中 DOM 已经真实存在，说明实例渲染无误，那么在这里再操作 DOM 也更简单清楚。

（5）beforeUpdate()与 updated()是在响应式数据更新时触发的钩子函数。在这两个钩子函数中操作需要十分小心，因为修改任何一个数据都会触发这两个钩子函数，这就意味着它们的触发频率是十分频繁的。

这里需要思考的是，在更新阶段是否要进行类似数据请求这样的操作，以及数据请求操作频率的问题，这将牵扯到性能相关的问题，因此这两个钩子函数的操作并不常用。如果一定要使用，还需要注意利用特定的条件触发的频率限制。

（6）因为 destroyed() 已经完全卸载了实例对象，所以在这个钩子函数中操作的内容相对较少。如果需要进行定时器清除、取消监听、断开网络连接等操作，建议在 beforeDestroy 实例未完全卸载阶段进行，这样也能够确保 destroyed 阶段卸载的实例对象是比较干净纯粹的。

综上所述，mounted、beforeDestroy 等生命周期钩子函数是项目开发中最常用的钩子函数。

11.10　案例：水果库存静态页面功能优化

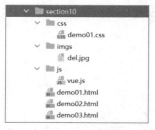

图 11-36　目录结构

下面通过 Vue 技术重新实现第 10 章 JavaScript 的案例。同样包括水果库存静态页面的功能：鼠标悬浮和离开时的操作、单价的更新，以及删除指定行。

在 section10 文件夹下，引入第 10 章案例的 CSS、HTML 文件和相关图片，以及 vue.js 文件。目录结构如图 11-36 所示。

其中，demo01.html 用于实现鼠标悬浮和离开时的操作、demo02.html 用于实现单价的更新、demo03.html 用于实现删除指定行。且这三个功能是递进式的，后一个功能在前一个功能的基础上实现。

11.10.1　鼠标悬浮效果实现

首先借助 Vue 来实现鼠标悬浮移动时不同效果的实现。

修改 demo01.html 文件，引入 vue.js 文件，添加 Vue 代码。示例代码如下。

```html
<html>
<head>
    <title>鼠标滑动</title>
    <meta charset="utf-8"/>
    <link rel="stylesheet" href="css/demo01.css">
    <script src="js/vue.js"></script>
</head>
<body>
    <div id="div_container">
        <div id="div_fruit_list">
            <table id="tbl_fruit">
                <tr>
                    <td>名称</td>
                    <td>单价</td>
                    <td>数量</td>
                    <td>小计</td>
                    <td>操作</td>
                </tr>
                <tr v-for="(fruit,index) in fruitList"
                @mouseover="changeBgColor(1)" @mouseout="changeBgColor(2)">
                    <td>{{fruit.name}}</td>
                    <td v-if="fruit.flag" class="numcss">{{fruit.num}}</td>
                    <td v-else  class="numcss">
                        <input type="text" v-model="fruit.num"  size="4" >
                    </td>
                    <td>{{fruit.price}}</td>
                    <td>{{fruit.num*fruit.price}}</td>
                    <td><img src="imgs/del.jpg" class="delImg" ></td>
                </tr>

                <tr>
```

```
                <td>总计</td>
                <td colspan="4">{{sum}}</td>
            </tr>
        </table>
    </div>
  </div>
</body>
<script>
    new Vue({
        el:"#div_container",
        data:{
            fruitList:[
                {name:"苹果",num:5,price:20,flag:true},
                {name:"香蕉",num:7,price:10,flag:true},
                {name:"梨儿",num:3,price:20,flag:true},
                {name:"西瓜",num:10,price:20,flag:true}
            ],
            sum:0
        },
        methods:{
            //1.鼠标滑动
            changeBgColor:function (i){
                if(i==1){
                    event.target.parentElement.classList.add("hover");
                }else{
                    event.target.parentElement.classList.remove("hover");
                }
            },

            //计算总计
            result:function (){
                var sum=0;
                for (let i = 0; i < this.fruitList.length; i++) {
                    sum+=this.fruitList[i].num*this.fruitList[i].price;
                }
                this.sum=sum;
            }

        },
        //刷新总计
        created:function (){
            this.result();
        },
    })
</script>
</html>
```

在 demo01.css 文件中添加如下 CSS 样式，示例代码如下。

```
#tbl_fruit tr.hover {
    background-color: navy;
}
#tbl_fruit tr.hover td{
    color:white;
}
.numcss{
    width: 150px;
}
```

运行代码,将鼠标悬浮在"苹果"所在行,如图 11-37 所示。

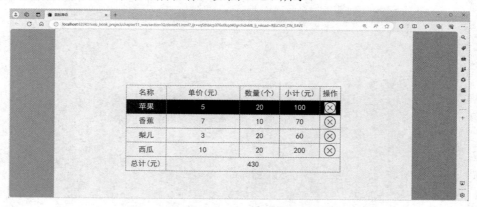

图 11-37　鼠标悬浮时的效果

从图中可知,鼠标悬浮效果成功实现,鼠标停留在该行,该行整体颜色变深表示特指,与其他行区分开来;鼠标离开后,恢复原来的样式。

11.10.2　更新单价操作

本节内容对水果的单价进行优化,实现当鼠标单击单价列时,显示数字文本框,能够输入新的数额,更新单价信息。

修改 demo02.html 文件,添加 Vue 代码,示例代码如下。

```html
<html>
<head>
    <title>更新单价</title>
    <meta charset="utf-8"/>
    <link rel="stylesheet" href="css/demo01.css">
    <script src="js/vue.js"></script>
</head>
<body>
    <div id="div_container">
        <div id="div_fruit_list">
            <table id="tbl_fruit">
                <tr>
                    <td>名称</td>
                    <td>单价</td>
                    <td>数量</td>
                    <td>小计</td>
                    <td>操作</td>
                </tr>
                <tr v-for="(fruit,index) in fruitList"
                @mouseover="changeBgColor(1)" @mouseout="changeBgColor(2)">
                    <td>{{fruit.name}}</td>
                    <td @click="editNum(index)" v-if="fruit.flag"
                    class="numcss">{{fruit.num}}</td>
                    <td v-else class="numcss">
                        <input type="number" v-model="fruit.num"
                        @mouseout="updateNum(index)" size="4"
                        @keydown="ckInput()">
                    </td>
                    <td>{{fruit.price}}</td>
                    <td>{{fruit.num*fruit.price}}</td>
```

```
                <td><img src="imgs/del.jpg" class="delImg" ></td>
            </tr>

            <tr>
                <td>总计</td>
                <td colspan="4">{{sum}}</td>
            </tr>
        </table>
    </div>
</div>
</body>
<script>
    new Vue({
        el:"#div_container",
        data:{
            fruitList:[
                {name:"苹果",num:5,price:20,flag:true},
                {name:"香蕉",num:7,price:10,flag:true},
                {name:"梨儿",num:3,price:20,flag:true},
                {name:"西瓜",num:10,price:20,flag:true}
            ],
            sum:0
        },
        methods:{
            //2.更新单价
            //编辑单价
            editNum: function (index) {
                this.fruitList[index].flag = false;
                console.log(event.target.parentElement);
                event.target.parentElement.classList.remove("hover");
            },
            //更新单价
            updateNum: function (index) {
                //如果输入为空,值为0
                if(!event.target.value) {
                    event.target.value = 0;
                }
                this.fruitList[index].num = event.target.value;
                this.fruitList[index].flag = true;
                this.result()
            },
            //校验输入的值是否为数字
            ckInput: function () {
                var kc = event.keyCode;
                console.log(kc);
                if (!((kc >= 48 && kc <= 57) || kc == 8 || kc == 13)) {
                    event.returnValue = false;
                }
                if (kc == 13) {
                    event.srcElement.blur();
                }
            },

            //1.鼠标滑动
            changeBgColor: function (i) {
```

267

```
            if (i == 1) {
                event.target.parentElement.classList.add("hover");
            } else {
                event.target.parentElement.classList.remove("hover");
            }
        },
        //计算总计
        result: function () {
            var sum = 0;
            for (let i = 0; i < this.fruitList.length; i++) {
                sum += this.fruitList[i].num * this.fruitList[i].price;
            }
            this.sum = sum;
        }
    },
    //刷新总计
    created:function (){
        this.result();
    }
})
</script>
</html>
```

运行代码，修改苹果的单价（元）为 10 如图 11-38 所示。

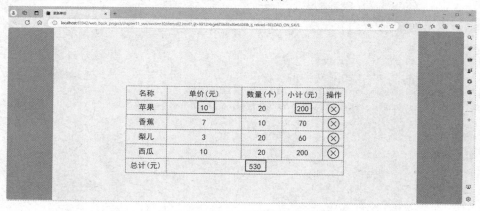

图 11-38　修改苹果的单价为 10

从图中可知，修改苹果单价（元）为 10 后，小计（元）为 200，总计（元）为 530，表明更新单价成功。并且保证输入时只有数字生效，如果输入字母则输入失败。

11.10.3　删除指定行

本节继续实现单击操作栏的删除图标，删除对应指定行的水果库存信息并更新总计。

修改 demo03.html 文件，添加 Vue 代码，示例代码如下。

```
<html>
<head>
    <title>删除水果</title>
    <meta charset="utf-8"/>
    <link rel="stylesheet" href="css/demo01.css">
    <script src="js/vue.js"></script>
</head>
<body>
    <div id="div_container">
```

```html
        <div id="div_fruit_list">
            <table id="tbl_fruit">
                <tr>
                    <td>名称</td>
                    <td>单价（元）</td>
                    <td>数量（个）</td>
                    <td>小计（元）</td>
                    <td>操作</td>
                </tr>
                <tr v-for="(fruit,index) in fruitList"
                @mouseover="changeBgColor(1)" @mouseout="changeBgColor(2)">
                    <td>{{fruit.name}}</td>
                    <td @click="editNum(index)" v-if="fruit.flag"
                    class="numcss">{{fruit.num}}</td>
                    <td v-else  class="numcss">
                        <input type="number" v-model="fruit.num"
                        @mouseout="updateNum(index)" size="4"
                        @keydown="ckInput()">
                    </td>
                    <td>{{fruit.price}}</td>
                    <td>{{fruit.num*fruit.price}}</td>
                    <td><img src="imgs/del.jpg" class="delImg"
                    @click="del(index)"></td>
                </tr>

                <tr>
                    <td>总计</td>
                    <td colspan="4">{{sum}}</td>
                </tr>
            </table>
        </div>
    </div>
</body>
<script>
    new Vue({
        el:"#div_container",
        data:{
            fruitList:[
                {name:"苹果",num:5,price:20,flag:true},
                {name:"香蕉",num:7,price:10,flag:true},
                {name:"梨儿",num:3,price:20,flag:true},
                {name:"西瓜",num:10,price:20,flag:true}
            ],
            sum:0
        },
        methods:{
            //3.删除水果信息
            del:function (index){
                this.fruitList.splice(index,1);
                this.result()
            },

            //2.更新单价
```

```
        //编辑单价
        editNum:function (index){
            this.fruitList[index].flag=false;
            console.log(event.target.parentElement);
            event.target.parentElement.classList.remove("hover");
        },
        //更新单价
        updateNum:function (index){
            if(!event.target.value) {
                event.target.value = 0;
            }
            this.fruitList[index].num=event.target.value;
            this.fruitList[index].flag=true;
            this.result()
        },
        //校验输入的值是否为数字
        ckInput:function (){
            var kc = event.keyCode;
            console.log(kc);
            if(!((kc>=48 && kc<=57) || kc==8 || kc==13)){
                event.returnValue = false;
            }
            if(kc == 13){
                event.srcElement.blur();
            }
        },

        //1.鼠标滑动
        changeBgColor:function (i){
            if(i==1){
                event.target.parentElement.classList.add("hover");
            }else{
                event.target.parentElement.classList.remove("hover");
            }
        },
        //计算总计
        result:function (){
            var sum=0;
            for (let i = 0; i < this.fruitList.length; i++) {
                sum+=this.fruitList[i].num*this.fruitList[i].price;
            }
            this.sum=sum;
        },
    },
    //刷新总计
    created:function (){
        this.result();
    }
    })
</script>
</html>
```

运行代码，单击苹果所在行的删除图标，如图 11-39 所示。

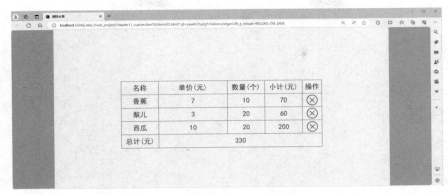

图 11-39　删除苹果信息

从图中可知，苹果信息删除成功，且总计随之改变。如果全部删除，如图 11-40 所示。从图中可知，所有水果信息删除成功，且总计为 0。

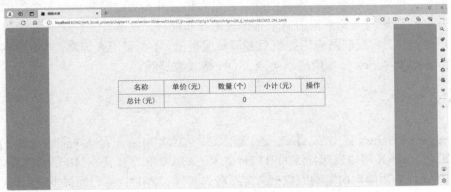

图 11-40　删除所有水果信息

11.11　本章小结

本章主要介绍了 Vue 的相关知识，介绍了基于 HTML 的 Vue 模板语法，包括插值语法和指令语法两部分。详细介绍了声明式渲染、标签绑定、条件渲染、列表渲染等应用，以及 Vue 的事件处理和侦听属性 watch 的使用。另外还分析了 Vue 生命周期全过程，以及不同阶段钩子函数的调用情况。最后通过案例将之前 JavaScript 代码借助 Vue 实现，简化代码，进行优化，从而加深对 Vue 的理解和应用。通过本章的学习，希望大家可以灵活运用 Vue 进行前端页面开发。

第12章

AJAX

AJAX 的全称为 "Asynchronous JavaScript And XML"。AJAX 指的是异步的 JavaScript 和 XML。它是指一种创建交互式网页应用的网页开发技术。简单来说，AJAX 是一种用于创建快速动态网页的技术，它可以让开发者只向服务器端获取数据，需要注意的是，它是让开发者向服务器端获取数据，而不是图片、HTML 文档等。互联网资源的传输变得前所未有得轻量级和纯粹，这激发了广大开发者的创造力，使各式各样功能强大的网络站点，和互联网应用如雨后春笋一般冒出，不断带给人惊喜。本章内容主要包括 AJAX 渲染、同步与异步，以及 Axios 基本用法，响应 JSON 格式数据等。

12.1 AJAX 简介

2005 年，Jesse James Garrett 提出了 AJAX 这个新术语。AJAX 中的 A 是 Asynchronous 的首字母，表示异步的意思。也就是说，AJAX 可以发起异步的 HTTP 请求。AJAX 中的 X 是 XML 的首字母，XML 意为可扩展标记语言，最开始时作为后端向前端响应数据的文档格式，但是 XML 目前已经很少使用，在 AJAX 中，JSON 已经代替了 XML。

简而言之，AJAX 是使用 XMLHttpRequest 对象与服务器端通信的脚本语言。它可以发送及接收各种格式的信息，包括 JSON、XML、HTML 和文本文件。

试想，当用户触发一个 HTTP 请求到服务器端时，传统的 Web 应用交互会这样做：服务器端对请求进行处理，然后再返回一个新的 HTML 页面到客户端。每当服务器端处理客户端提交的请求时，客户都只能空闲等待。哪怕只是一次很小的交互，只需要从服务器端得到很简单的一个数据的情况，都要返回一个完整的 HTML 页面。而用户每次都需要浪费时间和带宽去重新读取整个页面。这样一来，由于每次应用的交互都需要向服务器端发送请求，应用的响应时间就依赖于服务器端的响应时间，从而浪费了大量带宽，而且导致了用户界面的响应速度比本地应用的更慢。

而 AJAX 与此不同，AJAX 应用可以仅向服务器端发送并取回必需的数据，同时在客户端采用 JavaScript 处理来自服务器端的响应。因为服务器端和浏览器之间交换的数据大量减少，所以用户就能看到响应更快的应用。同时很多的处理工作可以在发出请求的客户端机器上完成，因此对于速度而言，Web 服务器端的处理时间也减少了。

简单来说，使用 AJAX 技术，可以在页面不刷新或不跳转的前提下向服务器端发起 HTTP 请求，获取响应数据，将增量更新呈现在界面上。最后将 AJAX 技术的优势具体总结如下。

- 页面无刷新，与服务器端通信，带来良好的用户体验。
- 异步的方式与服务器端通信，不会打断用户的操作，相对来说操作流畅。
- 把一些服务器端的负担转嫁到客户端，利用客户端闲置的能力，减轻服务器端和带宽的负担，节约成本，合理分配资源。
- 按需取数据，最大程度减少冗余的请求和响应，进一步减轻服务器端的负担。

例如，搜索引擎页面中的搜索框就是一种典型的 AJAX 应用场景，如图 12-1 所示。

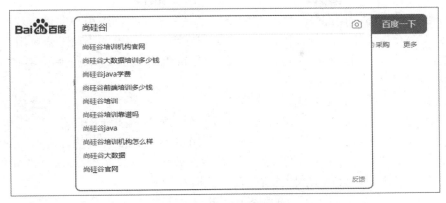

图 12-1　搜索引擎页面

当用户输入关键字之后，会通过 AJAX 技术向后端请求数据。在不刷新页面的前提下，获取与关键字关联的历史搜索词，并展现在页面中，如图 12-2 所示。

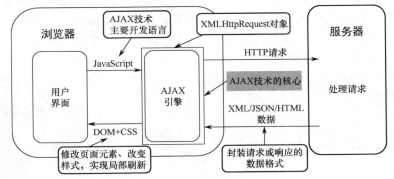

图 12-2　AJAX 请求数据

前面学习了 Thymeleaf 服务器端渲染，Thymeleaf 是一个现代化的、渲染 XML/XHTML/HTML5 等内容的、服务端的 Java 模板引擎。它的主要作用是在静态页面上渲染显示动态数据。渲染之后，浏览器的页面会整体刷新，呈现的是同步效果。如果想要实现局部刷新，那么需要借助本章学习的内容——AJAX 来进行渲染。相比服务器端渲染，AJAX 的请求是由 JavaScript 发出的，而不是浏览器，并且后台处理过程和服务器端渲染是一样的，只是响应结果直接返回给 JavaScript 代码，从而对页面进行 DOM 操作，因此局部更新不影响其他内容，这就是呈现的异步效果。服务器端渲染过程如图 12-3 所示。AJAX 渲染过程如图 12-4 所示。

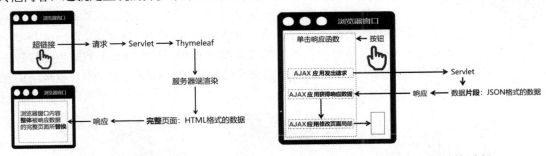

图 12-3　服务器端渲染过程　　　　　　　图 12-4　AJAX 渲染过程

同步和异步是一对相对的概念，那么什么是同步，以及什么是异步呢？下面将具体讲解。

12.2　同步与异步

因为 JavaScript 在同一时间只能处理一个任务，所有任务都需要排队，前一个任务执行完，才能执行下一个任务。如果前一个任务的执行时间很长，如执行 AJAX 操作或定时器操作时，后一个任务需要等它执行完毕才能向下执行，此时下面的任务就会被阻塞。拿定时器来说，当用户向后台获取大量的数据时，就需要等到所有数据都获取完毕才能进行操作，用户只能在那里干等着，这种阻塞对用户来说意味着"卡死"，严重影响用户体验。在设计的时候，布莱登·艾奇就考虑到这个问题，将任务分为同步任务（synchronous）和异步任务（asynchronous）。

同步任务指的是，在主线程上排队执行的任务，只有前一个任务执行完毕，才会执行后一个任务。异步任务指的是，不直接进入主线程执行，而是进入任务队列，只有等主线程任务执行完毕，任务队列开始通知主线程，请求执行任务，该任务才会进入主线程。简单地说，同步任务执行之后，后面的任务必须等待同步任务得到计算结果并处理完成后才能执行；而异步任务在启动执行之后，后面的任务可以继续执行，当异步任务得到计算结果之后，会通知到主线程进行处理。

结合实际来说，如果在函数返回的时候，调用者还无法得到预期结果，而是要在将来通过一定的手段才能得到（如回调函数），这就是异步。例如，AJAX 操作。如果函数是异步的，发出调用之后，就会马上返回，但是不会马上返回预期结果。调用者不必主动等待，当被调用者得到结果之后，会通过回调函数主动通知调用者。

我们通过一个例子来描述同步和异步的区别，假如顾客去饭店吃饭，要点三道菜，分别是酸菜鱼、烤串和香菇炒油菜。若采用同步的方式进行处理，则顾客先向服务员点酸菜鱼，厨师先将酸菜鱼做好，然后吃完后再点烤串，烤串做好并吃完后再点香菇炒油菜，最后香菇炒油菜做好并吃完。整个过程中，不管上菜的时间有多久，都会等待上一道菜做好并吃完后，再点下一道菜，如图 12-5 所示。

图 12-5　同步的方式

图 12-6　一次性点完所有的菜

若采用异步的方式进行处理，则顾客同时向服务员点酸菜鱼、烤串、香菇炒油菜，哪道菜做好就先上哪道菜。这样一来，即使后厨在制作其中一道菜时浪费了时间，也并不会影响另外两道菜的烹饪，如图 12-6 所示。做好哪道菜就上哪道菜，例如，上菜顺序如图 12-7 所示。

从前面的描述中可以得出结论：异步可以充分发挥计算机性能，使其不会因为执行一个耗时的任务导致后续代码被阻塞。可以想象，如果网页中需要获取一个网络资源，通过同步的方式获取，那么 JavaScript 需要等待资源完全从服务器端获取之后才能继续执行。这期间 UI 渲染也将停顿，这样的用户体验是非常不好的。而采用异步的方式获取，在下载网络资源期间，JavaScript 和 UI 渲染都不会处于等待状态。

图 12-7　上菜顺序

在 JavaScript 中，定时器、DOM 事件和 AJAX 等的执行方式都是异步的。需要注意的是，异步方式执行的 JavaScript 代码仍然是单线程运行的。当异步任务计算完成，得到结果并通知主线程之后，也需要等待其他任务完成，主线程空闲时才能进行相关处理。

对比同步和异步可知，同步操作通常是串行的，多个操作按顺序执行，前面的操作没有完成，后面的操作就必须等待，如图 12-8 所示。而对于异步操作来说，多个操作相继开始并发执行，即使开始的先后顺序不同，但是由于它们各自是在自己独立的进程或线程中完成的，所以互不干扰，谁也不用等谁，如图 12-9 所示。

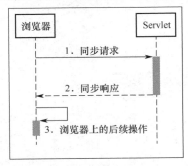
图 12-8　同步操作

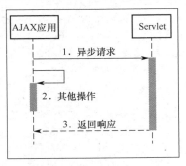
图 12-9　异步操作

在实际应用中，AJAX 指的是不刷新浏览器窗口、不做页面跳转、局部更新页面内容的技术。真正的前后端分离是前端项目和后端项目分服务器端部署，在这里可以先理解为彻底舍弃服务器端渲染，数据全部通过 AJAX 方式以 JSON 格式来传递。接下来会对 AJAX 应用展开详细介绍。

12.3　XMLHttpRequest 对象

AJAX 的技术核心就是 XMLHttpRequest 对象。当我们在 JavaScript 中发送一个 HTTP 请求或接收响应时，就会使用 XMLHttpRequest 对象。

XMLHttpRequest 对象是通过实例化 XMLHttpRequest() 构造函数的方式来创建的，示例代码如下。

```
var xhr = new XMLHttpRequest();
```

那么，一个完整的 AJAX 是怎么通过 XMLHttpRequest 对象实现的呢？

其实使用 XMLHttpRequest 对象实现 AJAX 可以分为五步，具体如下。

（1）创建 XMLHttpRequest 对象。

（2）为 XMLHttpRequest 对象监听进度事件，由于是异步操作，等到接收响应数据后，事件才会触发。

（3）初始化请求并指定请求方式。

（4）发送请求并设置数据体。

（5）服务器端成功响应，触发进度事件，执行事件的回调函数，接收响应数据，并对响应数据进行相关处理。

明确使用 XMLHttpRequest 对象实现 AJAX 的五步后，先来整体"感知"发送 AJAX 请求并接收响应进行处理的案例。

HTML 文件的示例代码如下。

```
<!DOCTYPE html>
<html lang="en">
<head>
    <meta charset="UTF-8">
    <title></title>
    <script src="vue.js"></script>
</head>
<body>
<div id="app">
    <h1>测试 XMLHttpRequest</h1>
    <input type="button" value="点我发送请求" @click="fun01"/><br/>
</div>
```

```
<script>
    new Vue({
        el:"#app",
        data:{},
        methods:{
            fun01:function () {
                alert("测试 XMLHttpRequest");
                // 创建 XMLHttpRequest 对象
                const xhr = new XMLHttpRequest();
                // 初始化 GET 请求
                xhr.open("GET", "xmlHttpRequestTest?message=hello");

                // 监听进度事件, 待响应完成后获取响应内容
                xhr.onreadystatechange = function () {
                    // 如果请求还没有返回, 就直接结束
                    if (xhr.readyState !== 4) return;
                    // 响应状态码在 200~299 都代表请求成功
                    if (xhr.status >= 200 && xhr.status <= 299) {
                        // 获取所有的响应头信息
                        console.log(xhr.getAllResponseHeaders());
                        // 获取指定的响应头信息
                        console.log(xhr.getResponseHeader("Content-Length"));
                        // 获取响应体文本
                        console.log(xhr.responseText);
                    }
                };

                // 发送请求
                xhr.send();
            }
        }
    });
</script>

</body>
</html>
```

XMLHttpRequestTestServlet 示例代码如下。

```
package com.atguigu.servlet;
//省略 import 语句

@WebServlet("/xmlHttpRequestTest")
public class XMLHttpRequestTestServlet extends HttpServlet {
    @Override
    protected void doGet(HttpServletRequest req,HttpServletResponse resp) throws
ServletException, IOException {
        System.out.println("访问到了 AJAXTestServlet");
        String message = req.getParameter("message");
        System.out.println("message = "+ message);
        //响应数据: 不能用重定向和转发 ( 属于同步请求 ), 采用输出流的方式
        PrintWriter writer = resp.getWriter();
        //谁发请求, 数据就响应给谁 ( JavaScript )
        writer.write("success");
    }

    @Override
    protected void doPost(HttpServletRequest req,HttpServletResponse resp) throws
```

```
ServletException, IOException {
    doGet(req, resp);
}
}
```

运行代码查看页面效果，如图 12-10 所示。

图 12-10　测试 XMLHttpRequest 对象

在此页面下按 F12 键，单击超链接发送请求，查看控制台响应数据，如图 12-11 所示。

XMLHttpRequest 一开始只是微软浏览器提供的一个接口，后来各大浏览器纷纷效仿也提供了这个接口，再后来 W3C 对它进行了标准化，提出了 XMLHttpRequest 标准。XMLHttpRequest 标准分 level 1 和 level 2 两个版本，level 2 版本是对 level 1 版本的升级和改进。简单地说，level 2 版本在原 API 的基础上新增了更多的 API。目前 level 2 版本中新增的 API 已经得到了各大浏览器的广泛支持。

图 12-11　发送请求后，查看控制台响应数据

XMLHttpRequest level 1 主要存在以下缺点。

- 不能发送二进制文件（如图片、视频、音频等），只能发送纯文本数据。
- 在发送和获取数据的过程中，无法实时获取进度信息，只能判断是否完成。
- 受同源策略的限制，不能发送跨域请求。

level 2 版本在 level 1 版本的基础上进行了改进，XMLHttpRequest level 2 中新增了以下功能。

- 在服务端允许的情况下，可以发送跨域请求。
- 支持发送和接收二进制数据。
- 新增 FormData 对象，支持发送表单数据。
- 发送和获取数据时，可以获取进度信息。
- 可以设置请求的超时时间。

12.4　Axios 简介

使用原生的 JavaScript 程序执行 AJAX 的过程极其烦琐，为了解决 XMLHttpRequest 的 AJAX 请求封装的复杂性，以及便于后续增加请求响应等拦截器的常用功能，还可以考虑使用第三方类库 Axios。

Axios 是目前最流行的前端 AJAX 框架。Axios 是一个具有独立开发功能且目标明确的请求类库，它基于 Promise，是一个既可用于浏览器又可以用于 Node.js 服务器端的 HTTP 请求模块。本质上它是符合最新 ES 规范，使用 Promise 实现的、原生 XHR 的封装。在服务端，它使用原生 Node.js 的 HTTP 模块实现；而在客户端，它则使用 XMLHttpRequest 对象实现。因为对于请求操作，Axios 进行了常用功能的封装，所以开发人员若想实现网络请求功能，则只需要直接安装使用它，就可以拥有它带来的诸多新的特性内容，主要包括以下几点。

- 支持从浏览器创建 XMLHttpRequest 对象。
- 支持从 Node.js 创建 HTTP 请求。
- 支持 Promise API。
- 拦截请求和响应。
- 转换请求和响应数据。
- 取消请求。
- 自动转换 JSON 数据。

12.5 Axios 入门案例

下面通过一个案例简单演示 Axios 的使用。在页面创建一个按钮，单击按钮发送异步请求，触发后台 Servlet 代码，并实现获取请求参数，在控制台输出。

采用 Axios 异步框架向后台发送请求的步骤如下。

（1）导入 Axios 框架（axios.min.js 文件）。

（2）调用 axios()函数，该函数用来发送异步请求，并传入请求路径、请求方式等参数，设置请求的具体信息。

（3）服务器端通过输出流的方式输出数据（返回给 JavaScript）。

（4）接收服务器端的响应数据，语法格式如下。

```
axios({}).then(response=>{回调函数});
```

（5）如果服务器出现 500 错误，就执行 catch()中的回调函数，语法格式如下。

```
//链式编程
axios({})
.then(response=>{请求成功的回调函数})
.catch(error=>{请求失败，出现 500 错误的回调函数})
```

HTML 页面如下，发送异步请求到服务器端（Servlet）。

```html
<!DOCTYPE html>
<html lang="en">
<head>
    <base href="/chapter12_AJAX_war_exploded/">
    <meta charset="UTF-8">
    <title>首页</title>
    <!--导入框架代码-->
    <script src="vue.js"></script>
    <script src="axios.min.js"></script>
</head>
<body>
<div id="app">
    <h1>首页</h1>
    <input type="button" value="点我发送异步请求" @click="fun01"/>
</div>
<script>
    new Vue({
```

```
        el:"#app",
        data:{},
        methods:{
            fun01:function () {
                alert(100);
                //发送异步请求到服务器端（Servlet）
                //采用 Axios 异步框架（JavaScript 框架，专门发送异步请求）
                //设置请求发送到哪里，以及携带什么参数（以 JSON 格式传递）
                axios({
                    method:"post",//设置请求方式
                    url:"AJAXTest",//设置请求路径
                    //设置请求参数
                    params:{
                        message:"hello,AJAX!"
                    }
                }).then(response => {
                    //程序正常运行的回调函数
                    //获得服务器端传过来的数据(response.data)
                    var msg = response.data;
                    alert("服务器端响应数据为: "+msg);
                    //接下来就可以根据响应数据进行 DOM 操作（局部操作）
                }).catch(error => {
                    //代码出现异常的回调函数
                    alert("服务器端出现异常了");
                });
            }
        }
    });
</script>

</body>
</html>
```

创建 AJAXTestServlet，继承 HttpServlet，获取请求参数并返回响应数据。

```
package com.atguigu.servlet;
//省略 import 语句

@WebServlet("/AJAXTest")
public class AJAXTestServlet extends HttpServlet {
    @Override
    protected void doGet(HttpServletRequest req, HttpServletResponse resp) throws
ServletException, IOException {
        System.out.println("访问到了 AJAXTestServlet");
        String message = req.getParameter("message");
        System.out.println("message = "+ message);

        //响应数据：不能使用重定向和转发（属于同步请求），采用输出流的方式
        PrintWriter writer = resp.getWriter();
        //谁发请求，数据就响应给谁（JavaScript）
        writer.write("success");
    }

    @Override
    protected void doPost(HttpServletRequest req, HttpServletResponse resp) throws
ServletException, IOException {
        doGet(req, resp);
    }
}
```

运行代码，Axios 的入门案例首页如图 12-12 所示。

单击按钮，查看后端控制台，如图 12-13 所示。同时再次查看前端页面，如图 12-14 所示，成功接收到后台返回的响应数据。

图 12-12　Axios 入门案例的首页

图 12-13　控制台输出请求参数 message

图 12-14　接收响应数据 success

12.6　Axios 基本用法

Axios 的使用方法与 Vue 类似，直接在页面导入对应的*.js 文件即可。官方提供的借助<script>标签的引入方式如下。

```
<script src="https://unpkg.com/axios/dist/axios.min.js"></script>
```

我们可以下载 axios.min.js 文件，并将其保存到本地使用。在前端页面引入开发环境，具体如下。

```
<!-- 引入Vue -->
<script type="text/javascript" src="vue.js"></script>
<!-- 引入Axios -->
<script type="text/javascript" src="axios.min.js"></script>
```

使用 Axios 发送异步请求，直接借助 axios()函数，函数中可以传入 JSON 数据，设置请求方式、请求路径，以及携带什么参数等。

```
//使用Axios发送异步请求
axios({
    "method":"post",//设置请求方式为post请求
    "url":"demo01",//设置请求路径
    //设置请求参数
    "params":{
        "userName":"tom",
        "userPwd":"123456"
    }
})
```

axios()函数的参数可以先定义再传入，而且请求方式还可以简化，示例代码如下。

```
var url="请求地址";
var data={}

//发送post异步请求
axios.post(url,data).then(response => {
    //response是服务器端的响应数据,是JSON类型
    this.message = response.data
}).catch(error => {
    //error就是出错时服务器端返回的响应数据
    console.log(error)
})
```

其中，then()函数和 catch()函数分别是服务器端处理请求成功和失败后调用的函数。

then()函数，一般用于处理请求成功的响应数据。它是异步执行，通常用在 AJAX 请求后面，即当.then()前的方法执行完后再执行 then()内部的程序，这样一来就能避免出现数据没获取到的问题。上述代码中 response 对象封装了服务器端的响应数据，类型是 JSON 格式，response 的 data 属性存储的是响应体的数据。

其实，then()函数包含两个参数，一个是请求成功时的回调方法，默认给该方法传递成功的数据；另一个是请求失败的方法，用于处理请求失败的相关数据。前者是响应，响应数据存储在参数 response 中，而后者是错误，错误信息封装在参数 error 中。

```
var url="请求地址"

axios.post(url,{username:"tom"})
//链式编程
.then(response => {//成功回调方法
   this.msg = response.data;
},error => {//异常回调方法
   console.log(error);
})
```

一般情况下，为了避免程序报错，会在 then()后面调用.catch()函数，这与 try-catch 方法相似，可以理解为省略了 try()部分。

值得注意的是，如果在 then()函数的第一个方法参数中抛出了异常，那么后面的 catch()函数可以捕获到，但 then()函数的第二个方法参数抛出异常却无法捕获。因此，建议使用catch()函数处理请求失败信息，而不使用 then()函数的第二个方法参数。

catch()函数传入的回调函数，error 对象封装了服务器端处理请求失败后相应的错误信息。其中，Axios 封装的响应数据对象，是 error 对象的 response 属性。response 属性对象的结构如图 12-15 所示。可以看到，response 属性对象的结构，与 then()函数传入的回调函数中的 response 属性对象的结构是一样的。

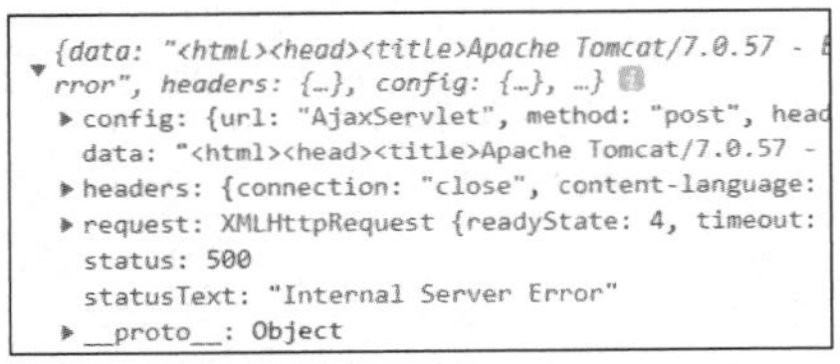

注意，回调函数是指开发人员声明，但是交给系统来调用的函数。像单击响应函数、then()函数、catch()函数等传入参数的都是回调函数。回调函数是相对于普通函数来说的，普通函数是指开发人员声明，并且开发人员自己调用的函数。示例代码如下。

图 12-15　response 属性对象的结构

```
//声明函数
function sum(a, b) {
   return a+b;
}
//调用函数
var result = sum(3, 2);
console.log("result="+result);
```

12.7　AJAX 响应复杂数据

通过前面的学习，我们可以将普通字符串作为 AJAX 的响应数据进行传递，如果需要响应 JavaBean、List 或 Map 等复杂数据，那么应该如何处理呢？AJAX 在响应复杂数据时，首先需要服务器端将复杂数据转换为 JSON 字符串，然后才能进行传递。

服务器端在将复杂数据转换为 JSON 字符串时，需要借助 Gson 工具，具体步骤如下。

（1）在项目中导入 Gson 工具的 jar 包。

（2）实例化 Gson 对象。

（3）调用 Gson 对象的 toJson()方法。

值得注意的是，服务器端响应 JSON 字符串回到页面，实际上，异步请求 JavaScript 端接收到的数据是 JSON 对象。Axios 框架会判断字符串是否符合 JSON 格式要求，如果符合，就自动转为 JSON 对象；如果不符合，就仍为字符串。下面分别介绍 AJAX 如何响应 JavaBean、List 集合和 Map 三种复杂数据。

12.7.1 JavaBean 作为响应数据

当 JavaBean 作为响应数据时，以 User 对象为例进行演示。

User 类包含三个属性，分别为 id、username 和 password，示例代码如下。

```
package com.atguigu.bean;

public class User {
    private Integer id;
    private String username;
    private String password;

    //……
}
```

首先，创建 JsonTestServlet，将 User 对象转换为 JSON 字符串格式，并响应数据到前端页面，示例代码如下。

```
package com.atguigu.servlet;
//省略 import 语句

@WebServlet("/jsonTest")
public class JsonTestServlet extends HttpServlet {
    @Override
    protected void doGet(HttpServletRequest req, HttpServletResponse response) throws
ServletException, IOException {
        System.out.println("访问到了 JsonTestServlet");
        //将普通的 JavaBean 作为响应数据
        User user = new User(1, "admin", "root");
        //将 User 转换为 JSON 字符串（满足 JSON 格式的字符串）
        //采用工具 Gson(Java 端的工具，是一个 jar 包)
        Gson gson = new Gson();
        String s = gson.toJson(user);
        System.out.println(s);//{,,}

        PrintWriter writer = response.getWriter();
        writer.write(s);
    }

    @Override
    protected void doPost(HttpServletRequest req, HttpServletResponse resp) throws
ServletException, IOException {
        doGet(req, resp);
    }
}
```

其次，在前端页面接收 JSON 格式的 User 对象。

HTML 代码如下。

```
<div id="app">
    <h1>首页</h1>
    <input type="button" value="点我发送异步请求" @click="fun02"/>
</div>
```

JavaScript 代码如下。

```
<script>
    new Vue({
        el:"#app",
        data:{},
        methods:{
            fun02:function () {
                //采用 Axios 发送异步请求
                axios({
                    method:"post",//设置请求方式
                    url:"jsonTest",//设置请求路径
                    //设置请求参数
                    params:{}
                }).then(response => {
                    /*后台写回来的是 JSON 字符串，Axios 框架会判断字符串是否符合 JSON 格式要求。如果符合就
自动转为 JSON 对象，如果不符合就仍为字符串*/
                    //JavaBean
                    var obj = response.data;
                    console.log(obj.id);
                    console.log(obj.username);
                    console.log(obj.password);
                });
            }
        }
    });
</script>
```

运行代码后，单击"点我发送异步请求"按钮，查看前端控制台，如图 12-16 所示。已成功获取 User 对象的所有属性值，另外查看后端控制台，可以看到传递回前端的 User 对象的类型为 JSON 字符串格式，如图 12-17 所示。

图 12-16　响应 JavaBean 的结果

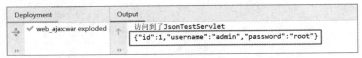

图 12-17　User 对象转换为 JSON 字符串格式

12.7.2　List 集合作为响应数据

当 List 集合作为响应数据时，以包含多个 User 对象的集合为例进行演示。

修改 JsonTestServlet，将包含多个 User 对象的 List 集合转换为 JSON 字符串格式，并响应数据到前端页面，示例代码如下。

```
package com.atguigu.servlet;
//省略 import 语句

@WebServlet("/jsonTest")
public class JsonTestServlet extends HttpServlet {
    @Override
    protected void doGet(HttpServletRequest req, HttpServletResponse response) throws
ServletException, IOException {
        System.out.println("访问到了 JsonTestServlet");
        //创建 User 对象
        User user = new User(1, "admin", "root");

        //将 List 集合作为响应数据
        List<Object> list = new ArrayList<>();
        list.add(new User(1,"admin1","root"));
        list.add(new User(2,"admin2","root"));
        list.add(new User(3,"admin3","root"));

        //借助 Gson 对象将 List 集合转换为 JSON 字符串格式
        String s = new Gson().toJson(list);
        System.out.println("s = " + s);//[{},{},{}]
        response.getWriter().write(s);
    }

    @Override
    protected void doPost(HttpServletRequest req, HttpServletResponse resp) throws
ServletException, IOException {
        doGet(req, resp);
    }
}
```

前端 JavaScript 代码如下。

```
<script>
    new Vue({
        el:"#app",
        data:{},
        methods:{
            fun02:function () {
                //采用 Axios 发送异步请求
                axios({
                    method:"post",//设置请求方式
                    url:"jsonTest",//设置请求路径
                    //设置请求参数
                    params:{}
                }).then(response => {
                    //List
                    var arrs = response.data;
                    for (var i = 0; i < arrs.length; i++) {
                        console.log(arrs[i].id);
                        console.log(arrs[i].username);
                    }
                });
            }
        }
    });
</script>
```

运行代码后，单击"点我发送异步请求"按钮，查看前端控制台，如图 12-18 所示。从图中可知，已成功获取 List 集合中的 User 对象属性值，另外查看后端控制台，可以看到传递回前端的 List 集合的类型为 JSON 字符串格式，如图 12-19 所示。

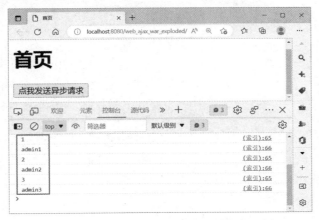

图 12-18　响应 List 集合的结果

图 12-19　Lsit 集合转换为 JSON 字符串格式

12.7.3　Map 集合作为响应数据

当 Map 集合作为响应数据时，同样以包含多个 User 对象的集合为例进行演示。

修改 JsonTestServlet，将包含多个 User 对象的 Map 集合转换为 JSON 字符串格式，并响应数据到前端页面，示例代码如下。

```java
package com.atguigu.servlet;
//省略 import 语句

@WebServlet("/jsonTest")
public class JsonTestServlet extends HttpServlet {
    @Override
    protected void doGet(HttpServletRequest req, HttpServletResponse response) throws
ServletException, IOException {
        System.out.println("访问到了 JsonTestServlet");
        //创建 User 对象
        User user = new User(1, "admin", "root");

        //将 Map 集合作为响应数据
        Map<String , User> map = new HashMap<>();
        map.put("a01",new User(1,"admin1","root"));
        map.put("a02",new User(2,"admin2","root"));
        map.put("a03",new User(3,"admin3","root"));

        //借助 Gson 对象将 Map 集合转换为 JSON 字符串格式
        String s = new Gson().toJson(map);
        System.out.println("s = " + s);//{a01:{},a02:{},a03:{}}
        response.getWriter().write(s);
    }

    @Override
```

```
protected void doPost(HttpServletRequest req, HttpServletResponse resp) throws
ServletException, IOException {
    doGet(req, resp);
    }
}
```

前端 JavaScript 代码如下。

```
<script>
  new Vue({
      el:"#app",
      data:{},
      methods:{
          fun02:function () {
              //采用 Axios 发送异步请求
              axios({
                  method:"post",//设置请求方式
                  url:"jsonTest",//设置请求路径
                  //设置请求参数
                  params:{}
              }).then(response => {
                  //Map
                  var mapObj = response.data;
                  console.log(mapObj.a01.id);
                  console.log(mapObj.a01.username);
                  console.log(mapObj.a02.id);
                  console.log(mapObj.a02.username);
                  console.log(mapObj.a03.id);
                  console.log(mapObj.a03.username);
              });
          }
      }
  });
</script>
```

运行代码后，单击按钮，查看前端控制台，结果与 List 集合的遍历结果相同。再次查看后端控制台，发现 Map 集合已转换为如下 JSON 字符串格式，如图 12-20 所示。

图 12-20　Map 集合转换为 JSON 字符串格式

12.8　统一响应数据模板

在实际开发中，为了方便团队协作开发，提高开发效率，建议前后端交互时使用统一的数据格式。凡是涉及给 AJAX 请求返回响应数据的情况，都可以封装到 CommonResult 类中实现。CommonResult 类的三个属性如表 12-1 所示。

表 12-1　CommonResult 类的三个属性

属 性 名	含 义
flag	服务器端处理请求的结果，取值为 true 或者 false
resultData	服务器端处理请求成功之后，需要响应给客户端的数据
message	服务器端处理请求失败之后，需要响应给客户端的数据

一般返回数据时，包括两种组合方式，如果响应正常，就返回 flag 值为 true 和 resultData 响应的数据；如果响应失败，就返回 flag 值为 flase 和 message 提示信息。

CommonResult 类示例代码如下。

```java
package com.atguigu.bean;

//目的是为了统一异步响应数据的模板（方便团队开发使用）
public class CommonResult {
    //服务器端处理请求的标示,用于设置响应是否正常,true 表示正常,flase 表示不正常
    private boolean flag;

    //当服务器端处理请求成功时, 要显示给客户端的数据(主要针对于查询)
    private Object resultData;

    //当服务器端处理请求失败时, 要响应给客户端的错误信息
    private String message;

    //处理请求成功
    public static CommonResult ok(){
        return new CommonResult().setFlag(true);
    }

    //处理请求失败
    public static CommonResult error(){
        return new CommonResult().setFlag(false);
    }

    public boolean isFlag() {
        return flag;
    }

    private CommonResult setFlag(boolean flag) {
        this.flag = flag;
        return this;
    }

    public Object getResultData() {
        return resultData;
    }

    public CommonResult setResultData(Object resultData) {
        this.resultData = resultData;
        return this;
    }

    public String getMessage() {
        return message;
    }

    public CommonResult setMessage(String message) {
        this.message = message;
        return this;
    }

    @Override
    public String toString() {
        return "CommonResult{" +
                "flag=" + flag +
```

```
            ", resultData=" + resultData +
            ", message='" + message + '\'' +
            '}';
    }
}
```

例如，借助统一响应数据模板 CommonResult 向前端页面响应普通字符串和 JavaBean 数据，示例代码如下。

```
//借助统一响应数据模板
//1.返回普通的字符串
CommonResult commonResult = CommonResult.ok().setResultData("success");
//commonResult: flag=true,resultData="success",message=null

String s = new Gson().toJson(commonResult);
System.out.println("返回普通字符串: ");
System.out.println("s = " + s);

//2.返回 JavaBean 数据
User user1 = new User(2, "atguigu", "12345");
CommonResult commonResult1 = CommonResult.ok().setResultData(user1);
//commonResult1: flag=true,resultData={id:2,username:atguigu,password:12345}

String s1 = new Gson().toJson(commonResult1);
System.out.println("返回 JavaBean: ");
System.out.println("s1 = " + s1);
```

运行代码后，查看后端控制台，如图 12-21 所示。

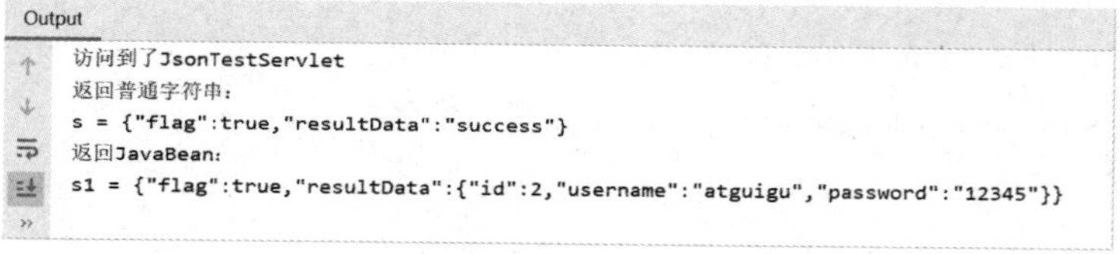

图 12-21 借助模板返回数据

12.9 案例：用户名重复验证

下面借助异步请求，处理完善 chapter09_login_register 项目的注册功能，使用 Axios 完成用户名重复验证功能。

创建 chapter12_login_register 模块，并复制 chapter09_login_register 用户登录注册项目，在此基础上实现以下代码。

修改 register.html 文件，在输入手机号码时绑定失去焦点的事件，校验是否重复注册。

```
<p class="clearfix">
    <label class="one" for="agent">手机号码: </label>
    <input id="agent" name="phone" v-model="phone"
        @blur="checkPhone" type="text" class="required" maxlength="11"
        placeholder="请输入您的手机号码"/>
</p>
<p class="clearfix">
    <span style="color: red;margin-left: 90px;">{{phoneMsg}}</span>
</p>
```

发送异步请求，携带手机号码参数到后台进行处理，并针对响应结果展示不同的提示信息，如果该手机号码未注册，就提示手机号可用；如果该手机号已注册，就提示该手机号已注册，请更换。

```
<script>
    new Vue({
        el:"#register",
        data:{
            phone:"",
            phoneMsg:""
        },
        methods:{
            checkPhone(){
                axios({
                    method:"post",
                    url:"checkPhone",
                    params:{
                        phone:this.phone
                    }
                }).then(response =>{
                    if(response.data=="ok"){
                        this.phoneMsg="手机号码可用"
                    }else{
                        this.phoneMsg="该号码已注册，请更换"
                    }
                })
            }
        }
    })
</script>
```

修改 Service 层，添加校验输入手机号码是否在数据库中已存在的方法，UserServiceImpl 示例代码如下。

```
package com.atguigu.service.impl;
//省略 import 语句

public class UserServiceImpl implements UserService {

    private UserDao userDao=new UserDaoImpl();

    //根据手机号码查询用户信息
    @Override
    public User checkUsername(String username) {
        return userDao.findUserByPhone(username);
    }
}
```

创建 ServletCheckPhone，处理异步请求，示例代码如下。

```
package com.atguigu.servlet.model;
//省略 import 语句

@WebServlet("/checkPhone")
public class ServletCheckPhone extends HttpServlet {
    @Override
    protected void doGet(HttpServletRequest request,HttpServletResponse response) throws
ServletException, IOException {
        doPost(request,response);
    }

    @Override
    protected void doPost(HttpServletRequest request,HttpServletResponse response) throws
ServletException, IOException {
```

```
    //获取手机号码
    String phone = request.getParameter("phone");
    //校验手机号码是否存在
    UserService userService=new UserServiceImpl();
    User user = userService.checkUsername(phone);
    //给响应
    if(user==null){
        response.getWriter().write("ok");
    }else{
        response.getWriter().write("no");
    }
}
}
```

启动项目，打开注册页面，如图 12-22 所示，输入已经注册过的手机号码，显示"该号码已注册，请更换"。

图 12-22　显示"该号码已注册，请更换"

然后输入新号码，显示"手机号码可用"，如图 12-23 所示。从图中可知，成功实现用户名重复验证功能。

图 12-23　显示"手机号可用"

12.10　本章小结

本章主要介绍了 AJAX 异步请求，介绍了 AJAX 渲染数据的特点、同步与异步的区别，以及 Axios 框架的基本使用等。同时，通过代码详细介绍了 AJAX 如何响应 JavaBean、List 集合和 Map 集合等复杂数据。最后将响应数据整个过程的代码封装成模板，统一前后端交互时使用的数据格式，方便实际开发中的团队协作，提高开发效率。通过本章学习，希望大家了解 AJAX 异步请求和渲染数据的过程，掌握 Axios 框架的使用方式，能够编写代码实现向前端页面响应数据。

第13章

Filter 和 Listener

生活中有很多常见的过滤器，如净化水的净水器、保证安全的安检设备、隔绝灰尘或过滤空气的口罩等。过滤器的通用功能就是用来检查，拦截不符合要求的东西。那么，程序中的过滤器有什么作用呢？程序中的过滤器主要是用来过滤请求，如果请求不满足条件，就不予放行。Filter 过滤器是 JavaWeb 的三大组件之一。三大组件分别是：Servlet、Filter 过滤器和 Listener 监听器。在 Servlet API 中，提供了大量的监听器用来监听 Web 应用事件，其中 Listener 实现类是最为常用的。前面已经对 Servlet 进行了详细介绍，本章将对剩余两大组件 Filter 过滤器和 Listener 监听器展开讲解，主要内容包括 Filter 的生命周期、匹配规则、过滤器链等，以及 Filter 和 Listener 的具体应用。

13.1 Filter 简介

过滤器是 JavaWeb 技术中最为实用的技术之一。过滤器是一个实现了特殊接口 Filter 的 Java 类，其作用是对目标资源进行过滤，即实现对 Servlet、JSP、HTML 文件等请求资源的过滤功能。它是一个运行在服务器上的程序，优先于 Servlet、JSP或 HTML 文件等请求资源执行。Filter 的工作流程如图 13-1 所示。用户通过浏览器发送请求，Filter 先对用户请求进行预处理，然后交给 Servlet 进行处理并生成响应信息，Filter 再对服务器响应进行后续处理，最后将结果返回给浏览器。

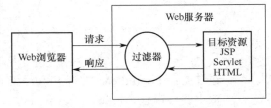

图 13-1　Filter 的工作流程

可以发现，使用 Filter 有以下几大好处。

- 可以在 HttpServletResquest 到达 Servlet 之前，拦截客户的 HttpServletRequest。
- 根据用户需要检查 HttpServletRequest，也可以修改 HttpServletRequest 头信息和携带数据。
- 在 HttpServletResponse 到达客户端之前拦截 HttpServletResponse。
- 可以根据需要检查 HttpServletResponse，并修改 HttpServletResponse 头信息和携带数据。

Filter 可负责拦截一个或多个请求或响应，一个请求或响应也可以同时被多个 Filter 拦截。多个过滤器组成的链路被称为过滤器链。我们可以通过代码设置多个过滤器的执行顺序，也可以定义不同过滤器的匹配规则。程序中过滤器常见的应用场景有登录权限检查、解决网站乱码、URL 级别的权限访问控制、过滤敏感字符等。根据功能不同，Filter 可以分为以下几种。

- 用户授权的 Filter：Filter 负责检查用户请求，根据请求过滤用户非法请求。
- 日志 Filter：详细记录有些用户的特殊请求。
- 能够改变 XML 内容的 XSLT Filter 等。

13.2 入门案例

下面通过案例演示 Filter 的使用，发送一个请求，通过过滤器检查该请求，符合要求才能放行。

过滤器的创建步骤比较简单，具体如下。

（1）创建一个类实现 Filter 接口，并实现接口中所有的抽象方法。

（2）在 web.xml 文件中设置该过滤器需要过滤的路径。

创建 FirstServlet，继承 HttpServlet 实现其方法，示例代码如下。

```
package com.atguigu.servlet;
//省略 import 语句

public class FirstServlet extends HttpServlet {
    protected void doPost(HttpServletRequest request, HttpServletResponse response) throws
ServletException, IOException {
        doGet(request,response);
    }

    protected void doGet(HttpServletRequest request, HttpServletResponse response) throws
ServletException, IOException {
        System.out.println("访问到了 FirstServlet...");
    }
}
```

HTML 页面代码如下。创建超链接，实现单击该超链接跳转 FirstServlet 进行处理。

```
<!DOCTYPE html>
<html lang="en">
<head>
    <meta charset="UTF-8">
    <title>首页</title>
</head>
<body>
    <a href="first">单击请求到 FirstServlet</a>
</body>
</html>
```

创建过滤器 FirstFilter，实现 Filter 接口，重写 doFilter()方法，该方法是过滤器核心方法，用于检查过滤。注意不要导错包，Filter 是 javax.servlet 包下的接口。

```
package com.atguigu.filter;

//注意不要导错包
import javax.servlet.*;
import java.io.IOException;

public class FirstFilter implements Filter {

    @Override
    public void init(FilterConfig filterConfig) throws ServletException {
    }

    //过滤器核心方法,用于检查过滤
    /*
    * 参数
    * servletRequest 请求
    * servletResponse 响应
    * filterChain 用于放行
    * */
    @Override
    public void doFilter(ServletRequest servletRequest, ServletResponse servletResponse,
FilterChain filterChain) throws IOException, ServletException {
        System.out.println("访问到了 FirstFilter...");
```

```
//放行（看检查结果）
//原理：依次去寻找下一个过滤器，下一个没有过滤器了，就直接到目标 Servlet
filterChain.doFilter(servletRequest,servletResponse);

//放行后的代码
System.out.println("这是 FirstFilter 放行后的代码");
}

@Override
public void destroy() {
}
}
```

在 web.xml 文件中配置 FirstServlet 的映射路径，并设置 FirstFilter 的过滤路径。

```xml
<?xml version="1.0" encoding="UTF-8"?>
<web-app xmlns="http://xmlns.jcp.org/xml/ns/javaee"
    xmlns:xsi="http://www.w3.org/2001/XMLSchema-instance"
    xsi:schemaLocation="http://xmlns.jcp.org/xml/ns/javaee    http://xmlns.jcp.org/
xml/ns/javaee/web-app_4_0.xsd"
    version="4.0">
<!--为 FirstServlet 设置映射路径-->
<servlet>
    <servlet-name>FirstServlet</servlet-name>
    <servlet-class>com.atguigu.servlet.FirstServlet</servlet-class>
</servlet>
<servlet-mapping>
    <servlet-name>FirstServlet</servlet-name>
    <url-pattern>/first</url-pattern>
</servlet-mapping>

<!--为 FirstFilter 设置过滤路径-->
<filter>
    <filter-name>abc</filter-name><!--任意值-->
    <filter-class>com.atguigu.filter.FirstFilter</filter-class>
</filter>
<filter-mapping>
    <filter-name>abc</filter-name>
    <!--设置过滤路径为/first-->
    <url-pattern>/first</url-pattern>
</filter-mapping>

</web-app>
```

从代码中可知，如果 FirstFilter 只想过滤 FirstServlet，那么过滤器的 url-pattern 值必须和 FirstServlet 的 url-pattern 值保持一致。

运行代码，查看后端控制台，如图 13-2 所示。

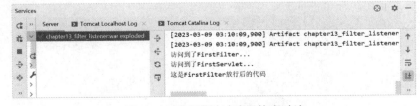

图 13-2　请求通过过滤器检查过滤

添加过滤器后处理请求的整个流程如图 13-3 所示。

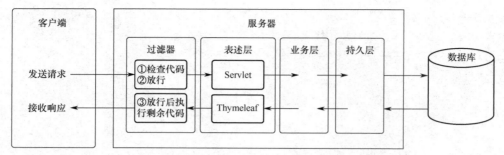

图 13-3　添加过滤器后处理请求的整个流程

　　客户端向服务器端发送请求，首先经由过滤器检查，符合要求后才会放行，其次进入 Servlet 处理请求，之后依次到达业务层、持久层，以及到达数据库查找需要的数据。响应数据返回客户端的过程，会按原路返回，期间经由 Thymeleaf 渲染后，再次来到过滤器执行 "filterChain.doFilter(servletRequest,servletResponse);" 放行语句之后的代码，最后将结果返回给客户端。

13.3　Filter 的生命周期

　　Filter 对象是由服务器端创建的，其生命周期相关的方法也是由服务器端在特定场合下进行调用的。

　　回顾 Servlet 的生命周期，Servlet 默认在第一次接收请求的时候创建，也可以通过<load-on-startup>标签配置 Servlet 在服务器端启动时创建，然后通过 init()方法初始化、service()方法处理请求，最后 Servlet 会在服务器端关闭或将项目从服务器端上移除时销毁。Filter 生命周期与其类似，分为创建、执行和销毁三个阶段。但 Filter 对象是在 Web 服务器端启动时直接被创建的，无须手动设置。

　　（1）创建阶段。

　　Web 服务器端启动时，会创建 Filter 实例对象，并调用 init()方法，完成对象的初始化。

　　（2）执行阶段。

　　当客户端请求目标资源时，服务器端会筛选出符合映射条件的 Filter，并按照 web.xml 文件中配置的先后顺序，依次执行 doFilter()方法。

　　（3）销毁阶段。

　　服务器端关闭时，Web 服务器端会调用 destroy()方法来销毁 Filter 对象。

　　Filter 生命周期的相关方法如表 13-1 所示。

表 13-1　Filter 生命周期的相关方法

生命周期方法	执 行 时 机	作　　用
FirstFilter()构造器方法	Web 应用启动时	用于创建 Filter 对象
init()方法	Web 应用启动时	用于对象初始化
doFilter()方法	接收到匹配的请求时	执行拦截过滤
destroy()方法	Web 应用卸载前	用于销毁对象

　　例如，在 FirstFilter 类中，为每一个生命周期方法添加输出语句，并运行代码，演示各个方法的执行时间。FirstFilter 类的示例代码如下。

```
package com.atguigu.filter;

//注意不要导错包
import javax.servlet.*;
import java.io.IOException;

public class FirstFilter implements Filter {

    //1.创建对象
```

```java
public FirstFilter() {
    System.out.println("FirstFilter 对象被创建了...");
}

//2.对象初始化
@Override
public void init(FilterConfig filterConfig) throws ServletException {
    System.out.println("FirstFilter 对象被初始化了...");
}

//3.执行拦截过滤
/*
* 参数
* servletRequest 请求
* servletResponse 响应
* filterChain 用于放行
* */
@Override
public void doFilter(ServletRequest servletRequest, ServletResponse servletResponse,
FilterChain filterChain) throws IOException, ServletException {
    System.out.println("访问到了 FirstFilter...");
    //放行（看检查结果）
    //原理：依次去寻找下一个过滤器，下一个没有过滤器了就直接到目标 Servlet
    filterChain.doFilter(servletRequest,servletResponse);

    //放行后的代码
    System.out.println("这是 FirstFilter 放行后的代码");
}

//4.销毁对象
@Override
public void destroy() {
    System.out.println("FirstFilter 对象被销毁了...");
}
}
```

启动项目，运行完代码后没有单击超拦截发送请求，查看控制台，如图 13-4 所示。

图 13-4　重新启动项目，查看控制台

可以发现，此时 Filter 对象被创建并且执行初始化操作。

然后单击超链接发送请求，再次查看控制台，如图 13-5 所示。

图 13-5　发送请求后查看控制台

发送请求后，进入 doFilter()方法拦截过滤，同时再次印证，请求先通过过滤器 FirstFilter 检查，放行后进入 FirstServlet 具体处理，之后再回到过滤器 FirstFilter 执行放行后的代码。

最后关闭服务器端，查看控制台，如图 13-6 所示。

图 13-6　关闭服务器端查看控制台

关闭服务器端，发现 FistFilter 对象也被销毁了。

13.4　过滤器匹配规则

过滤器匹配的目的是指定当前过滤器要拦截哪些资源。通常情况下，过滤器的匹配规则可以分为三种，分别为精确匹配、模糊匹配和扩展名匹配。

（1）精确匹配。

指定被拦截资源的完整路径，示例代码如下。

```xml
<filter>
    <filter-name>FilterDemo01</filter-name>
    <filter-class>com.atguigu.filter.FilterDemo01</filter-class>
</filter>
<!-- 配置 Filter 要拦截的目标资源 -->
<filter-mapping>
    <!-- 指定这个 mapping 对应的 Filter 名称 -->
    <filter-name>FilterDemo01</filter-name>

    <!-- 通过请求地址模式来设置要拦截的资源 -->
    <url-pattern>/demo01</url-pattern>
</filter-mapping>
```

上述代码表示，要拦截的是映射路径为"/demo01"的请求资源。

如果一个过滤器想要过滤多个请求，该如何实现呢？可以通过配置多个<filter-mapping>标签实现。

```xml
<filter>
    <filter-name>FilterDemo01</filter-name>
    <filter-class>com.atguigu.filter.FilterDemo01</filter-class>
</filter>

<!-- 配置 Filter 要拦截的目标资源 -->
<filter-mapping>
    <!-- 指定这个 mapping 对应的 Filter 名称 -->
    <filter-name>FilterDemo01</filter-name>
    <!-- 匹配的路径一 -->
    <url-pattern>/demo01</url-pattern>
</filter-mapping>
<filter-mapping>
    <filter-name>FilterDemo01</filter-name>
    <!-- 匹配的路径二 -->
    <url-pattern>/demo02</url-pattern>
</filter-mapping>
```

上述代码表示，FilterDemo01 过滤器可以过滤映射路径为"/demo01"和"/demo02"对应的请求资源。

（2）模糊匹配。

相比较精确匹配，使用模糊匹配可以直接实现创建一个 Filter 来拦截多个目标资源的情况，不必专门为每一个目标资源分别创建 Filter，从而能够大大提高开发效率。不过，要求是被拦截的资源必须在同一个目录下。

例如，设置 url-pattern 为"/user/*"，表示请求地址只要是以"/user"开头，就会被匹配。

```
<filter>
    <filter-name>FilterDemo02</filter-name>
    <filter-class>com.atguigu.filter.FilterDemo02</filter-class>
</filter>
<filter-mapping>
    <filter-name>FilterDemo02</filter-name>

    <!-- 对下面路径进行模糊匹配-->
    <!--
        /user/demo01
        /user/demo02
        /user/demo03
    -->
    <url-pattern>/user/*</url-pattern>
</filter-mapping>
```

上述代码表示，设置"/user/*"路径后，可以同时拦截"/user/demo01/""user/demo02"和"/user/demo03"请求。值得注意的是，"/*"表示拦截所有请求。

（3）扩展名匹配。

例如，设置 url-pattern 为"*.png"，表示根据扩展名匹配，示例代码如下。

```
<filter>
    <filter-name>FilterDemo03</filter-name>
    <filter-class>com.atguigu.filter.FilterDemo03</filter-class>
</filter>
<filter-mapping>
    <filter-name>FilterDemo03</filter-name>
    <url-pattern>*.png</url-pattern>
</filter-mapping>
```

上述代码表示，拦截所有以".png"结尾的请求。

13.5 过滤器链

一个请求可能被多个过滤器所过滤，只有当所有过滤器都放行，请求才能到达目标资源，如果某一个过滤器没有放行，那么请求则无法到达后续过滤器及目标资源，多个过滤器组成的链路就是过滤器链，如图 13-7 所示。

过滤器链中每一个 Filter 执行的顺序是由 web.xml 文件中 <filter-mapping>标签配置的顺序决定的。放行前，根据不同 <filter-mapping>标签所在的上下文顺序执行。放行后，过滤器的执行顺序是放行前顺序的逆序。

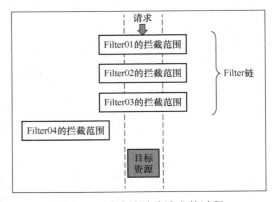

图 13-7 过滤链过滤请求的过程

需要注意的是，如果某个 Filter 使用 ServletName 进行匹配规则的配置，那么这个 Filter 执行的优先级会更低。

下面通过案例演示过滤器链的使用，创建多个 Filter 拦截 Servlet 请求。

创建另一个过滤器 SecondFilter，实现 Filter 接口，重写 doFilter()方法，示例代码如下。

```
package com.atguigu.filter;
import javax.servlet.*;
import java.io.IOException;

public class SecondFilter implements Filter {

    public void doFilter(ServletRequest req, ServletResponse resp, FilterChain chain) throws
ServletException, IOException {
        System.out.println("访问到了 SecondFilter...");
        chain.doFilter(req, resp);
        System.out.println("这是 SecondFilter 放行后的代码");
    }

    public void init(FilterConfig config) throws ServletException {
    }
    public void destroy() {
    }
}
```

在 web.xml 文件中，配置该过滤器和 FirstFilter 共同拦截 FirstServlet 请求。

```
<!--为 FirstFilter 设置过滤路径-->
<filter>
        <filter-name>FirstFilter</filter-name>
        <filter-class>com.atguigu.filter.FirstFilter</filter-class>
</filter>
<filter-mapping>
        <filter-name>FirstFilter</filter-name>
        <!--设置过滤路径为 first-->
        <url-pattern>/first</url-pattern>
</filter-mapping>

<!--为 SecondFilter 设置过滤路径-->
<filter>
        <filter-name>SecondFilter</filter-name>
        <filter-class>com.atguigu.filter.SecondFilter</filter-class>
</filter>
<filter-mapping>
        <filter-name>SecondFilter</filter-name>
        <url-pattern>/first</url-pattern>
</filter-mapping>
```

启动项目，单击超链接触发 FirstServlet 请求，查看控制台，如图 13-8 所示。

图 13-8　多个 Filter 拦截 Servlet 请求

我们会发现，先访问 FirstFilter，后访问 SecondFilter，两个过滤器都放行后到达 FistServlet 处理请求。处理完请求返回数据时，过滤器的访问顺序正好相反，会先访问 SecondFilter，后访问 FirstFilter，即放行后，过滤器的执行顺序是放行前顺序的逆序。

修改 FirstFilter 和 SecondFilter 的<filter-mapping>标签前后顺序，但<filter>标签还是保持原来的顺序，

代码如下。

```
<filter>
      <filter-name>FirstFilter</filter-name><!--任意值-->
      <filter-class>com.atguigu.filter.FirstFilter</filter-class>
</filter>
<filter>
      <filter-name>SecondFilter</filter-name>
      <filter-class>com.atguigu.filter.SecondFilter</filter-class>
</filter>

<filter-mapping>
      <filter-name>SecondFilter</filter-name>
      <url-pattern>/first</url-pattern>
</filter-mapping>
<filter-mapping>
      <filter-name>FirstFilter</filter-name>
      <url-pattern>/first</url-pattern>
</filter-mapping>
```

重新运行代码，查看控制台，如图 13-9 所示。我们会发现，放行前过滤器的顺序和之前颠倒了，先访问 SecondFilter 后访问 FirstFilter。多个过滤器的先后执行顺序，只与<filter-mapping>标签的先后顺序有关，与<filter>标签无关。

图 13-9　修改<filter-mapping>标签前后顺序查看控制台

13.6　过滤器的注解

过滤器除了采用配置文件配置过滤路径，也可以采纳注解方式配置，这一点和 Servlet 类似。过滤器的注解是"@WebFilter"。值得注意的是，注解方式配置多个过滤器时，将无法控制过滤器的顺序，如果需要让过滤器有顺序，那么建议使用配置文件方式配置。下面将入门案例修改成注解版，步骤如下。

（1）将 web.xml 中 FirstFilter 配置删除或注释掉。

（2）在 FirstFilter 类上添加注解@WebFilter。

（3）为该过滤器起名字。其中，参数 filterName，表示指定当前过滤器名字，相当于<filter-name>标签的内容。

（4）为该过滤器设置过滤路径。参数 urlPatterns，表示设置过滤器的过滤路径，相当于<url-pattern>标签的内容。

FirstFilter 类示例代码如下。

```
package com.atguigu.filter;

//注意不要导错包
import javax.servlet.*;
import java.io.IOException;

@WebFilter(filterName = "FirstFilter",urlPatterns = "/first")
public class FirstFilter implements Filter {
```

```
@Override
public void init(FilterConfig filterConfig) throws ServletException {
}

//过滤器核心方法，用于检查过滤
/*
* 参数
* servletRequest 请求
* servletResponse 响应
* filterChain 用于放行
* */
@Override
public void doFilter(ServletRequest servletRequest, ServletResponse servletResponse,
FilterChain filterChain) throws IOException, ServletException {
    System.out.println("访问到了 FirstFilter...");
    //放行（看检查结果）
    //原理：依次去寻找下一个过滤器，下一个没有过滤器了，就直接到目标 Servlet
    filterChain.doFilter(servletRequest,servletResponse);

    //放行后的代码
    System.out.println("这是 FirstFilter 放行后的代码");
}

@Override
public void destroy() {
}
}
```

13.7 Listener 简介

当 Web 应用在 Web 容器中运行时，其内部会不断发生各种各样的事件，如 Web 应用的启动、暂停、销毁等，以及 Web 应用中会话的开始和结束。这些 Web 应用内部的事件，对开发者来说通常是看不见的，而且该事件发生的时间往往是不确定的，那么当事件发生时，该如何处理呢？

其实在 Servlet API 中，提供了大量的监听器来监听 Web 应用事件，其中 Listener 实现类是最为常用的。该类允许当 Web 应用内部发生事件时，回调事件监听器的方法，从而对其进行相应处理。

监听器是专门用于对其他对象所发生的事件或状态改变时，进行监听和相应处理的对象。当被监视的对象发生情况时，监听器会立即采取相应的行动。

Servlet 监听器是 Servlet 规范中定义的一种特殊类，它用于监听 Web 应用中的 ServletContext、HttpSession 和 HttpServletRequest 等域对象的创建与销毁事件，以及监听这些域对象中的属性发生修改的事件。Servlet 规范中针对 ServletContext、HttpSession 和 HttpServletRequest 三种域对象，定义了六种监听器事件和六种监听器接口。六种监听器事件具体介绍如下。六种监听器接口将在 13.8 节展开介绍。

- ServletContextEvent：上下文事件，表示当上下文对象发生改变，如创建或销毁时，将触发该事件。
- ServletContextAttribute：上下文属性事件，表示当上下文属性发生变化，如增加、删除或修改其属性值时，将触发该事件。
- ServletRequestEvent：请求事件，表示当请求对象发生改变，如创建或销毁请求对象时，将触发请求事件。
- ServletRequestAttributeEvent：请求属性事件，表示当请求中的属性发生变化，如增加、删除或修改请求中的属性值时，将触发请求属性事件。

- HttpSessionEvent：会话事件，表示当会话对象发生改变，如创建或销毁会话对象、活化或钝化会话对象时，将触发会话事件。
- SessionAttri buteEvent：会话绑定事件，当会话中的属性发生变化，如增加、删除或修改会话中的属性值时，将触发绑定的事件。

13.8　监听器的分类

常见的 Servlet 监听器有以下六种，可以分成三类，具体如下。

第一类是上下文相关的监听器，包括 ServletContextListener 上下文监听器和 ServletContextAttributeListener 上下文属性监听器，分别用于监听 ServletContext 上下文对象的创建与销毁，以及增删改操作。

第二类是请求相关的监听器，包括 ServletRequestListener 请求监听器和 ServletRequestAttributeListener 请求属性监听器，分别用于监听 ServletRequest 请求对象的创建与销毁，以及增删改操作。

第三类是会话相关的监听器，包括 HttpSessionListener 会话监听器和 HttpSessionAttributeListener 会话属性监听器，分别用于监听 HttpSession 会话对象的创建与销毁，以及增删改操作。

- ServletContextListener

ServletContextListener，用于监听 ServletContext 对象的创建与销毁，ServletContextListener 对象包含的方法如表 13-2 所示。

表 13-2　ServletContextListener 对象包含的方法

方 法 名	作 用
contextInitialized(ServletContextEvent sce)	ServletContext 创建时调用
contextDestroyed(ServletContextEvent sce)	ServletContext 销毁时调用

上述方法中的参数，ServletContextEvent 对象，表示捕获 ServletContext 对象所触发的事件，并且通过 ServletContextEvent 对象可以获取 ServletContext 对象。另外，ServletContextAttributeListener 对象也可以获取当前 Web 应用的 ServletContext 对象。

- ServletContextAttributeListener

ServletContextAttributeListener 用于监听 ServletContext 中属性的添加、移除和修改操作，ServletContextAttributeListener 对象包含的方法如表 13-3 所示。

表 13-3　ServletContextAttributeListener 对象包含的方法

方 法 名	作 用
attributeAdded(ServletContextAttributeEvent scab)	向 ServletContext 中添加属性时调用
attributeRemoved(ServletContextAttributeEvent scab)	从 ServletContext 中移除属性时调用
attributeReplaced(ServletContextAttributeEvent scab)	当 ServletContext 中的属性被修改时调用

上述方法中的参数，ServletContextAttributeEvent 对象表示属性变化事件，它包含的方法如表 13-4 所示。

表 13-4　ServletContextAttributeEvent 对象包含的方法

方 法 名	作 用
getName()	获取修改或添加的属性名
getValue()	获取被修改或添加的属性值
getServletContext()	获取 ServletContext 对象

- ServletRequestListener

ServletRequestListener 用于监听 ServletRequest 对象的创建与销毁，ServletRequestListener 对象包含的方

法如表 13-5 所示。

表 13-5　ServletRequestListener 对象包含的方法

方　法　名	作　　用
requestInitialized(ServletRequestEvent sre)	ServletRequest 对象创建时调用

上述方法中的参数，ServletRequestEvent 对象，表示捕获 HttpServletRequest 对象所触发的事件，并且通过 ServletRequestEvent 对象可以获取触发事件的 HttpServletRequest 对象。

- ServletRequestAttributeListener

ServletRequestAttributeListener 用于监听 ServletRequest 中属性的添加、移除和修改操作，Servlet-RequestAttributeListener 对象包含的方法如表 13-6 所示。

表 13-6　ServletRequestAttributeListener 对象包含的方法

方　法　名	作　　用
attributeAdded(ServletRequestAttributeEvent srae)	向 ServletRequest 中添加属性时调用
attributeRemoved(ServletRequestAttributeEvent srae)	从 ServletRequest 中移除属性时调用
attributeReplaced(ServletRequestAttributeEvent srae)	当 ServletRequest 中的属性被修改时调用

上述方法中的参数，ServletRequestAttributeEvent 对象表示属性变化事件，它包含的方法如表 13-7 所示。

表 13-7　ServletRequestAttributeEvent 对象包含的方法

方　法　名	作　　用
getName()	获取修改或添加的属性名
getValue()	获取被修改或添加的属性值
getServletRequest ()	获取触发事件的 ServletRequest 对象

- HttpSessionListener

HttpSessionListener 用于监听 HttpSession 对象的创建与销毁，HttpSessionListener 对象包含的方法如表 13-8 所示。

表 13-8　HttpSessionListener 对象包含的方法

方　法　名	作　　用
sessionCreated(HttpSessionEvent hse)	HttpSession 对象创建时调用
sessionDestroyed(HttpSessionEvent hse)	HttpSession 对象销毁时调用

上述方法中的参数，HttpSessionEvent 对象表示捕获 HttpSession 对象所触发的事件，并且通过 HttpSession- Event 对象可以获取触发事件的 HttpSession 对象。

- HttpSessionAttributeListener

HttpSessionAttributeListener 用于监听 HttpSession 中属性的添加、移除和修改操作，HttpSession-AttributeListener 对象包含的方法如表 13-9 所示。

表 13-9　ServletContextAttributeListener 对象的包含方法

方　法　名	作　　用
attributeAdded(HttpSessionBindingEvent se)	向 HttpSession 中添加属性时调用
attributeRemoved(HttpSessionBindingEvent se)	从 HttpSession 中移除属性时调用
attributeReplaced(HttpSessionBindingEvent se)	当 HttpSession 中的属性被修改时调用

上述方法中的参数，HttpSessionBindingEvent 对象表示属性变化事件，它包含的方法如表 13-10 所示。

表 13-10　HttpSessionBindingEvent 对象包含的方法

方 法 名	作　　用
getName()	获取修改或添加的属性名
getValue()	获取被修改或添加的属性值
getSession()	获取触发事件的 HttpSession 对象

另外，会话相关的监听器还有两个，分别是会话活化监听器 HttpSessionActivationListener（用于监听 HttpSessionEvent 事件）和会话绑定监听器 HttpSessionBindingListener（用于监听 HttpSessionBindingEvent 事件）。

13.9　ServletContextListener 的使用

前面介绍了六种常见的监听器，本节重点介绍如何使用监听器，下面以 ServletContextListener 上下文监听器为例展开讲解。

ServletContextListener 用于监听 ServletContext 对象的创建和销毁，因为 ServletContext 对象在服务器端启动时创建、在服务器端关闭时销毁，所以 ServletContextListener 也可以监听服务器端的启动和关闭。例如，在 SpringMVC 框架中，会用到一个监听器 ContextLoaderListener，这个监听器就实现了 ServletContextListener 接口，表示对 ServletContext 对象本身的生命周期进行监控。

使用监听器主要分为两步，具体如下。

（1）创建一个类实现对应的 Listener 接口，并重写接口中的方法，实现监听功能。

以 ServletContextListener 接口为例，包含两个方法，其中 contextInitialized()方法在 ServletContext 对象被创建出来时执行，即在服务器端启动时执行；contextDestroyed()方法会在 ServletContext 对象被销毁时执行，即在服务器端关闭时执行。

（2）在 web.xml 中进行配置，注册监听器即可。

下面通过代码演示 ServletContextListener 的应用。

创建监听器 ContextLoaderListener 实现 ServletContextListener 接口，并实现接口中的方法。示例代码如下。

```
package com.atguigu.listener;
import javax.servlet.ServletContextEvent;
import javax.servlet.ServletContextListener;

public class ContextLoaderListener implements ServletContextListener {

    @Override
    public void contextInitialized(ServletContextEvent sce) {
        System.out.println("在服务器启动时，模拟创建 SpringMVC 的核心容器...");
    }

    @Override
    public void contextDestroyed(ServletContextEvent sce) {
        System.out.println("在服务器关闭时，模拟销毁 SpringMVC 的核心容器...");
    }
}
```

然后在 web.xml 文件中进行配置，注册该监听器。

```
<listener>
    <listener-class>com.atguigu.listener.ContextLoaderListener</listener-class>
</listener>
```

也可以在监听器类上添加@WebListener 注解替代配置文件，示例代码如下。

```
@WebListener
public class ContextLoaderListener implements ServletContextListener {
    //代码省略
}
```

启动项目，查看控制台，如图 13-10 所示。

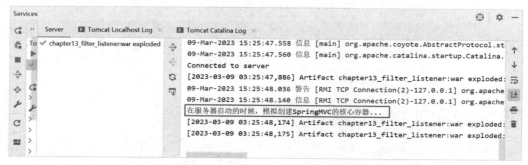

图 13-10　启动项目后查看 ContextLoaderListener 监听器的监听结果

从图 13-10 中可知，启动项目的时候触发了该监听器，并调用了 contextInitialized() 输出对应语句。然后关闭服务器端，再次查看控制台，如图 13-11 所示。

图 13-11　关闭服务器端后再次查看 ContextLoaderListener 监听器的监听结果

我们会发现，关闭服务器端后，同样触发了该监听器，并调用了 contextDestroyed() 方法，输出了对应语句。

13.10　案例：登录校验

下面借助过滤器完善 chapter09_login_register 项目的登录校验功能。创建 chapter13_login_register 模块，并复制 chapter12_login_register 用户登录注册项目，在此基础上实现以下代码。

修改 index.html 页面，登录成功后显示"我的关注"，单击"我的关注"跳转关注信息页面。

```html
<div class="header">
    <div class="width1190">
        <div class="fl">您好，欢迎来到尚好房！</div>
        <div class="fr" th:if="${session.user==null}">
            <a th:href="@{/login.html}">登录</a> |
            <a th:href="@{/register.html}">注册</a> |
            <a href="javascript:;">加入收藏</a> |
            <a href="javascript:;">设为首页</a>
        </div>
        <div class="fr" th:unless="${session.user==null}">
            欢迎：<span th:text="${session.user.nickName}"></span> |
            <a th:href="@{/logout}">注销</a> |
            <a th:href="@{/follow}">我的关注</a> |
            <a href="javascript:;">加入收藏</a> |
            <a href="javascript:;">设为首页</a>
        </div>
```

```
        <div class="clears"></div>
    </div><!--width1190/-->
</div>
```

follow.html 页面可以通过前言提示获取。下面编写过滤器实现用户登录校验，如果用户已登录，那么单击"我的关注"可以直接跳转关注页面；如果用户未登录，那么访问关注页面将直接跳转登录页面。

创建 FollowServlet，实现跳转 follow.html 页面，示例代码如下。

```java
package com.atguigu.servlet.model;
//省略 import 语句

@WebServlet("/follow")
public class FollowServlet extends ViewBaseServlet {
    @Override
    protected void doGet(HttpServletRequest request,HttpServletResponse response) throws
ServletException, IOException {
        doPost(request, response);
    }

    @Override
    protected void doPost(HttpServletRequest request,HttpServletResponse response) throws
ServletException, IOException {
        //跳转页面
        processTemplate("follow",request,response);
    }
}
```

创建 LoginFilter，实现跳转 follow.html 页面前先拦截请求，保证用户已登录，示例代码如下。

```java
package com.atguigu.filter;
//省略 import 语句

@WebFilter(urlPatterns = "/follow")
public class LoginFilter implements Filter {
    public void destroy() {
    }

    public void doFilter(ServletRequest req, ServletResponse resp, FilterChain chain) throws
ServletException, IOException {
        HttpServletRequest request=(HttpServletRequest)req;
        HttpServletResponse response=(HttpServletResponse)resp;
        HttpSession session = request.getSession();

        //从 session 域获取用户信息
        Object user = session.getAttribute("user");
        //user 为空，跳转登录页面
        if(user==null){
            response.sendRedirect(request.getContextPath()+"/login.html");
        }else{
            chain.doFilter(req, resp);
        }
    }

    public void init(FilterConfig config) throws ServletException {
    }

}
```

启动项目，登录后来到首页，如图 13-12 所示。

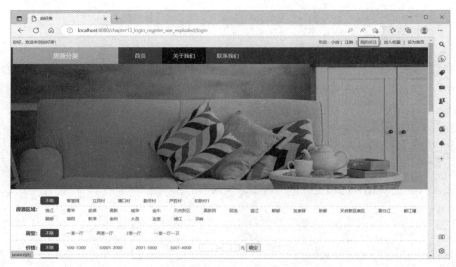

图 13-12　登录后来到首页

从图 13-12 可知，成功显示"我的关注"，单击"我的关注"，如图 13-13 所示，跳转关注页面。

图 13-13　关注页面

退出登录后，访问"http://localhost:8080/chapter13_login_register_war_exploded/follow"请求，发现直接跳转登录页面，表示过滤器拦截成功。

13.11　本章小结

本章主要介绍了 Filter 过滤器和 Listener 监听器，对于 Filter，首先，我们了解了什么是 Filter 及 Filter 的作用，并通过案例讲解了 Filter 的简单应用。其次，介绍了 Filter 的生命周期，分为创建、执行和销毁三个阶段，以及每个阶段相关的生命周期方法。再次，还介绍了过滤路径的三种匹配规则，分别是精准匹配、模糊匹配和扩展名匹配。最后还介绍了过滤器链的使用，即一个请求需要被多个过滤器所过滤的情况。对于 Listener，作为了解内容，主要介绍了其分类和使用，其中重点介绍了 ServletContextListener 的使用。通过本章内容，希望大家对 Filter 和 Listener 有一定的了解，并重点掌握其应用。

第14章
项目实战——尚硅谷书城

前面介绍了 JavaWeb 学习阶段所涉及的技术知识，从前端页面开发，到后端接口实现，以及借助框架优化开发，实现前后端分离。至此，大家可以独自完成 JavaWeb 项目了。本章将带领大家共同完成一个项目"尚硅谷书城"，综合运用本书所学知识，巩固和检验所学成果。

14.1 项目概述

尚硅谷书城项目主要是搭建一个图书的销售平台，后台进行图书的数据维护、添加图书、修改图书、删除图书等功能。前台进行图书的展示、加入购物车、购物车图书商品的操作，以及结账等功能。

14.1.1 功能介绍

尚硅谷书城项目包括的功能有登录注册、图书的增删改查操作、加入购物车、清空购物车、购物车商品数量的修改，以及结账等功能。该项目基本上能够涵盖本书所有的知识点，希望大家认真练习，做到知其然并知其所以然，在今后的开发中灵活运用所学知识，能够举一反三，融会贯通。

下面给大家展示一些项目截图，如图 14-1、图 14-2、图 14-3 所示。

图 14-1 书城首页

这几张图片就是我们项目中要实现的部分功能，接下来我们从零开始，逐步完成一个成品项目。创建该项目的关键在于应用前面所学的知识点，基于此有一些功能暂时无法实现，例如，后台管理的权限控制、结账中支付接口的对接等，但并不影响项目的整体效果。尚硅谷书城项目采用 MVC 架构进行开发，涉及的技术有 Servlet、Thymeleaf、Filter、Session 等，数据库使用的是 MySQL。

图 14-2　图书管理页面

图 14-3　购物车页面

14.1.2　数据库设计

尚硅谷书城项目的数据库共涉及 4 张表，分别为用户表 t_users、图书表 t_books、订单表 t_order、订单详情表 t_order_item，表结构分别如表 14-1 至表 14-4 所示。

表 14-1　t_users 表结构

字　段	类　型	说　明
id	int、自增主键	用户 ID
username	varchar(20)	用户名
password	varchar(50)	密码
email	varchar(50)	邮箱

表 14-2　t_books 表结构

字　段	类　型	说　明
id	int、自增主键	图书 ID
title	varchar(50)	书名
author	varchar(50)	作者
price	Double	单价
sales	Int	销量
stock	Int	库存
img_path	varchar(200)	图片路径

表 14-3　t_order 表结构

字　　段	类　　型	说　　明
order_id	int、自增主键	订单 ID
order_sequence	varchar(200)	订单编号
create_time	varchar(200)	创建时间
total_count	int	总件数
total_amount	double	总价
order_status	int	订单状态（0：待发货 1：已发货 2：确认收货 3：已评价）
user_id	int	订单所属用户 ID

表 14-4　t_order_item 表结构

字　　段	类　　型	说　　明
item_id	int、自增主键	订单项 ID
book_name	varchar(50)	书名
price	Double	单价
img_path	varchar(200)	图片路径
item_count	Int	件数
item_amount	Double	金额
order_id	Int	订单项所属的订单 id

14.1.3　项目搭建

在对尚硅谷书城项目及用到的数据库表进行了简单了解后，接下来进入项目开发。首先完成一些项目开发前的准备工作。

1. 导入建表和初始化表数据的 sql 语句

从项目资源素材中获取 bookManager.sql 文件，在 atguigu 数据库下执行该文件，创建对应表格，如图 14-4 所示。

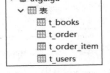

图 14-4　atguigu 数据库包含的表信息

2. 创建项目

打开 IDEA，创建一个 Project，设置好项目名称和存储位置等信息，最后单击 "Create" 按钮创建即可，如图 14-5 所示。

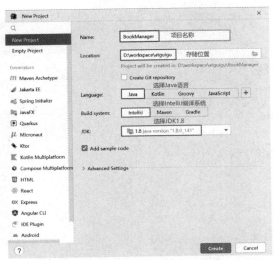

图 14-5　创建 BookManager 项目

在项目上右键选择"Add Framework Support"进入新窗口，如图 14-6 所示。并在 Java EE 类目下选择"Web Application"选项为该项目添加 web 组件，最后单击"OK"按钮即可。如图 14-7 所示。

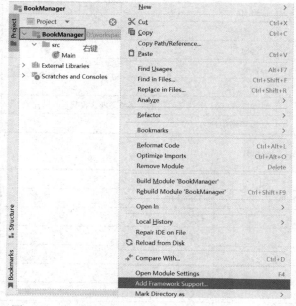

图 14-6　在项目上右键选择"Add Framework Support"

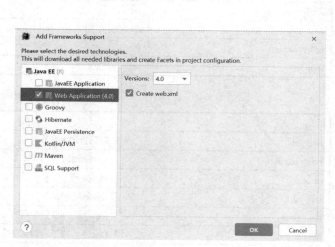

图 14-7　添加 web 组件

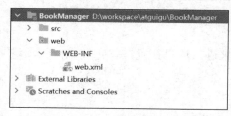

图 14-8　BookManager 项目的目录结构

创建完后，项目目录会多出一个 web 组件，web 目录下的 index.jsp 删除即可，我们采用 Thymeleaf 进行视图渲染。BookManager 项目的目录结构如图 14-8 所示。

3. 添加数据库相关资源

接下来需要将一些工具的 jar 包，以及之前课程中封装过的工具类导入到项目内，清单如下。

- 相关 jar 包
① MySQL 数据库驱动包。
② Druid 数据库连接池。
③ DBUtils 工具 jar 包。
④ Thymeleaf 相关 jar 包。
⑤ BeanUtils 工具 jar 包。
⑥ Gson 工具 jar 包。
⑦ kaptcha 验证码工具 jar 包。
- 工具类
① JDBCTools 工具类。
② BaseDao 工具类。
③ ViewBaseServlet 工具类。
④ CommonResult 模板类。
⑤ MD5Util 加密工具类。
- 配置文件：db.properties
下面依次将其添加到书城项目中。
（1）添加 Tomcat 依赖。

单击菜单中的"File"，然后选择"Project Structure"进入新窗口，如图 14-9 所示。选择"Modules"，然后选中"BookManager"模块，单击右侧的"Dependencies"，单击加号选择"2 Library"，选中"Tomcat 8.5.27"，再单击"Add Selected"，最后单击"OK"按钮即可添加成功。

（2）添加相关 jar 包。

在 WEB-INF 下创建 lib 目录，将相关 jar 包复制粘贴进去（从资料包中寻找），并右键 Add As Library 将其添加为项目的依赖，如图 14-10 所示。

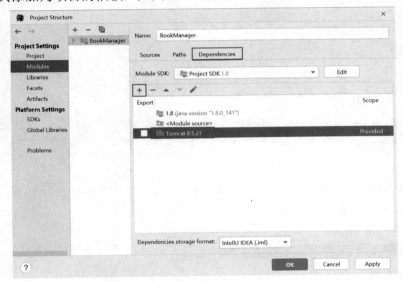

图 14-9　添加 Tomcat 依赖

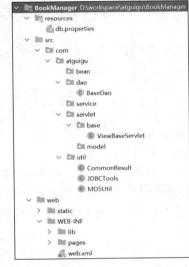

图 14-10　lib 目录下添加相关 jar 包

（3）创建配置文件。

在项目根目录下创建 resources 目录，并右键选择"Mark Directory as"，标记该目录为 Resources Root 类型。这样项目编译时，会将该目录下的配置文件编译到类路径下。在 resources 目录下新建文件 db.properties，并添加如下配置信息。

```
driverClassName=com.mysql.cj.jdbc.Driver
url=jdbc:mysql://localhost:3306/atguigu
username=root
password=root
initialSize=10
maxActive=20
inIdle=1
maxWait=1000
```

需要注意，关于 MySQL 数据库的端口号、数据库名称，以及密码都需要设置成自己的。

（4）创建包名，添加工具类。

在 src 目录下将 package 准备好供后期使用。

- com.atguigu.bean：用于存放实体类。
- com.atguigu.dao：用于存放 Dao 层的类和接口。
- com.atguigu.service：用于存放 Service 层的类和接口。
- com.atguigu.servlet.base：用于存放 Servlet 基类。
- com.atguigu.servlet.model：用于存放视图层的类。
- com.atguigu.util：用于存放工具类。

将 JDBCTools、MD5Util、CommonResult 工具类复制到 util 包下，将 BaseDao 复制到 dao 包下，将 ViewBaseServlet 复制到 servlet.base 包下。

另外，在 web.xml 中设置 Thymeleaf 渲染视图的前缀和后缀。

```xml
<?xml version="1.0" encoding="UTF-8"?>
<web-app xmlns="http://xmlns.jcp.org/xml/ns/javaee"
        xmlns:xsi="http://www.w3.org/2001/XMLSchema-instance"
        xsi:schemaLocation="http://xmlns.jcp.org/xml/ns/javaee    http://xmlns.jcp.org/
xml/ns/javaee/web-app_4_0.xsd"
        version="4.0">
    <!--配置全局初始化参数:配置 Thymeleaf 视图的前缀和后缀-->
    <context-param>
        <!--key 值是自定义的-->
        <param-name>view-prefix</param-name>
        <!--value 值是根据你的项目结构分析出来的-->
        <param-value>/WEB-INF/pages/</param-value>
    </context-param>
    <context-param>
        <param-name>view-suffix</param-name>
        <param-value>.html</param-value>
    </context-param>
</web-app>
```

（5）拷贝静态资源。

将静态资源中 static 文件夹拷贝到项目的 web 目录下，将 pages 文件夹拷贝到 WEB-INF 目录下，将 index.html 拷贝到 WEB-INF/pages 目录下。

操作后的项目结构如图 14-11 所示。

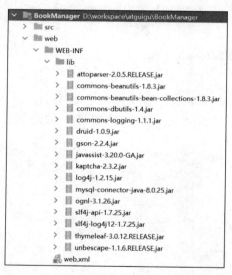

图 14-11　操作后的项目结构

14.2　首页的访问

书城项目使用 Thymeleaf 进行视图渲染，将页面都存放在/WEB-INF/ pages/目录下，因此首页的访问，需要先发请求到 Servlet，再由 Thymeleaf 进行渲染。步骤如下。

（1）在 servlet.model 包下创建 IndexServlet 继承 ViewBaseServlet。

（2）设置访问路径为/index.html。

（3）重写 doGet()和 doPost()方法。

（4）调用 ViewBaseServlet 中的 processTemplate()方法渲染/WEB-INF/pages/目录下的 index.html 页面。

（5）在 index.html 页面中添加 Thymeleaf 的名称空间，并将所有的路径改为绝对路径。

IndexServlet 代码如下。

```
package com.atguigu.servlet.model;
//省略 import 语句

@WebServlet("/index.html")
public class IndexServlet extends ViewBaseServlet {
    @Override
    protected void doGet(HttpServletRequest request,HttpServletResponse response) throws
ServletException, IOException {
        this.doPost(request,response);
    }

    @Override
    protected void doPost(HttpServletRequest request,HttpServletResponse response) throws
ServletException, IOException {
        this.processTemplate("index",request,response);
    }
}
```

index.html 页面代码如下。

```
<!DOCTYPE html>
<html lang="en" xmlns:th="http://www.thymeleaf.org">
  <head>
    <meta charset="UTF-8" />
    <meta name="viewport" content="width=device-width, initial-scale=1.0" />
    <title>书城首页</title>
    <link rel="stylesheet" th:href="@{/static/css/minireset.css}" />
    <link rel="stylesheet" th:href="@{/static/css/common.css}" />
    <link rel="stylesheet" th:href="@{/static/css/iconfont.css}" />
    <link rel="stylesheet" th:href="@{/static/css/index.css}" />
    <link rel="stylesheet" th:href="@{/static/css/swiper.min.css}" />
  </head>
<body>
<!-- body 代码省略 -->
</body>
```

添加 Tomcat 镜像服务器部署书城项目，如图 14-12 所示。然后启动服务器端，测试首页是否访问成功。打开浏览器通过 "http://localhost:8888/BookManager_war_exploded/index.html" 访问书城首页，如图 14-13 所示。

图 14-12　添加 Tomcat 镜像服务器部署书城项目

图 14-13　访问书城首页

14.3　用户管理模块

用户管理模块主要包括三个功能，分别是用户注册、用户登录和用户注销。下面依次对这三个功能展开介绍。

14.3.1　用户注册

注册功能是用户的第一个操作，也是整个项目的第一个功能。重点理解按照 MVC 架构进行开发时，各层对应的代码结构及其调用关系。后面其他功能与此类似。

1. 开发实体类

在 bean 包下创建 User 类，对应数据库中的 t_users 表。示例代码如下。

```java
package com.atguigu.bean;

public class User {
    private Integer id;          //用户 id
    private String username;     //用户名字
    private String password;     //用户密码
    private String email;        //用户邮箱
    //get,set 方法省略
    }
```

2. 注册页面的访问

实现在首页中单击"注册"超链接跳转注册页面。

（1）创建 ToRegistPageServlet 类，实现跳转注册页面。

```java
package com.atguigu.servlet.model;

@WebServlet("/regist.html")
public class ToRegistPageServlet extends ViewBaseServlet {
    @Override
    protected void doGet(HttpServletRequest request, HttpServletResponse response) throws
ServletException, IOException {
```

```
        this.doPost(request,response);
    }

    @Override
    protected void doPost(HttpServletRequest request, HttpServletResponse response) throws
ServletException, IOException {
        this.processTemplate("user/regist",request,response);
    }
}
```

（2）修改 index.html 页面中注册对应的超链接，设置访问路径为 ToRegistPageServlet 类的映射路径。示例代码如下。

```
<a th:href="@{/regist.html}" class="register">注册</a>
```

（3）修改/WEB-INF/pages/user/目录下的 regist.html 页面，添加 Thymeleaf 的名称空间，实现页面渲染。

```
<!DOCTYPE html>
<html xmlns:th="http://www.thymeleaf.org">
  <head>
    <meta charset="UTF-8" />
    <title>尚硅谷会员注册页面</title>
    <link type="text/css" rel="stylesheet" th:href="@{/static/css/style.css}"/>
    <link rel="stylesheet" th:href="@{/static/css/register.css}" />
    <style type="text/css">
      .login_form {
        height: 420px;
        margin-top: 25px;
      }
    </style>
  </head>
  <body>
    <div id="login_header">
      <a th:href="@{/index.html}">
        <img class="logo_img" alt="" th:src="@{/static/img/logo.gif}" />
      </a>
    </div>

    <div class="login_banner">
      <div class="register_form">
        <h1>注册尚硅谷会员</h1>
        <form action="regist_success.html">
          <div class="form-item">
            <div>
              <label>用户名称:</label>
              <input type="text" placeholder="请输入用户名" />
            </div>
            <span class="errMess">用户名应为 6~16 位数组和字母组成</span>
          </div>
          <div class="form-item">
            <div>
              <label>用户密码:</label>
              <input type="password" placeholder="请输入密码" />
            </div>
            <span class="errMess">密码的长度至少为 8 位</span>
          </div>
```

```
        <div class="form-item">
          <div>
            <label>确认密码:</label>
            <input type="password" placeholder="请输入确认密码" />
          </div>
          <span class="errMess">密码两次输入不一致</span>
        </div>
        <div class="form-item">
          <div>
            <label>用户邮箱:</label>
            <input type="text" placeholder="请输入邮箱" />
          </div>
          <span class="errMess">请输入正确格式的邮箱</span>
        </div>

        <div class="form-item">
          <div>
            <label>验证码:</label>
            <div class="verify">
              <input type="text" placeholder="" />
              <img th:src="@{/static/img/code.bmp}" alt="" height="40px"/>
            </div>
          </div>
          <span class="errMess">请输入正确的验证码</span>
        </div>
        <button class="btn">注册</button>
      </form>
    </div>
  </div>
  <div id="bottom">
    <span>
      尚硅谷书城.Copyright &copy;
    </span>
  </div>
</div>
  </body>
</html>
```

然后启动项目，单击首页的"注册"，成功跳转注册页面，如图 14-14 所示。

接下来分别实现注册页面中涉及的验证码展示、表单正则验证，以及用户名唯一验证等功能，并且注册功能完善后进行统一测试。

3. 验证码图片动态展示

（1）在 web.xml 中配置 KaptchaServlet 的映射路径。

```
<!--kaptchaServlet 的访问路径，生成验证码图片-->
<servlet>
    <servlet-name>kaptchaServlet</servlet-name>
    <servlet-class>
        com.google.code.kaptcha.servlet.KaptchaServlet</servlet-class>
</servlet>
<servlet-mapping>
    <servlet-name>kaptchaServlet</servlet-name>
    <url-pattern>/kaptcha</url-pattern>
</servlet-mapping>
```

图 14-14　成功跳转注册页面

（2）修改 regist.html 页面，实现验证码动态展示功能。

在 regist.html 页面中修改\<img>标签的访问路径，为 KaptchaServlet 的映射路径，并绑定单击事件。

```
<img :src="codeSrc" alt="" height="40px" width="100px"
@click="changeCode"/>
```

在 regist.html 页面\<head>标签内引入 vue.js 文件，并在\<body>标签内添加最外层\<div>标签，id 值为 box，用于挂载 Vue 代码，关键代码如下。

```
<head>
    <!-- 省略部分代码 -->
    <script th:src="@{/static/script/vue.js}"></script
</head>
<body>
    <div id="box">
        <!-- 省略 body 内代码 -->
    </div>
</body>
```

编写如下 Vue 代码。

```
<script>
 new Vue({
  el:"#box",
  data:{
    codeSrc:"kaptcha"
  }
,
  methods:{
   changeCode:function (){
     //time=new Date(
)是为了每次的请求路径都不一样，避免浏览器缓存
     this.codeSrc="kaptcha?time="+new Date();
   }
  }
})
</script>
```

4．表单的正则验证

关于注册页面中的表单项，我们需要对注册用户提出一些数据格式要求，如用户名的组成部分、用户名的长度，密码的长度，以及邮箱的格式是否符合要求等。

首先，将表单以及提示内容和 Vue 的数据模型进行绑定。其次，在表单元素上分别添加事件：输入框

添加 blur 失去焦点事件；表单上添加 submit 提交事件，并且在 Vue 中创建函数进行数据的正则验证。修改后的 regist.html 文件示例代码如下。

```html
<!DOCTYPE html>
<html xmlns:th="http://www.thymeleaf.org">
  <head>
    <meta charset="UTF-8" />
    <title>尚硅谷会员注册页面</title>
    <link type="text/css" rel="stylesheet" th:href="@{/static/css/style.css}" />
    <link rel="stylesheet" th:href="@{/static/css/register.css}" />
    <style type="text/css">
      .login_form {
        height: 420px;
        margin-top: 25px;
      }
    </style>
    <script th:src="@{/static/script/vue.js}"></script>
  </head>
  <body>
  <div id="box">
    <div id="login_header">
      <a th:href="@{/index.html}">
        <img class="logo_img" alt="" th:src="@{/static/img/logo.gif}" />
      </a>
    </div>
    <div class="login_banner">
      <div class="register_form">
        <h1>注册尚硅谷会员</h1>
        <form action="regist_success.html" @submit="checkRegist">
          <div class="form-item">
            <div>
              <label>用户名称:</label>
              <input type="text" placeholder="请输入用户名" name="username"@blur="checkUsername"
v-model="username"/>
            </div>
            <span class="errMess">{{usernameMsg}}</span>
          </div>
          <div class="form-item">
            <div>
              <label>用户密码:</label>
              <input type="password" placeholder="请输入密码" name="password" @blur="checkPassword"
v-model="password"/>
            </div>
            <span class="errMess">{{passwordMsg}}</span>
          </div>
          <div class="form-item">
            <div>
              <label>确认密码:</label>
              <input type="password" placeholder="请输入确认密码" @blur="checkConfirmPassword"
v-model="confirmPassword"/>
            </div>
            <span class="errMess">{{confirmPasswordMsg}}</span>
          </div>
          <div class="form-item">
            <div>
```

```html
            <label>用户邮箱:</label>
            <input type="text" placeholder="请输入邮箱" name="email" @blur="checkEmail"
v-model= "email"/>
          </div>
          <span class="errMess">{{emailMsg}}</span>
        </div>
        <div class="form-item">
          <div>
            <label>验证码:</label>
            <div class="verify">
              <input type="text" placeholder="" name="code" v-model="code" @blur="checkCode"/>
              <img :src="codeSrc" alt="" height="40px" width="100px" @click="changeCode"/>
            </div>
          </div>
          <span class="errMess">{{codeMsg}}</span>
        </div>
        <button class="btn">注册</button>
      </form>
    </div>
  </div>
  <div id="bottom">
    <span>
      尚硅谷书城.Copyright &copy;
    </span>
  </div>
</div>
<script>
  new Vue(
{
    el:"#box",
    data:{
      username:"",
      usernameMsg:"用户名应为 6~16 位数组和字母组成",
      password:"",
      passwordMsg:"密码的长度至少为 8 位",
      confirmPassword:"",
      confirmPasswordMsg:"密码两次输入不一致",
      email:"",
      emailMsg:"请输入正确的邮箱格式",
      code:"",
      codeMsg:"请输入验证码",
      codeSrc:"kaptcha",
      usernameFlag:false,
      passwordFlag:false,
      confirmPasswordFlag:false,
      emailFlag:false,
      codeFlag:false,
    },
    methods:{
      changeCode:function (){
        //time=new Date()是为了每次的请求路径都不一样，避免浏览器缓存
        this.codeSrc="kaptcha?time="+new Date();
      },
      checkUsername:function () {
        //校验用户名是否符合要求
```

```
      var usernameReg=/^[a-zA-Z0-9]{6,16}$/;
      if(usernameReg.test(this.username)){
        this.usernameMsg="√";
        this.usernameFlag=true;
      }else{
        this.usernameMsg="用户名应为 6~16 位数组和字母组成"
        this.usernameFlag=false;
      }
    },
    checkPassword:function () {
      var passwordReg=/^[a-zA-Z0-9_]{8,}$/
      if(passwordReg.test(this.password)){
        this.passwordMsg="√"
        this.passwordFlag=true;
      }else{
        this.passwordMsg="密码的长度至少为 8 位"
        this.passwordFlag=false;
      }
    },
    checkConfirmPassword:function () {
      if(this.password==this.confirmPassword){
        this.confirmPasswordMsg="√"
        this.confirmPasswordFlag=true;
      }else{
        this.confirmPasswordMsg="密码两次输入不一致"
        this.confirmPasswordFlag=false;
      }
    },
    checkEmail:function () {
      var emailReg=/^[a-zA-Z0-9_\.-]+@([a-zA-Z0-9-]+[\.]{1})+[a-zA-Z]+$/;
      if(emailReg.test(this.email)){
        this.emailMsg="√"
        this.emailFlag=true;
      }else{
        this.emailMsg="请输入正确的邮箱格式"
        this.emailFlag=false;
      }
    },
    checkCode:function (){
      if(this.code==''){
        this.codeMsg='验证码不能为空';
        this.codeFlag=true;
      }else{
        this.codeMsg='';
        this.codeFlag=false;
      }
    },
    checkRegist:function () {
if(!(this.usernameFlag&&this.passwordFlag&&this.confirmPasswordFlag&&this.emailFlag()&&this.codeFlag)){
      event.preventDefault()
    }
  }
}
```

```
    }
)
  </script>
  </body>
</html>
```

5. 用户名唯一性验证

关于用户名需要一个特殊的验证，即要求用户注册时使用的用户名是唯一的。在注册之前，需要根据用户输入的用户名去数据库查询，如果能查询到结果，就说明该用户名已被其他用户注册，并且不能重复使用；如果查询不到结果，就说明该用户名可用。这里，我们采用 AJAX 异步请求进行用户名唯一性的验证。具体步骤如下。

（1）在 regist.html 文件中引入 Axios 框架的支持文件。

```
<script th:src="@{/static/script/axios.min.js}"></script>
```

（2）修改 checkUsername 函数，在用户名格式验证成功后，发送异步请求到服务器端。

```
checkUsername:function () {
  //校验用户名是否符合要求
  var usernameReg=/^[a-zA-Z0-9]{6,16}$/;
  if(usernameReg.test(this.username)){
    //当用户名格式已经正确，就可以发送异步请求到后台，进行用户名重复的验证
    axios({
      method:"post",
      url:"checkUsername",
      params:{
        username:this.username
      }
    }).then(response => {
      var result=response.data;//{flag:true/false}
      if(result.flag){
        this.usernameMsg="√"
        this.usernameFlag=true;
      }else{
        this.usernameMsg="用户名重复，请更换！"
        this.usernameFlag=false;
      }
    });
  }else{
    this.usernameMsg="用户名应为 6~16 位数组和字母组成"
    this.usernameFlag=false;
  }
}
```

（3）创建 CheckUsernameServlet 类，继承 HttpServlet，进行用户名验证的请求处理，示例代码如下。

```
package com.atguigu.servlet.model;
//省略 import 语句

@WebServlet("/checkUsername")
public class CheckUsernameServlet extends HttpServlet {
    @Override
    protected void doGet(HttpServletRequest request,HttpServletResponse response) throws
ServletException, IOException {
        this.doPost(request,response);
    }

    @Override
```

```
    protected void doPost(HttpServletRequest request,HttpServletResponse response) throws
ServletException, IOException {
        //1. 获取请求参数
        String username = request.getParameter("username");
        //2. 调用业务层处理业务
        UserService userService=new UserServiceImpl();
        User user = userService.checkUsername(username);
        //3. 给响应
        PrintWriter writer = response.getWriter();
        CommonResult commonResult=null;
        if(user==null){
            commonResult=CommonResult.ok();
        }else{
            commonResult=CommonResult.error();
        }

        //将 CommonResult 写回去
        String s = new Gson().toJson(commonResult);
        System.out.println("s = " + s);//{flag:true/false}
        writer.write(s);
    }
}
```

（4）完成业务层和持久层相应操作。

业务层创建 UserService 接口，添加验证用户名是否重复的方法，示例代码如下。

```
package com.atguigu.service;
import com.atguigu.bean.User;

public interface UserService {
    //验证用户名是否重复
    User checkUsername(String username);
}
```

业务层创建 UserServiceImpl 类，实现 UserService 接口，示例代码如下。

```
package com.atguigu.service.impl;
//省略 import 语句

public class UserServiceImpl implements UserService {
    private UserDao userDao=new UserDaoImpl();

    @Override
    public User checkUsername(String username) {
        return userDao.findUserByUsername(username);
    }
}
```

持久层创建 UserDao 接口，示例代码如下。

```
package com.atguigu.dao;
import com.atguigu.bean.User;
import java.sql.SQLException;

public interface UserDao {
    User findUserByUsername(String username);
}
```

持久层创建 UserDaoImpl 类，实现 UserDao 接口，示例代码如下。

```
package com.atguigu.dao.impl;
//省略 import 语句
```

```
public class UserDaoImpl implements UserDao {
   private QueryRunner runner=new QueryRunner();

   @Override
   public User findUserByUsername(String username) {

      try {
         Connection connection = JDBCTools.getConnection();
         String sql="select * from t_users where username=?";
         return runner.query(connection,sql,new BeanHandler<User>(User.class),username);
      }catch (SQLException e) {
         e.printStackTrace();
      }finally {
         try {
            JDBCTools.freeConnection();
         }catch (SQLException e) {
            throw new RuntimeException(e);
         }
      }
      return null;
   }
}
```

6. 单击注册按钮进行数据提交

前面已经对数据的格式进行了验证，也对用户名的唯一性进行了验证，接下来单击"注册"按钮进行表单的提交，将数据保存到数据库中完成注册功能。

（1）创建 RegistServlet 类，处理表单提交请求，注册成功跳转到注册成功页面，注册失败跳转到原页面，示例代码如下。

```
package com.atguigu.servlet.model;
//省略 import 语句

@WebServlet("/regist")
public class RegistServlet extends ViewBaseServlet {
   @Override
   protected void doGet(HttpServletRequest request, HttpServletResponse response) throws
ServletException, IOException {
      this.doPost(request, response);
   }

   @Override
   protected void doPost(HttpServletRequest request, HttpServletResponse response) throws
ServletException, IOException {
      UserService userService=new UserServiceImpl();
      //1. 获取请求参数
      //1.1 获取用户的信息数据
      Map<String, String[]> parameterMap = request.getParameterMap();
      User user=new User();
      try {
         BeanUtils.populate(user,parameterMap);
      }catch (IllegalAccessException e) {
         e.printStackTrace();
      }catch (InvocationTargetException e) {
         e.printStackTrace();
```

```
        }
        //1.2 获取验证码数据
        String code = request.getParameter("code");
        System.out.println("用户输入验证码: "+code);
        //从 session 中根据 KAPTCHA_SESSION_KEY 获取正确验证码
        Object kaptcha_session_key = request.getSession().getAttribute("KAPTCHA_SESSION_KEY");
        System.out.println("正确验证码 : " + kaptcha_session_key);

        boolean regist=false;
        if(code.equals(kaptcha_session_key)){
            //验证码正确
            //2. 调用业务层处理业务
            regist = userService.regist(user);
        }
        //3. 给响应
        if(regist){
            processTemplate("user/regist_success",request,response);
        }else{
            request.setAttribute("codeErrMsg","验证码错误");
            processTemplate("user/regist",request,response);
        }
    }
}
```

（2）将表单请求路径设置为 RegistServlet 的请求路径。

```
<form action="regist" @submit="checkRegist">
```

（3）完成业务层和持久层的相应操作。

在 UserService 接口中，添加将用户信息保存到数据库的方法，示例代码如下。

```
boolean regist(User user);
```

在 UserServiceImpl 实现类中，实现 UserService 接口的方法，示例代码如下。

```
@Override
public boolean regist(User user) {
    //1. 对密码进行加密(待实现)
    user.setPassword(MD5Util.encode(user.getPassword()));
    //2. 新增
    return userDao.saveUser(user);
}
```

在 UserDao 接口中，添加向数据库新增用户的方法，示例代码如下。

```
boolean saveUser(User user) ;
```

在 UserDaoImpl 实现类中，实现 UserDao 接口的方法，示例代码如下。

```
@Override
public boolean saveUser(User user)  {

    try {
        Connection connection = JDBCTools.getConnection();
        String sql="insert into t_users values(null,?,?,?)";
        int update = runner.update(connection, sql, user.getUsername(), user.getPassword(),
user.getEmail());
        if(update>0)
            return true;
    }catch (SQLException e) {
        e.printStackTrace();
    }
    finally {
```

```
    try {
        JDBCTools.freeConnection();
    }catch (SQLException e) {
        throw new RuntimeException(e);
    }
    }
    return false;
}
```

如果登录失败，就跳转到 regist.html 页面，需要实现数据回显及错误信息提示，在 Vue 的 data 中增加内容，示例代码如下。

```
data:{
    username:"[[${param.username}]]",
    usernameMsg:"[[${param.username==null?'用户名应为 6~16 位数组和字母组成':'√'}]]",
    password:"[[${param.password}]]",
    passwordMsg:"[[${param.password==null?'密码的长度至少为 8 位':'√'}]]",
    confirmPassword:"[[${param.password}]]",
    confirmPasswordMsg:"[[${param.password==null?'密码两次输入不一致':'√'}]]",
    email:"[[${param.email}]]",
    emailMsg:"[[${param.email==null?'请输入正确格式的邮箱':'√'}]]",
    code:"[[${param.code}]]",
    codeMsg:"[[${codeErrMsg==null?'请输入验证码':codeErrMsg}]]",
    codeSrc:"kaptcha",
    usernameFlag:"[[${param.username==null?"+false+":"+true+"}]]",
    passwordFlag:"[[${param.password==null?"+false+":"+true+"}]]",
    confirmPasswordFlag:"[[${param.password==null?"+false+":"+true+"}]]",
    emailFlag:"[[${param.email==null?"+false+":"+true+"}]]",
    codeFlag:"[[${param.code==null?"+false+":"+true+"}]]",
}
```

下面对注册具体功能进行测试，如图 14-15 所示，填写注册信息。然后单击"注册"，如图 14-16 所示，跳转至注册成功页面。

图 14-15　填写注册信息

图 14-16　注册成功页面

14.3.2　Servlet 的优化

至此，该项目的注册功能已经完成。不难发现，针对简单的注册功能已经创建了很多 Servlet，也就是说，后期在实现其他功能时，还会创建更多的 Servlet，因此我们需要对 Servlet 进行优化。保证让相同类型的请求都发送到同一个 Servlet 上，这样就大大减少了 Servlet 的个数。

首先，需要满足一个条件，即将请求路径进行规范化。回顾一下之前请求 Servlet 的路径：去注册页面的请求路径是/regist.html；检查用户名唯一性的请求路径是/checkUsername；注册的请求路径是/regist。这里可以将三个 Servlet 合并成一个 UserServlet，统一处理和用户相关的请求，后面登录的相关请求也发送到 UserServlet。

　　假设 UserServlet 的访问路径是/user，那么问题就是如何让一个 Servlet 处理多个不同的请求。解决方案就是，不同的请求都携带一个 key 值相同但 value 值不同的请求参数。例如，user?method=regist.html、user?method=checkUsername、user?method=regist，这样 Servlet 就可以获取 method 的请求参数值，根据 value 值的不同来调用不同的方法，进行不同请求的处理。下面对注册涉及的 Servlet 进行优化。

（1）修改请求路径携带 method 参数。

修改 index.html 页面中注册对应的超链接，示例代码如下。

```
<a th:href="@{/user?method=regist.html}" class="register">注册</a>
```

修改 regist.html 页面中检查用户名唯一性的请求路径，示例代码如下。

```
axios({
 method:"post",
 url:"user?method=checkUsername",
 params:{
  username:this.username
 }
}).then(response => {
 var result=response.data;//{flag:true/false}
 if(result.flag){
  this.usernameMsg="√"
  this.usernameFlag=true;
 }else{
  this.usernameMsg="用户名重复，请更换！"
  this.usernameFlag=false;
 }
});
```

修改 regist.html 页面中表单的请求路径，示例代码如下。

```
<form th:action="@{/user?method=regist}" @submit="checkRegist" method="post" >
<!-- 省略表单项代码 -->
</form>
```

（2）创建 UserServlet，将 ToRegistPageServlet、RegistServlet、CheckUsernameServlet 三个合并到 UserServlet，示例代码如下。

```
package com.atguigu.servlet.model;
//省略 import 语句

@WebServlet("/user")
public class UserServlet extends ViewBaseServlet {

    private UserService userService=new UserServiceImpl();
    @Override
    protected void doGet(HttpServletRequest request,HttpServletResponse response) throws
ServletException, IOException {
        this.doPost(request, response);
    }

    @Override
    protected void doPost(HttpServletRequest request,HttpServletResponse response) throws
ServletException, IOException {
        //获取 method 请求参数
        String method = request.getParameter("method");
        //进行判断
        if(method.equals("regist.html")){
            toRegistPage(request, response);
        }else if(method.equals("checkUsername")){
```

```java
            checkUsername(request, response);
        }else if(method.equals("regist")){
            regist(request, response);
        }
    }

    protected void toRegistPage(HttpServletRequest request,HttpServletResponse response)
throws ServletException, IOException {
        this.processTemplate("user/regist",request,response);
    }
    protected void checkUsername(HttpServletRequest request,HttpServletResponse response)
throws ServletException, IOException {
        //1. 获取请求参数
        String username = request.getParameter("username");
        //2. 调用业务层处理业务
        User user = userService.checkUsername(username);
        //3. 给响应
        PrintWriter writer = response.getWriter();
        CommonResult commonResult=null;
        if(user==null){
            commonResult=CommonResult.ok();
        }else{
            commonResult=CommonResult.error();
        }

        //将 CommonResult 写回去
        String s = new Gson().toJson(commonResult);
        System.out.println("s = " + s);//{flag:true/false}
        writer.write(s);
    }
    protected void regist(HttpServletRequest request,HttpServletResponse response) throws
ServletException, IOException {
        //1. 获取请求参数
        //1.1 获取用户的信息数据
        Map<String, String[]> parameterMap = request.getParameterMap();
        User user=new User();
        try {
            BeanUtils.populate(user,parameterMap);
        } catch (IllegalAccessException e) {
            e.printStackTrace();
        } catch (InvocationTargetException e) {
            e.printStackTrace();
        }
        //1.2 获取验证码数据
        String code = request.getParameter("code");
        System.out.println("用户输入验证码: "+code);
        //从 session 中根据 KAPTCHA_SESSION_KEY 获取正确的验证码
        Object kaptcha_session_key
            = request.getSession().getAttribute("KAPTCHA_SESSION_KEY");
        System.out.println("正确验证码 : " + kaptcha_session_key);

        boolean regist=false;
        if(code.equals(kaptcha_session_key)){
            //验证码正确
            //2. 调用业务层处理业务
```

```
          regist = userService.regist(user);
      }
      //3. 给响应
      if(regist){
          processTemplate("user/regist_success",request,response);
      }else{
          request.setAttribute("codeErrMsg","验证码错误");
          processTemplate("user/regist",request,response);
      }
   }
}
```

本节完成了 Servlet 优化，大大减少了 Servlet 文件的个数，注册相关的 ToRegistPageServlet、RegistServlet、CheckUsernameServlet 就可以删除了。

14.3.3　用户登录

用户注册完后就会进行登录，接下来我们将实现登录功能，具体如下。

1. 单击"登录"按钮跳转登录页面

（1）修改 index.html 中的"登录"超链接，访问路径为"user?method=login.html"，示例代码如下。

```
<a th:href="@{/user?method=login.html}" class="login">登录</a>
```

（2）修改 UserServlet，新增一个分支（加粗部分），示例代码如下。

```
if(method.equals("regist.html")){
   toRegistPage(request, response);
}else if(method.equals("checkUsername")){
   checkUsername(request, response);
}else if(method.equals("regist")){
   regist(request, response);
}else if(method.equals("login.html")){
   toLoginPage(request, response);
}
```

在 UserServlet 类中，新增 toLoginPage()方法实现跳转登录页面，示例代码如下。

```
protected void toLoginPage(HttpServletRequest request,HttpServletResponse response) throws
ServletException, IOException {
   this.processTemplate("user/login",request,response);
}
```

（3）修改 login.html 页面，示例代码如下。

```
<!DOCTYPE html>
<html xmlns:th="http://www.thymeleaf.org">
  <head>
    <meta charset="UTF-8" />
    <title>尚硅谷会员登录页面</title>
    <link type="text/css" rel="stylesheet" th:href="@{/static/css/style.css}" />
  </head>
  <body>
    <div id="login_header">
      <a th:href="@{/index.html}">
        <img class="logo_img" alt="" th:src="@{/static/img/logo.gif}" />
      </a>
    </div>

    <div class="login_banner">
      <div id="l_content">
        <span class="login_word">欢迎登录</span>
```

```html
      </div>

      <div id="content">
        <div class="login_form">
          <div class="login_box">
            <div class="tit">
              <h1>尚硅谷会员</h1>
            </div>
            <div class="msg_cont">
              <b></b>
              <span class="errorMsg">请输入用户名和密码</span>
            </div>
            <div class="form">
              <form action="login_success.html">
                <label>用户名称: </label>
                <input
                  class="itxt"
                  type="text"
                  placeholder="请输入用户名"
                  autocomplete="off"
                  tabindex="1"
                  name="username"
                  id="username"
                />
                <br />
                <br />
                <label>用户密码: </label>
                <input
                  class="itxt"
                  type="password"
                  placeholder="请输入密码"
                  autocomplete="off"
                  tabindex="1"
                  name="password"
                  id="password"
                />
                <br />
                <br />
                <input type="submit" value="登录" id="sub_btn" />
              </form>
              <div class="tit">
                <a th:href="@{/user?method=regist.html}">立即注册</a>
              </div>
            </div>
          </div>
        </div>
      </div>
      <div id="bottom">
        <span>
          尚硅谷书城.Copyright &copy;2015
        </span>
      </div>
    </body>
</html>
```

重启项目进入首页，单击"登录"按钮，如图 14-17 所示，成功跳转登录页面。

图 14-17　登录页面

2. 对登录页面表单进行非空校验

- 将 vue.js 引入到 login.html。
- 创建 Vue 框架基础结构。
- 创建数据模型并和表单进行绑定。
- 在表单上绑定提交事件。
- 创建函数进行非空校验。

（1）在 login.html 页面中引入 vue.js 文件。

```
<script th:src="@{/static/script/vue.js}"></script>
```

（2）创建 Vue 框架基础结构，声明 data 数据模型，以及 methods 函数，示例代码如下。

```
<div id="box">
<!-- 省略 body 标签中所有内容 -->
</div>
<script>
  new Vue({
    el:"#box",
    data:{
      username:"",
      password:"",
      errMsg:"请输入用户名和密码"
    },
    methods:{
      checkLogin:function () {
        //1. 验证用户名是否为空
        if(this.username==""){
          //2.需要在上方进行提示
          this.errMsg="用户名不能为空"
          event.preventDefault();
          return;
        }
        if(this.password==""){
          this.errMsg="密码不能为空"
          event.preventDefault();
        }
      }
    }
  })
</script>
```

（3）在表单上绑定提交事件，修改之前\<body\>标签内的代码，具体如下。

```html
<div id="box">
 <div id="login_header">
  <a th:href="@{/index.html}">
   <img class="logo_img" alt="" th:src="@{/static/img/logo.gif}" />
  </a>
 </div>
 <div class="login_banner">
  <div id="l_content">
   <span class="login_word">欢迎登录</span>
  </div>

  <div id="content">
   <div class="login_form">
    <div class="login_box">
     <div class="tit">
      <h1>尚硅谷会员</h1>
     </div>
     <div class="msg_cont">
      <b></b>
      <span class="errorMsg">{{errMsg}}</span>
     </div>
     <div class="form">
      <form th:action="@{/user?flag=login}" @submit="checkLogin" method="post">
       <label>用户名称: </label>
       <input
          class="itxt"
          type="text"
          placeholder="请输入用户名"
          autocomplete="off"
          tabindex="1"
          name="username"
          id="username"
          v-model="username"
       />
       <br />
       <br />
       <label>用户密码: </label>
       <input
          class="itxt"
          type="password"
          placeholder="请输入密码"
          autocomplete="off"
          tabindex="1"
          name="password"
          id="password"
          v-model="password"
       />
       <br />
       <br />
       <input type="submit" value="登录" id="sub_btn" />
      </form>
      <div class="tit">
       <a th:href="@{/user?method=regist.html}">立即注册</a>
      </div>
```

```
        </div>
      </div>
    </div>
  </div>
</div>
<div id="bottom">
  <span>
    尚硅谷书城.Copyright &copy;2015
  </span>
</div>
</div>
```

3. 实现登录功能

（1）修改登录表单的 action 属性值，示例代码如下。

```
<form th:action="@{/user?method=login}" @submit="checkLogin" method="post">
```

（2）修改 UserServlet，新增处理登录请求的代码。

在 UserServlet 的 doPost()方法中新增一个分支（加粗部分），代码如下。

```
@Override
protected void doPost(HttpServletRequest request, HttpServletResponse response) throws
ServletException, IOException {
    //获取 method 请求参数
    String method = request.getParameter("method");
    //进行判断
    if(method.equals("regist.html")){
        toRegistPage(request, response);
    }else if(method.equals("checkUsername")){
        checkUsername(request, response);
    }else if(method.equals("regist")){
        regist(request, response);
    }else if(method.equals("login.html")){
        toLoginPage(request, response);
    }else if(method.equals("login")){
        login(request, response);
    }
}
```

在 UserServlet 中新增 login()方法，处理登录请求，示例代码如下。

```
protected void login(HttpServletRequest request, HttpServletResponse response)throws
ServletException, IOException {
    String username = request.getParameter("username");
    String password = request.getParameter("password");
    //调用业务层进行登录功能操作
    User user = userService.login(username, password);
    //根据 user 是否有值判断登录是否成功
    if(user!=null){
        request.getSession().setAttribute("user",user);
        processTemplate("user/login_success",request,response);
    }else{
        request.setAttribute("errMsg","用户名或密码错误");
        processTemplate("user/login",request,response);
    }
}
```

（3）完善业务层代码。另外，对于持久层，登录可以使用 UserDao 和 UserDaoImpl 中的 findUserBy Username(String username)方法查询用户信息。

在 UserService 接口中新增 login()登录方法，示例代码如下。

```
User login(String username, String password);
```

在 UserServiceImpl 实现类中实现 login()方法，示例代码如下。

```java
@Override
public User login(String username, String password) {
    //1. 使用用户名去查询
    User user = userDao.findUserByUsername(username);
    //2. 做密码的校验(如果注册的时候有加密，需要处理)
    if(user!=null){
        String encode = MD5Util.encode(password);
        if(user.getPassword().equals(encode)){
            return user;
        }
    }
    return null;
}
```

（4）完善登录和登录成功页面。

修改 login.html 页面中 Vue 代码的 data 内容，示例代码如下。

```
data:{
 username:"[[${param.username}]]",
 password:"[[${param.password}]]",
 errMsg:"[[${errMsg==null?'请输入用户名和密码':errMsg}]]"
}
```

完善 login_success.html 登录成功页面，示例代码如下。

```html
<!DOCTYPE html>
<html xmlns:th="http://www.thymeleaf.org">
<head>
<meta charset="UTF-8">
<title>尚硅谷会员注册页面</title>
  <link type="text/css" rel="stylesheet" th:href="@{/static/css/style.css}" />
<style type="text/css">
  h1 {
     text-align: center;
     margin-top: 200px;
  }

  h1 a {
     color:red;
  }
</style>
</head>
<body>
    <div id="header">
        <a th:href="@{index.html}">
            <img class="logo_img" alt="" th:src="@{static/img/logo.gif}" />
        </a>
        <div>
            <span>欢迎<span class="um_span" th:text="${session.user.username}">张总</span>
光临尚硅谷书城</span>
            <a href="../order/order.html">我的订单</a>
            <a th:href="@{index.html}">注销</a>  
            <a th:href="@{index.html}">返回</a>
        </div>
```

```
    </div>
    <div id="main">
      <h1>欢迎回来 <a th:href="@{index.html}">转到主页</a></h1>
    </div>
    <div id="bottom">
      <span>
        尚硅谷书城.Copyright &copy;2015
      </span>
    </div>
  </body>
</html>
```

运行代码，输入已注册的用户信息进行登录，如图 14-18 所示，成功跳转登录成功页面。

图 14-18　登录成功页面

4. index.html 页面的头信息完善

登录成功后，修改首页展示用户信息。首页的头信息根据 session 中是否有 user 对象判断是否处于登录状态，从而显示不同的内容，如果不处于登录状态就显示"登录"和"注册"的超链接，如果处于登录状态就显示"欢迎：XXX"和"注销"的超链接。

```
<div class="topbar-right" th:if="${session.user==null}">
  <a th:href="@{/user?method=login.html}" class="login">登录</a>
  <a th:href="@{/user?method=regist.html}" class="register">注册</a>
  <a
    href="./pages/cart/cart.html"
    class="cart iconfont icon-gouwuche">
    购物车
    <div class="cart-num">3</div>
  </a>
  <a href="./pages/manager/book_manager.html" class="admin">后台管理</a>
</div>
  <!--登录后风格-->
  <div class="topbar-right" th:if="${session.user!=null}">
    <span>欢迎你<b th:text="${session.user.username}">张总</b></span>
    <a href="#" class="register">注销</a>
    <a href="pages/cart/cart.jsp" class="cart iconfont icon-gouwuche">
      购物车
      <div class="cart-num">3</div>
    </a>
    <a href="./pages/manager/book_manager.html" class="admin">后台管理</a>
  </div>
```

运行代码，重新登录用户信息，查看首页，如图 14-19 所示。

图 14-19　登录后显示用户信息

14.3.4　用户注销

登录完成后，首页会出现注销的超链接。注销功能，就是单击"注销"按钮后发送请求至后台 Servlet，然后实现将 session 中的 User 对象移除即可。

（1）修改首页的注销超链接，示例代码如下。

```
<a th:href="@{/user?method=logout}" class="register">注销</a>
```

（2）修改 UserServlet，新增注销的相关代码。

在 UserServlet 的 doPost()方法中新增一个分支（加粗部分），示例代码如下。

```
@Override
protected void doPost(HttpServletRequest request, HttpServletResponse response) throws
ServletException, IOException {
    //获取 method 请求参数
    String method = request.getParameter("method");
    //进行判断
    if(method.equals("regist.html")){
        toRegistPage(request, response);
    }else if(method.equals("checkUsername")){
        checkUsername(request, response);
    }else if(method.equals("regist")){
        regist(request, response);
    }else if(method.equals("login.html")){
        toLoginPage(request, response);
    }else if(method.equals("login")){
        login(request, response);
    }else if(method.equals("logout")){
        logout(request, response);
    }
}
```

在 UserServlet 中新增 logout()方法，示例代码如下。

```
protected void logout(HttpServletRequest request, HttpServletResponse response)
throws ServletException, IOException {
    request.getSession().removeAttribute("user");
    response.sendRedirect(request.getContextPath()+"/index.html");
}
```

运行代码，登录成功后，单击首页中"注销"按钮后成功注销。

14.4　后台管理模块

后台管理模块主要是对图书的管理，包括图书的查看、图书的添加、图书的修改、图书的删除操作，在首页有一个"后台管理"超链接，本项目内并没有涉及权限相关功能，因此该超链接是可以直接单击的，侧重点主要放在功能实现、知识点练习上。

14.4.1　图书列表展示

单击首页的"后台管理"超链接，将数据库 t_books 表中的图书数据显示在图书列表页面，暂时不考虑分页功能。

（1）创建 Book 实体类，示例代码如下。

```
public class Book {
    private Integer bookId;
    private String bookName;
    private String author;
    private Double price;
    private Integer sales;
    private Integer stock;
    private String imgPath;
//get,set 代码省略
}
```

（2）修改 index.html 首页中的"后台管理"超链接，示例代码如下。

```
<a th:href="@{/book?method=findAll}" class="admin">后台管理</a>
```

需要注意的是，登录前和登录后对应的<div>标签中都有"后台管理"超链接，这两处需要同步修改。

（3）创建 BookServlet 类，并创建 findAll()方法处理查询图书的请求，示例代码如下。

```
package com.atguigu.servlet.model;
//省略 import 语句


@WebServlet("/book")
public class BookServlet extends ViewBaseServlet {

    private BookService bookService=new BookServiceImpl();
    @Override
    protected void doGet(HttpServletRequest request, HttpServletResponse response) throws
ServletException, IOException {
        this.doPost(request, response);
    }

    @Override
    protected void doPost(HttpServletRequest request, HttpServletResponse response) throws
ServletException, IOException {
        String method = request.getParameter("method");
        if(method.equals("findAll")){
            findAll(request, response);
        }
    }

    protected void findAll(HttpServletRequest request, HttpServletResponse response) throws
ServletException, IOException {
        List<Book> all = bookService.findAll();
        request.setAttribute("books",all);
```

```
        processTemplate("manager/book_manager",request,response);
    }
}
```

（4）完善业务层和持久层代码。

创建 BookService 接口，增添 findAll()方法，示例代码如下。

```
public interface BookService {
    List<Book> findAll();
}
```

创建 BookServiceImpl 实现类，实现 BookService 接口的 findAll()方法，示例代码如下。

```
public class BookServiceImpl implements BookService {
    private BookDao bookDao=new BookDaoImpl();
    @Override
    public List<Book> findAll() {
        return bookDao.findAll();
    }
}
```

创建 BookDao 接口，增添 findAll()方法，示例代码如下。

```
public interface BookDao {
    List<Book> findAll();
}
```

创建 BookDaoImpl 实现类，实现 BookDao 接口的 findAll()方法，示例代码如下。

```
public class BookDaoImpl implements BookDao {
    //由 dbutils 的 QueryRunner，变成 JdbcTemplate
    private QueryRunner runner=new QueryRunner();
    @Override
    public List<Book> findAll() {
        try {
            Connection connection = JDBCTools.getConnection();
            String sql="select id bookId,title bookName,author,price,sales,stock,img_path
imgPath from t_books";
            return runner.query(connection,sql,new BeanListHandler<Book>(Book.class));
        }catch (SQLException e) {
            e.printStackTrace();
        }finally {
            try {
                JDBCTools.freeConnection();
            }catch (SQLException e) {
                throw new RuntimeException(e);
            }
        }
        return null;
    }
}
```

（5）修改 pages/manager/目录下的 book_manager.html 页面，示例代码如下。

```
<!DOCTYPE html>
<html lang="en"  xmlns:th="http://www.thymeleaf.org">
  <head>
    <meta charset="UTF-8" />
    <meta name="viewport" content="width=device-width, initial-scale=1.0" />
    <title>Document</title>
    <link rel="stylesheet" th:href="@{/static/css/minireset.css}" />
    <link rel="stylesheet" th:href="@{/static/css/common.css}" />
    <link rel="stylesheet" th:href="@{/static/css/cart.css}" />
    <link rel="stylesheet" th:href="@{/static/css/bookManger.css}" />
```

```html
</head>
<body>
  <div class="header">
    <div class="w">
      <div class="header-left">
        <a th:href="@{/index.html}">
          <img th:src="@{/static/img/logo.gif}" alt=""/></a>
        <h1>图书管理系统</h1>
      </div>
      <div class="header-right">
        <a href="#" class="order">图书管理</a>
        <a th:href="@{/order_manager.html}" class="destory">订单管理</a>
        <a th:href="@{/index.html}" class="gohome">返回商城</a>
      </div>
    </div>
  </div>
  <div class="list">
    <div class="w">
      <div class="add">
        <a href="book_add.html">添加图书</a>
      </div>
      <table>
        <thead>
          <tr>
            <th>图片</th>
            <th>商品名称</th>
            <th>价格</th>
            <th>作者</th>
            <th>销量</th>
            <th>库存</th>
            <th>操作</th>
          </tr>
        </thead>
        <tbody>
        <tr th:each="book : ${books}">
          <td><img th:src="${book.imgPath}" alt="" /></td>
          <td th:text="${book.bookName}">活着</td>
          <td th:text="${book.price}">100.00</td>
          <td th:text="${book.author}">余华</td>
          <td th:text="${book.sales}">200</td>
          <td th:text="${book.stock}">400</td>
          <td>
            <a th:href="@{book(flag='toEditPage',id=${book.bookId})}">修改</a>
            <a th:href="@{book(flag='delete',id=${book.bookId})}" class="del">删除</a>
          </td>
        </tr>

        </tbody>
      </table>
      <div class="footer">
        <div class="footer-right">
          <div>首页</div>
          <div>上一页</div>
          <ul>
```

```
      <li class="active">1</li>
      <li>2</li>
      <li>3</li>
    </ul>
    <div>下一页</div>
    <div>末页</div>
    <span>共 10 页</span>
    <span>30 条记录</span>
    <span>到第</span>
    <input type="text" />
    <span>页</span>
    <button>确定</button>
    </div>
  </div>
 </div>
</div>
<div class="bottom">
  <div class="w">
    <div class="top">
      <ul>
        <li>
          <a href="">
            <img th:src="@{/static/img/bottom1.png}" alt="" />
            <span>大咖级讲师亲自授课</span>
          </a>
        </li>
        <li>
          <a href="">
            <img th:src="@{/static/img/bottom.png}" alt="" />
            <span>课程为学员成长持续赋能</span>
          </a>
        </li>
        <li>
          <a href="">
            <img th:src="@{/static/img/bottom2.png}" alt="" />
            <span>学员真实情况大公开</span>
          </a>
        </li>
      </ul>
    </div>
    <div class="content">
      <dl>
        <dt>关于尚硅谷</dt>
        <dd>教育理念</dd>
      </dl>
      <dl>
        <dt>资源下载</dt>
        <dd>视频下载</dd>
      </dl>
      <dl>
        <dt>加入我们</dt>
        <dd>招聘岗位</dd>
      </dl>
      <dl>
```

```
        <dt>联系我们</dt>
        <dd>http://www.atguigu.com</dd>
        <dd></dd>
      </dl>
    </div>
  </div>
  <div class="down">
    尚硅谷书城.Copyright ©
  </div>
  </div>
</body>
</html>
```

运行代码，单击首页的"后台管理"，如图 14-20 所示，成功实现图书列表展示功能。

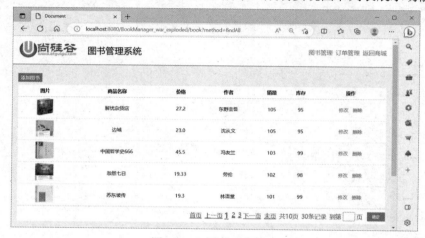

图 14-20　图书列表展示

14.4.2　添加图书

图书列表展示完成后，接下来实现添加图书功能，暂时不考虑图片添加的功能。

（1）修改 book_manager.html 页面的"添加图书"超链接，示例代码如下。

```
<a th:href="@{/book?method=book_add.html}">添加图书</a>
```

（2）在 BookServlet 中创建方法进行新增页面的渲染。

在 BookServlet 的 doPost()方法中新增一个分支（加粗部分），示例代码如下。

```
@Override
protected void doPost(HttpServletRequest request, HttpServletResponse response) throws
ServletException, IOException {
    String method = request.getParameter("method");
    if(method.equals("findAll")){
        findAll(request, response);
    }else if(method.equals("book_add.html")){
        toAddPage(request,response);
    }else if(method.equals("add")){
        add(request, response);
    }
}
```

在 BookServlet 中新增 toAddPage()方法和 add()方法，处理图书数据的保存请求，示例代码如下。

```
protected void toAddPage(HttpServletRequest request,
HttpServletResponse response) throws ServletException, IOException{
    processTemplate("manager/book_add",request,response);
}
```

```
protected void add(HttpServletRequest request, HttpServletResponse response) throws
ServletException, IOException {
    Map<String, String[]> parameterMap = request.getParameterMap();
    Book book=new Book();
    try {
        BeanUtils.populate(book,parameterMap);
    }catch (IllegalAccessException e) {
        e.printStackTrace();
    }catch (InvocationTargetException e) {
        e.printStackTrace();
    }
    bookService.insert(book);
    response.sendRedirect(request.getContextPath()+"/book?method=findAll");
}
```

（3）修改 pages/manager/目录下的 book_add.html 页面，设置页面内表单的请求路径，示例代码如下。

```html
<!DOCTYPE html>
<html xmlns:th="http://www.thymeleaf.org">
<head>
  <meta charset="UTF-8" />
  <meta name="viewport" content="width=device-width, initial-scale=1.0" />
  <title>Document</title>
  <link rel="stylesheet" th:href="@{/static/css/minireset.css}" />
  <link rel="stylesheet" th:href="@{/static/css/common.css}" />
  <link rel="stylesheet" th:href="@{/static/css/style.css}" />
  <link rel="stylesheet" th:href="@{/static/css/cart.css}" />
  <link rel="stylesheet" th:href="@{/static/css/bookManger.css}" />
  <link rel="stylesheet" th:href="@{/static/css/register.css}" />
  <link rel="stylesheet" th:href="@{/static/css/book_edit.css}" />
</head>
<body>
<div class="header">
  <div class="w">
    <div class="header-left">
      <a th:href="@{/index.html}">
       <img th:src="@{/static/img/logo.gif}" alt=""
       /></a>
      <h1>添加图书</h1>
    </div>
    <div class="header-right">
      <a href="./book_manager.html" class="order">图书管理</a>
      <a href="./order_manager.html" class="destory">订单管理</a>
      <a th:href="@{/index.html}" class="gohome">返回商城</a>
    </div>
  </div>
</div>
<div class="login_banner">  <div class="register_form">      <form th:action="@
{/book?method=add}" method="post">
    <div class="form-item">
      <div>
        <label>名称:</label>
        <input type="text" placeholder="请输入名称" name="bookName"/>
      </div>
      <span class="errMess" style="visibility: visible;"></span>
    </div>
    <div class="form-item">
```

```
      <div>
        <label>价格:</label>
        <input type="number" placeholder="请输入价格" name="price"/>
      </div>
      <span class="errMess"></span>
    </div>
    <div class="form-item">
      <div>
        <label>作者:</label>
        <input type="text" placeholder="请输入作者" name="author"/>
      </div>
      <span class="errMess"></span>
    </div>
    <div class="form-item">
      <div>
        <label>销量:</label>
        <input type="number" placeholder="请输入销量" name="sales"/>
      </div>
      <span class="errMess"></span>
    </div>
    <div class="form-item">
      <div>
        <label>库存:</label>
        <input type="number" placeholder="请输入库存" name="stock"/>
      </div>
      <span class="errMess"></span>
    </div>

      <button class="btn">提交</button>
    </form>
  </div>
</div>
</div>
<div class="bottom">
  尚硅谷书城.Copyright ©2015
</div>
</body>
</html>
```

（4）完善业务层和持久层代码。

在 BookService 接口中，新增 insert()添加图书方法，示例代码如下。

```
void insert(Book book);
```

在 BookServiceImpl 实现类中实现 insert()方法，示例代码如下。

```
@Override
public void insert(Book book) {
    bookDao.insert(book);
}
```

在 BookDao 接口中，新增 insert()添加图书方法，示例代码如下。

```
void insert(Book book);
```

在 BookDaoImpl 实现类中实现 insert()方法，示例代码如下。

```
@Override
public void insert(Book book) {
    try {
        Connection connection = JDBCTools.getConnection();
        String sql="insert into t_books values(null,?,?,?,?,?,?)";
```

```
    runner.update(connection,sql,book.getBookName(),book.getAuthor(), book.getPrice(),
book.getSales(), book.getStock(),book.getImgPath());
    }catch (SQLException e) {
        e.printStackTrace();
    }finally {
        try {
            JDBCTools.freeConnection();
        }catch (SQLException e) {
            throw new RuntimeException(e);
        }
    }
}
```

运行代码，单击图书管理页面的"添加图书"按钮并输入图书信息，如图 14-21 所示，成功添加一条记录，不过输入中文出现了乱码问题。

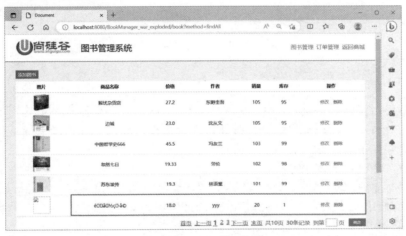

图 14-21　添加图书成功

14.4.3　处理请求和响应中文乱码

在添加图书时，如果输入中文会出现乱码问题，可以创建 EncodingFilter 过滤器，处理请求和响应乱码，示例代码如下。

```java
package com.atguigu.filter;
//省略 import 语句

@WebFilter(urlPatterns = "/*")
public class EncodingFilter implements Filter {
    @Override
    public void init(FilterConfig filterConfig) throws ServletException {
    }
    @Override
    public void doFilter(ServletRequest servletRequest, ServletResponse servletResponse,
FilterChain filterChain) throws IOException, ServletException {
        servletRequest.setCharacterEncoding("utf-8");
        servletResponse.setContentType("text/html;charset=utf-8");
        filterChain.doFilter(servletRequest, servletResponse);
    }
    @Override
    public void destroy() {
    }
}
```

再次运行代码，添加图书信息，如图 14-22 所示，输入中文，无乱码问题。

图 14-22　无中文乱码问题

14.4.4　修改图书

修改图书功能是单击修改超链接，跳转至修改页面，页面内显示原始数据，让用户在原始数据的基础上进行修改。修改完成后，用户单击"保存"按钮，进行数据的修改。和新增功能一样，暂时不考虑图片添加的功能。具体步骤如下。

（1）完善"修改"超链接的请求路径，示例代码如下。

```
<a th:href="@{/book(method='edit.html',id=${book.bookId})}">修改</a>
```

（2）在 BookServlet 中新增代码，跳转到修改页面并展示原始数据。

在 BookServlet 的 doPost()方法中增加两个分支（加粗部分），示例代码如下。

```
@Override
protected void doPost(HttpServletRequest request, HttpServletResponse response) throws
ServletException, IOException {
    String method = request.getParameter("method");
    if(method.equals("findAll")){
        findAll(request, response);
    }else if(method.equals("book_add.html")){
        toAddPage(request,response);
    }else if(method.equals("add")){
        add(request, response);
    }else if(method.equals("edit.html")){
        toEditPage(request, response);
    }else if(method.equals("update")){
        update(request, response);
    }
}
```

在 BookServlet 中新增 toEditPage()方法和 update()方法，示例代码如下。

```
protected void toEditPage(HttpServletRequest request,HttpServletResponse response) throws
ServletException, IOException {
    String id = request.getParameter("id");
    Book book = bookService.getById(Integer.parseInt(id));
    request.setAttribute("book",book);
    processTemplate("manager/book_edit",request,response);
}
protected void update(HttpServletRequest request, HttpServletResponse response) throws
ServletException, IOException {
```

```
Map<String, String[]> parameterMap = request.getParameterMap();
Book book=new Book();
try {
    BeanUtils.populate(book,parameterMap);
}catch (IllegalAccessException e) {
    e.printStackTrace();
}catch (InvocationTargetException e) {
    e.printStackTrace();
}

bookService.update(book);
response.sendRedirect(request.getContextPath()+"/book?method=findAll");
}
```

（3）修改 pages/manager/目录下的 book_edit.html 页面，设置页面中表单的请求路径，示例代码如下。

```html
<!DOCTYPE html>
<html xmlns:th="http://www.thymeleaf.org">
<head>
 <meta charset="UTF-8" />
 <meta name="viewport" content="width=device-width, initial-scale=1.0" />
 <title>Document</title>
 <link rel="stylesheet" th:href="@{/static/css/minireset.css}" />
 <link rel="stylesheet" th:href="@{/static/css/common.css}" />
 <link rel="stylesheet" th:href="@{/static/css/style.css}" />
 <link rel="stylesheet" th:href="@{/static/css/cart.css}" />
 <link rel="stylesheet" th:href="@{/static/css/bookManger.css}" />
 <link rel="stylesheet" th:href="@{/static/css/register.css}" />
 <link rel="stylesheet" th:href="@{/static/css/book_edit.css}" />
</head>
<body>
<div class="header">
 <div class="w">
   <div class="header-left">
     <a th:href="@{/index.html}">
       <img th:src="@{/static/img/logo.gif}" alt=""/></a>
     <h1>编辑图书</h1>
   </div>
   <div class="header-right">
     <a href="./book_manager.html" class="order">图书管理</a>
     <a href="./order_manager.html" class="destory">订单管理</a>
     <a th:href="@{/index.html}" class="gohome">返回商城</a>
   </div>
 </div>
</div>
<div class="login_banner">
 <div class="register_form">
   <form th:action=" @{/book?method=update}" method="post">
     <input type="hidden" name="bookId" th:value="${book.bookId}">
     <div class="form-item">
       <div>
         <label>名称:</label>
         <input type="text" placeholder="请输入名称" name="bookName" th:value="${book.bookName}"
/>
       </div>
       <span class="errMess" style="visibility: visible;">请输入正确的名称</span>
     </div>
     <div class="form-item">
       <div>
```

```html
      <label>价格:</label>
      <input type="number" placeholder="请输入价格" name="price" th:value="${book.price}" />
    </div>
    <span class="errMess">请输入正确数字</span>
  </div>
  <div class="form-item">
    <div>
      <label>作者:</label>
      <input type="text" placeholder="请输入作者" name="author" th:value="${book.author}" />
    </div>
    <span class="errMess">请输入正确作者</span>
  </div>
  <div class="form-item">
    <div>
      <label>销量:</label>
      <input type="number" placeholder="请输入销量" name="sales" th:value="${book.sales}" />
    </div>
    <span class="errMess">请输入正确销量</span>
  </div>
  <div class="form-item">
    <div>
      <label>库存:</label>
      <input type="number" placeholder="请输入库存" name="stock" th:value="${book.stock}" />
    </div>
    <span class="errMess">请输入正确库存</span>
  </div>

    <button class="btn">提交</button>
  </form>
  </div>
</div>
</div>
<div class="bottom">
  尚硅谷书城.Copyright ©2015
</div>
</body>
</html>
```

（4）完善业务层和持久层代码。

在 BookService 接口中新增 getById()方法和 update()方法，示例代码如下。

```java
Book getById(Integer id);
void update(Book book);
```

在 BookServiceImpl 实现类中，实现 BookService 接口新增方法，示例代码如下。

```java
@Override
public Book getById(Integer id) {
    return bookDao.getById(id);
}
@Override
public void update(Book book) {
    bookDao.update(book);
}
```

在 BookDao 接口中，新增 getById()方法和 update()方法，示例代码如下。

```java
Book getById(Integer id);
void update(Book book);
```

在 BookDaoImpl 实现类中，实现 BookDao 接口新增方法，示例代码如下。

```java
@Override
```

346

```java
public Book getById(Integer id) {
    try {
        Connection connection = JDBCTools.getConnection();
        String sql="select id bookId,title bookName,author,price,sales,stock,img_path imgPath
from t_books where id=?";
        return runner.query(connection,sql,new BeanHandler<Book>(Book.class),id);
    }catch (SQLException e) {
        e.printStackTrace();
    }finally {
        try {
            JDBCTools.freeConnection();
        }catch (SQLException e) {
            throw new RuntimeException(e);
        }
    }
    return null;
}


@Override
public void update(Book book) {
    try {
        Connection connection = JDBCTools.getConnection();
        String sql="update t_books set title=?,author=?,price=?,sales=?,stock=? where id=?";
        runner.update(connection,sql,book.getBookName(),book.getAuthor(),book.getPrice(),
book.getSales(),book.getStock(),book.getBookId());
    }catch (SQLException e) {
        e.printStackTrace();
        throw new RuntimeException();
    }finally {
        try {
            JDBCTools.freeConnection();
        }catch (SQLException e) {
            throw new RuntimeException(e);
        }
    }
}
```

运行代码，修改前面出现中文乱码的图书，如图 14-23 所示，修改成功。

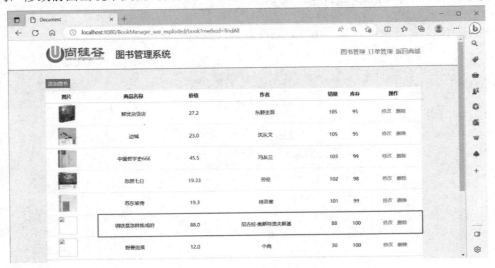

图 14-23　修改图书

14.4.5　删除图书

删除图书的流程相对简单，单击"删除"超链接，将当前图书从数据库中移除即可。具体步骤如下。

（1）修改"删除"超链接，示例代码如下。

```
<a th:href="@{book(method='delete',id=${book.bookId})}" class="del">删除</a>
```

（2）BookServlet 新增处理删除功能的代码。

在 BookServlet 的 doPost()方法中新增一个分支（加粗部分），示例代码如下。

```
@Override
protected void doPost(HttpServletRequest request, HttpServletResponse response) throws
ServletException, IOException {
    String method = request.getParameter("method");
    if(method.equals("findAll")){
        findAll(request, response);
    }else if(method.equals("book_add.html")){
        toAddPage(request,response);
    }else if(method.equals("add")){
        add(request, response);
    }else if(method.equals("edit.html")){
        toEditPage(request, response);
    }else if(method.equals("update")){
        update(request, response);
    }else if(method.equals("delete")){
        delete(request, response);
    }
}
```

在 BookServlet 中实现 delete()方法，示例代码如下。

```
protected void delete(HttpServletRequest request, HttpServletResponse response)
throws ServletException, IOException {
    String id = request.getParameter("id");
    bookService.delete(Integer.parseInt(id));
    response.sendRedirect(request.getContextPath()+
    "/book?method=findAll");
}
```

（3）完善业务层和持久层代码。

在 BookService 接口中新增 delete()方法，示例代码如下。

```
void delete(Integer id);
```

在 BookServiceImpl 实现类中，实现 BookService 接口新增方法，示例代码如下。

```
@Override
public void delete(Integer id) {
    bookDao.delete(id);
}
```

在 BookDao 接口中新增 delete()方法，示例代码如下。

```
void delete(Integer id);
```

在 BookDaoImpl 实现类中，实现 BookDao 接口新增方法，示例代码如下。

```
@Override
public void delete(Integer id) {
    try {
        Connection connection = JDBCTools.getConnection();
        String sql="delete from t_books where id=?";
        runner.update(connection,sql,id);
    }catch (SQLException e) {
        e.printStackTrace();
```

```
}finally {
    try {
        JDBCTools.freeConnection();
    }catch (SQLException e) {
        throw new RuntimeException(e);
    }
}
}
```

运行代码，单击最后一条图书记录对应的"删除"，发现删除成功，表示成功实现该删除功能。

14.5　前台图书展示

同样在 index.html 首页中，展示数据库中真实的图书信息，接下来修改相关代码实现此功能。

（1）修改 IndexServlet 中的 doPost()方法，查询图书数据，存放在 HttpServletRequest 请求域内。

```
@Override
protected void doPost(HttpServletRequest request, HttpServletResponse response) throws
ServletException, IOException {
    BookService bookService=new BookServiceImpl();
    List<Book> all =bookService.findAll();
    request.setAttribute("books",all);
    this.processTemplate("index",request,response);
}
```

（2）在 index.html 页面中，找到 class="list-content"的<div>标签，替换成下面的内容，将请求域中数据渲染到页面上。

```
<div class="list-content">
  <div class="list-item" th:each="book : ${books}">
    <img th:src="${book.imgPath}" alt="">
    <p>书名:<span th:text="${book.bookName}">活着</span></p>
    <p>作者:<span th:text="${book.author}">余华</span></p>
    <p>价格:￥<span th:text="${book.price}">66.6</span></p>
    <p>销量:<span th:text="${book.sales}">230</span></p>
    <p>库存:<span th:text="${book.stock}">1000</span></p>
    <button>加入购物车</button>
  </div>
</div>
```

运行代码，查看首页，如图 14-24 所示，成功展示图书信息。

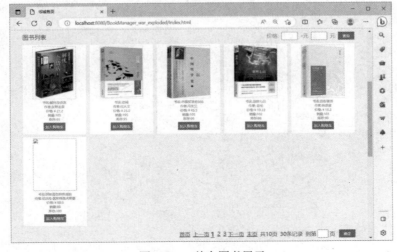

图 14-24　前台图书展示

14.6 购物车功能

购物车中的数据我们选择存储在 session 中，以达到对 session 进行练习目的。购物车功能我们采用前后端分离的方式实现，也就是使用 Vue 框架发送异步请求。购物车功能包括加入购物车、查看购物车、购物车数量的修改、购物车删除商品、购物车清空，以及结账功能。

14.6.1 准备工作

（1）创建 CartItem 类，存储购物项数据，示例代码如下。

```java
package com.atguigu.bean;
import java.math.BigDecimal;

/**
 * 购物项
 * 购物车中一种商品的具体信息
 * 注意：对 setBook/setCount/进行有参构造，添加了 amount 的计算代码
 */
public class CartItem {
    private Book book;//书的信息
    private Integer count;//数量
    private Double amount;//价格(书的单价和数量计算得到的结果)

    //计算金额(书的单价*数量)
    public void setAmount(){
        if(this.book!=null){
            BigDecimal b1=new BigDecimal(this.book.getPrice()+"");
            BigDecimal b2=new BigDecimal(this.count+"");
            this.amount= b1.multiply(b2).doubleValue();
        }
    }

    public CartItem(Book book, Integer count) {
        this.book = book;
        this.count = count;
        setAmount();
    }

    public void setBook(Book book) {
        this.book = book;
        setAmount();
    }

    public void setCount(Integer count) {
        this.count = count;
        setAmount();
    }

    //省略部分代码
}
```

（2）创建 Cart 类，存储购物车数据，示例代码如下。

```java
package com.atguigu.bean;
```

```
//省略 import 语句

public class Cart {
    private Integer totalCount;//总数量
    private Double totalAmount;//总金额
    //将书的 id 值设置 Map 集合的 key
    private Map<Integer,CartItem> cartItemMap=new HashMap<>();
    //该 Map 用于存储很多个购物项

    //省略 get/set 方法
}
```

14.6.2 加入购物车

在首页单击商品下方的"加入购物车"按钮，发送异步请求，完成购物车的添加，具体步骤如下。

（1）修改 index.html 首页相关代码。

在首页中，引入 vue.js 和 axios.min.js 文件，示例代码如下。

```
<script th:src="@{/static/script/vue.js}"></script>
<script th:src="@{/static/script/axios.min.js}"></script>
```

在"加入购物车"按钮上绑定单击事件，示例代码如下。

```
<!--将图书的 id 值存储在按钮的 id 属性上-->
<button @click="addCart" th:id="${book.bookId}">加入购物车</button>
```

并添加 Vue 组件，创建函数发送异步请求，示例代码如下。

```
<script>
  new Vue({
    el:"#app",
    data:{
      totalCount:"[[${session.cart!=null?session.cart.totalCount:0}]]",
      //网页刷新会导致 Vue 重新渲染，因此需要让 totalCount 的值和购物车的总数量相同
    },
    methods:{
      addCart:function () {
        //1. 获取这本书的 id 值(变为获取当前单击按钮的 id 属性值)
        var id=event.target.id;
        //2. 向后台发送异步请求
        axios({
          method:"post",
          url:"cart",
          params:{
            method:"addCart",
            id:id
          }
        }).then(response=>{
          //response.data : {flag:true,resultData:num}
          if(response.data.flag){
            alert("添加购物车成功");
            this.totalCount=response.data.resultData
          }
        })
      }
    }
  })
</script>
```

（2）创建 CartServlet 类，处理加入购物车请求，示例代码如下。

```java
package com.atguigu.servlet.model;
//省略 import 语句

@WebServlet("/cart")
public class CartServlet extends ViewBaseServlet {
    private BookService bookService=new BookServiceImpl();

    @Override
    protected void doGet(HttpServletRequest request, HttpServletResponse response) throws
ServletException, IOException {
        this.doPost(request, response);
    }

    @Override
    protected void doPost(HttpServletRequest request, HttpServletResponse response) throws
ServletException, IOException {
        String method = request.getParameter("method");
        if(method.equals("addCart")){
            addCart(request,response);
        }
    }


    protected void addCart(HttpServletRequest request, HttpServletResponse response) throws
ServletException, IOException {
        //1. 获取书的 id 值
        String id = request.getParameter("id");
        System.out.println("id = " + id);//知道用户点的是哪本书了
        //2. 调用业务层根据 id 查到书的信息(book 就是我们要添加到购物车内的书)
        Book book = bookService.getById(Integer.parseInt(id));
        //3. 判断此次加入购物车是第几次单击的(从 session 域内判断是否存在 Cart 对象)

        HttpSession session = request.getSession();
        Cart cart=(Cart)session.getAttribute("cart");//key 暂时写 cart
        if(cart==null){
            //说明第一次单击加入购物车
            cart=new Cart();
            session.setAttribute("cart",cart);
        }

        //4. 将图书的信息，添加到购物车
        cart.addCart(book);
        //5. 给响应
        //响应中数据除了 ok 成功状态，还需要将购物车的总数量响应回去
        Integer totalCount = cart.getTotalCount();
        CommonResult commonResult = CommonResult.ok().setResultData(totalCount);
        String s = new Gson().toJson(commonResult);
        System.out.println("s = " + s);//{flag:true,resultData:num}
        response.getWriter().write(s);
    }
}
```

（3）在 Cart 类中添加 addCart()方法，将图书加入 Cart 对象的 Map 集合内，并编写代码计算购物车总

数量，示例代码如下。

```java
//加入购物车
public void addCart(Book book){
    //判断这本图书是否是第一次添加?(判断 cartItemMap 中是否有这本书)
    CartItem cartItem = cartItemMap.get(book.getBookId());
    if(cartItem==null){
        //说明这本图书之前没有添加过购物车
        CartItem cartItem1=new CartItem(book,1);
        cartItemMap.put(book.getBookId(),cartItem1);
    }else{
        //说明这本图书之前添加过购物车
        cartItem.setCount(cartItem.getCount()+1);
    }
    System.out.println(cartItemMap);//为了查看 Map 集合内的东西
}


//计算总数量
public Integer getTotalCount(){
    Collection<CartItem> values = getCartItems();
    Integer totalCount=0;
    for (CartItem value : values) {
        totalCount += value.getCount();
    }
    this.totalCount=totalCount;
    return this.totalCount;
}


//获取 Map 中所有购物项
public Collection<CartItem> getCartItems(){
    return cartItemMap.values();
}
```

（4）再次修改首页，右上角的"购物车"超链接上的数字显示为实际购物车数量。

```html
<div class="cart-num">{{totalCount}}</div>
```

注意，登录前后两个位置需要同步修改。然后运行代码，查看首页，如图 14-25 所示。

图 14-25　测试"加入购物车"功能

当前尚未单击"加入购物车"，右上角显示数量为 0，然后单击"解忧杂货店"对应的"加入购物车"按钮，如图 14-26 所示，弹出提示框，表明添加成功。

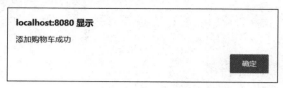

图 14-26　弹出提示框

单击"确定"按钮后，查看右上角购物车数量，由 0 变为 1，表明数量计算成功，如图 14-27 所示。

图 14-27　购物车数量由 0 变为 1

14.6.3　查看购物车

单击首页上"购物车"超链接，跳转至购物车展示页面，利用 Vue 钩子函数发送异步请求到服务器端，获取购物车的相关数据，再通过 Vue 渲染到页面上，具体步骤如下。

（1）修改首页中"购物车"超链接的请求路径，示例代码如下。

```
<a th:href="@{/cart?method=toCartPage}" class="cart iconfont icon-gouwuche">
    购物车
    <div class="cart-num">{{totalCount}}</div>
</a>
```

注意，登录前后两个位置需要同步修改。

（2）修改 CartServlet 类，编写代码处理购物车查看功能。

在 CartServlet 类的 doPost()方法中新增以下两个分支（加粗部分），示例代码如下。

```
@Override
protected void doPost(HttpServletRequest request, HttpServletResponse response) throws
ServletException, IOException {
    String method = request.getParameter("method");
    if(method.equals("addCart")){
        addCart(request,response);
    }else if(method.equals("toCartPage")){
        toCartPage(request,response);
    }else if(method.equals("showCart")){
        showCart(request,response);
    }
}
```

在 CartServlet 中新增方法，toCartPage()方法实现去购物车页面；showCart()方法实现展示购物车信息。示例代码如下。

```
protected void toCartPage(HttpServletRequest request,
HttpServletResponse response) throws ServletException, IOException {
    processTemplate("cart/cart",request,response);
}
protected void showCart(HttpServletRequest request, HttpServletResponse response) throws
ServletException, IOException {
    //1. 获取购物车所需要的数据
    HttpSession session = request.getSession();
    Cart cart = (Cart)session.getAttribute("cart");

    responseData(cart,request,response);
}
protected void responseData(Cart cart,HttpServletRequest request, HttpServletResponse
response) throws ServletException, IOException {
    Integer totalCount=0;
    Double totalAmount=0D;
    Collection<CartItem> cartItems=new ArrayList<>();
    if(cart!=null){
        totalCount=cart.getTotalCount();
        totalAmount=cart.getTotalAmount();
        cartItems=cart.getCartItems();
    }
    //2. 将数据响应给 JavaScript
    List cartAll=new ArrayList();//[totalCount,totalAmount,[{},{},{}...]]
    cartAll.add(totalCount);
    cartAll.add(totalAmount);
    cartAll.add(cartItems);
    CommonResult commonResult = CommonResult.ok().setResultData(cartAll);
    //{flag:true,resultData:[totalCount,totalAmount,[{},{},{}...]]}

    String s = new Gson().toJson(commonResult);

    response.getWriter().write(s);
}
```

（3）Cart 类中新增 getTotalAmount()方法，获取购物车总金额，示例代码如下。

```
public Double getTotalAmount(){

    Collection<CartItem> values = getCartItems();
    BigDecimal b1=new BigDecimal("0");
    for (CartItem value : values) {
        BigDecimal b2=new BigDecimal(value.getAmount()+"");
        b1=b1.add(b2);
    }
    this.totalAmount=b1.doubleValue();
    return this.totalAmount;
}
```

（4）修改 pages/Cart/目录下的 cart.html 购物车页面，示例代码如下。

```
<!DOCTYPE html>
<html lang="en" xmlns:th="http://www.thymeleaf.org">
<head>
  <meta charset="UTF-8" />
  <meta name="viewport" content="width=device-width, initial-scale=1.0" />
  <title>Document</title>
  <link rel="stylesheet" th:href="@{/static/css/minireset.css}" />
```

```html
    <link rel="stylesheet" th:href="@{/static/css/common.css}" />
    <link rel="stylesheet" th:href="@{/static/css/cart.css}" />

    <script th:src="@{/static/script/vue.js}"></script>
    <script th:src="@{/static/script/axios.min.js}"></script>
</head>
<body>
<div id="app">
  <div class="header">
    <div class="w">
      <div class="header-left">
        <a th:href="@{/index.html}">
          <img th:src="@{/static/img/logo.gif}" alt=""/></a>
        <h1>我的购物车</h1>
      </div>
      <div class="header-right">
        <h3>欢迎<span>张总</span>光临尚硅谷书城</h3>
        <div class="order"><a href="order? flag=showOrder">我的订单</a></div>
        <div class="destory"><a href="index.html">注销</a></div>
        <div class="gohome">
          <a th:href="@{/index.html}">返回</a>
        </div>
      </div>
    </div>
  </div>
</div>
<div class="list">
  <div class="w">
    <table>
      <thead>
      <tr>
        <th>图片</th>
        <th>商品名称</th>
        <th>数量</th>
        <th>单价</th>
        <th>金额</th>
        <th>操作</th>
      </tr>
      </thead>
      <tbody v-if="totalCount==0">
      <tr>
        <td colspan="6">
          <b>购物车为空，请单击继续购物</b>
        </td>
      </tr>
      </tbody>
      <tbody v-else>
      <tr v-for="cartItem in cartItemList">
        <td>
          <img :src="cartItem.book.imgPath" alt="" />
        </td>
        <td>{{cartItem.book.bookName}}</td>
        <td>
          <!--将图书的 id 值，放在 input 表单的 id 属性上-->
          <span class="count" @click="subCount">-</span>
          <input class="count-num" type="text" v-model="cartItem. count" : id= "cartItem.book.
```

```
bookId" @change="changeCount"/>
          <span class="count" @click="addCount">+</span>
        </td>
        <td>{{cartItem.book.price}}</td>
        <td>{{cartItem.amount}}</td>
        <td><a href="" @click.prevent="deleteCartItem" :id="cartItem.book.bookId">删除
</a></td>
      </tr>
      </tbody>
    </table>
    <div class="footer">
      <div class="footer-left">
        <a href="#" class="clear-cart" @click.prevent="clearCart">清空购物车</a>
        <a href="#">继续购物</a>
      </div>
      <div class="footer-right">
        <div>共<span>{{totalCount}}</span>件商品</div>
        <div class="total-price">总金额<span>{{totalAmount}}</span>元</div>
        <a class="pay" href="order?flag=checkout">去结账</a>
      </div>
    </div>
  </div>
</div>
<div class="bottom">
  <div class="w">
    <div class="top">
      <ul>
        <li>
          <a href="">
            <img src="static/img/bottom1.png" alt="" />
            <span>大咖级讲师亲自授课</span>
          </a>
        </li>
        <li>
          <a href="">
            <img src="static/img/bottom.png" alt="" />
            <span>课程为学员成长持续赋能</span>
          </a>
        </li>
        <li>
          <a href="">
            <img src="static/img/bottom2.png" alt="" />
            <span>学员真实情况大公开</span>
          </a>
        </li>
      </ul>
    </div>
    <div class="content">
      <dl>
        <dt>关于尚硅谷</dt>
        <dd>教育理念</dd>
        <!-- <dd>名师团队</dd><dd>学员心声</dd> -->
      </dl>
      <dl>
        <dt>资源下载</dt>
```

```
            <dd>视频下载</dd>
            <!-- <dd>资料下载</dd><dd>工具下载</dd> -->
          </dl>
          <dl>
            <dt>加入我们</dt>
            <dd>招聘岗位</dd>
            <!-- <dd>岗位介绍</dd><dd>招贤纳士</dd> -->
          </dl>
          <dl>
            <dt>联系我们</dt>
            <dd>http://www.atguigu.com</dd>
            <dd></dd>
          </dl>
        </div>
      </div>
      <div class="down">
        尚硅谷书城.Copyright ©2015
      </div>
    </div>
  </div>
</div>
<script>
  new Vue({
    el:"#app",
    data:{
      totalCount:"0",
      totalAmount:"0",
      cartItemList:[]
    },
    methods:{},
    created:function () {
      //在 Vue 对象创建完后去发送异步请求，获取到购物车的数据，赋值给数据模型
      axios({
        method:"post",
        url:"cart",
        params:{
          method:"showCart"
        }
      }).then(
        response => {
        var result=response.data;
        if(result.flag){
          //将数据复制给数据模型
          this.totalCount=result.resultData[0];
          this.totalAmount=result.resultData[1];
          this.cartItemList=result.resultData[2];
        }
      }
)
    }
  }
)
</script>
</body>
</html>
```

运行代码，单击首页的"购物车"超链接，成功跳转购物车页面。如图 14-28 所示，由于尚未添加图

书到购物车，所以数据为空。然后回到首页，添加几本图书到购物车，如图 14-29 所示。

图 14-28　购物车为空

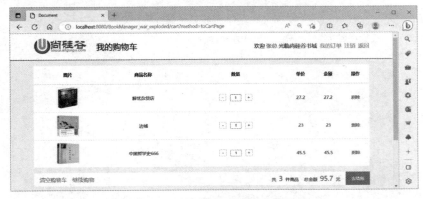

图 14-29　添加图书到购物车并展示

从图 14-29 中可知，添加购物车成功，并成功展示图书信息。

14.6.4　购物车中数量的加减和修改

在购物车页面，我们可以对购物项的数量进行增加或减少，也可以直接修改数量。实现思路是在加号/减号上绑定 click 事件，在数量的文本框上绑定 change 事件，然后创建对应的函数发送异步请求到服务器端进行数量的改变。具体步骤如下。

- CartServlet 中创建方法处理请求。
- Cart 类中创建方法对购物车中购物项的数量进行修改。

（1）修改 cart.html 页面代码。

在该页面，图书所对应的加号/减号，以及数量的文本框上绑定事件，示例代码如下。

```html
<td>
<!--将图书的 id 值，放在了 input 表单的 id 属性上-->
 <span class="count" @click="subCount">-</span>
 <input class="count-num" type="text" v-model="cartItem.count" :id="cartItem.book.bookId" @change="changeCount"/>
 <span class="count" @click="addCount">+</span>
</td>
```

修改 Vue 代码，在 methods 中创建如下函数，发送异步请求到服务器端，示例代码如下。

```javascript
addCount:function () {
    //获得到图书的 id 值
    var id=event.target.previousElementSibling.id;
    axios({
        method:"post",
        url:"cart",
        params:{
            method:"addCount",
            id:id
```

```
    }
  }).then(response=>{
    var result=response.data
    if(result.flag){
      //将数据复制给数据模型
      this.totalCount=result.resultData[0];
      this.totalAmount=result.resultData[1];
      this.cartItemList=result.resultData[2];
    }
  })
},
subCount:function () {
  var id=event.target.nextElementSibling.id;
  axios({
    method:"post",
    url:"cart",
    params:{
      method:"subCount",
      id:id
    }
  }).then(response=>{
    var result=response.data
    if(result.flag){
      //将数据复制给数据模型
      this.totalCount=result.resultData[0];
      this.totalAmount=result.resultData[1];
      this.cartItemList=result.resultData[2];
    }
  })
},
changeCount:function () {
  var id=event.target.id;
  //count 可以做一个正则验证，非数字提示非法字符，不进行异步请求的发送
  var count=event.target.value;
  axios({
    method:"post",
    url:"cart",
    params:{
      method:"changeCount",
      id:id,
      count:count
    }
  }).then(response=>{
    var result=response.data
    if(result.flag){
      //将数据复制给数据模型
      this.totalCount=result.resultData[0];
      this.totalAmount=result.resultData[1];
      this.cartItemList=result.resultData[2];
    }
  })
}
```

（2）修改 CartServlet 类，创建方法处理请求。

在 CartServlet 的 doPost()方法中新增三个分支（加粗部分），示例代码如下。

```
@Override
protected void doPost(HttpServletRequest request, HttpServletResponse response) throws
ServletException, IOException {
    String method = request.getParameter("method");
    if(method.equals("addCart")){
        addCart(request,response);
    }else if(method.equals("toCartPage")){
        toCartPage(request,response);
    }else if(method.equals("showCart")){
        showCart(request,response);
    }else if(method.equals("addCount")){
        addCount(request,response);
    }else if(method.equals("subCount")){
        subCount(request,response);
    }else if(method.equals("changeCount")){
        changeCount(request,response);
    }
}
```

在 CartServlet 中新增方法，addCount()实现增加购物车数量；subCount()实现减少购物车数量；changeCount()实现修改购物车数量，示例代码如下。

```
protected void addCount(HttpServletRequest request,HttpServletResponse response) throws
ServletException, IOException {
    String id = request.getParameter("id");
    HttpSession session = request.getSession();
    Cart cart = (Cart)session.getAttribute("cart");
    cart.addCount(Integer.parseInt(id));
    responseData(cart,request,response);
}

protected void subCount(HttpServletRequest request, HttpServletResponse response) throws
ServletException, IOException {
    String id = request.getParameter("id");
    HttpSession session = request.getSession();
    Cart cart = (Cart)session.getAttribute("cart");
    cart.subCount(Integer.parseInt(
id)
);
    responseData(cart,request,response);
}

protected void changeCount(HttpServletRequest request, HttpServletResponse response) throws
ServletException, IOException {
    String id = request.getParameter("id");
    String count = request.getParameter("count");
    HttpSession session = request.getSession();
    Cart cart = (Cart)session.getAttribute("cart");
    cart.changeCount(Integer.parseInt(id),Integer.parseInt(count));
    responseData(cart,request,response);
}
```

（3）在 Cart 类中同样新增 addCount()、subCount()、changeCount()方法，示例代码如下。

```
public void addCount(Integer id){
    CartItem cartItem = cartItemMap.get(id);
    cartItem.setCount(cartItem.getCount()+1);
}
```

```
public void subCount(Integer id){
    CartItem cartItem = cartItemMap.get(id);
    if(cartItem.getCount()==1){
        cartItemMap.remove(id);
    }else{
        cartItem.setCount(cartItem.getCount()-1);
    }
}

public void changeCount(Integer id,Integer count){
    CartItem cartItem = cartItemMap.get(id);
    cartItem.setCount(count);
}
```

运行代码，如图 14-30 所示，测试购物车中图书数量的加减和修改，发现总数量和总金额随之改变，表明修改成功。

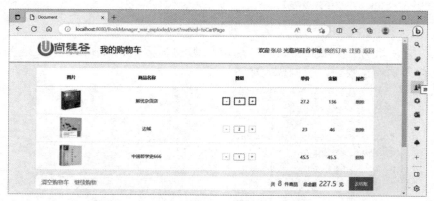

图 14-30　加减和修改购物车中图书数量

14.6.5　删除购物项和清空购物车

在购物车页面可以单击删除，将当前购物项从购物车中删除，单击清空购物车，将购物车对象直接从 session 中删除即可。具体步骤如下。

（1）修改 cart.html 文件相关代码。

在"删除"和"清空购物车"超链接上绑定单击事件，示例代码如下。

```
<td>
<a href="" @click.prevent="deleteCartItem" :id="cartItem.book.bookId">删除</a>
</td>

<a href="#" class="clear-cart" @click.prevent="clearCart">清空购物车</a>
```

修改 Vue 代码，创建对应的函数，发送异步请求到 CartServlet，示例代码如下。

```
clearCart:function () {
 //发送请求到服务器端，将购物车数据清空
 axios({
   method:"post",
   url:"cart",
   params:{
     method:"clearCart"
   }
 }).then(response=>{
   if(response.data.flag){
     this.totalCount=0;
     this.totalAmount=0;
```

```
      this.cartItemList=[];
    }
  })
},
deleteCartItem:function () {
  var id=event.target.id;//获取到购物项图书的 id 值(删除购物项的条件)
  axios({
    method:"post",
    url:"cart",
    params:{
      method:"deleteCartItem",
      id:id
    }
  }).then(response=>{
    var result=response.data
    if(result.flag){
      //将数据复制给数据模型
      this.totalCount=result.resultData[0];
      this.totalAmount=result.resultData[1];
      this.cartItemList=result.resultData[2];
    }
  })
},
```

（2）在 CartServlet 中新增代码处理删除和清空购物车请求。

在 CartServlet 的 doPost()方法中新增两个分支（加粗部分），示例代码如下。

```
@Override
protected void doPost(HttpServletRequest request, HttpServletResponse response) throws
ServletException, IOException {
    String method = request.getParameter("method");
    if(method.equals("addCart")){
        addCart(request,response);
    }else if(method.equals("toCartPage")){
        toCartPage(request,response);
    }else if(method.equals("showCart")){
        showCart(request,response);
    }else if(method.equals("addCount")){
        addCount(request,response);
    }else if(method.equals("subCount")){
        subCount(request,response);
    }else if(method.equals("changeCount")){
        changeCount(request,response);
    }else if(method.equals("clearCart")){
        clearCart(request,response);
    }else if(method.equals("deleteCartItem")){
        deleteCartItem(request,response);
    }
}
```

并在 CartServlet 中创建 deleteCartItem()和 clearCart()两个方法，示例代码如下。

```
protected void clearCart(HttpServletRequest request,HttpServletResponse response) throws
ServletException, IOException {
    request.getSession().removeAttribute("cart");
    CommonResult ok = CommonResult.ok();
    String s = new Gson().toJson(ok);
    response.getWriter().write(s);
}
```

```
protected void deleteCartItem(HttpServletRequest request, HttpServletResponse response)
throws ServletException, IOException {
    //获得到请求参数
    String id = request.getParameter("id");
    HttpSession session = request.getSession();
    //获得到购物车对象
    Cart cart = (Cart) session.getAttribute("cart");
    //删除购物项
    cart.deleteCartItem(Integer.parseInt(id));
    if(cart.getTotalCount()==0){
        session.removeAttribute("cart");
    }
    //删完之后，该怎么办？
    responseData(cart,request,response);
}
```

（3）在 Cart 类中同样创建 deleteCartItem()方法，实现删除购物项操作。

```
//删除购物项
public void deleteCartItem(Integer id){
    cartItemMap.remove(id);
}
```

运行代码，单击购物车页面的"删除"超链接发现对应图书信息被删除，然后单击"清空购物车"发现购物车为空。

14.7　结账功能

在购物车页面，可以单击"去结账"超链接进行订单的创建，由于付款功能没有介绍，所以暂且跳过付款功能，这里只创建订单即可，并且为了减少前端代码，结账功能默认针对购物车中的所有商品，省略选择商品的环节。

14.7.1　准备工作

针对订单表 t_order 和订单详情表 t_order_item，创建对应的两个实体类。

创建 Order 订单类，示例代码如下。

```
public class Order {
    private Integer orderId;
    private String orderSequence;
    private String createTime;
    private Integer totalCount;
    private Double totalAmount;
    private Integer orderStatus;
    private Integer userId;

    //省略 get、set 等方法
}
```

创建 OrderItem 订单详情类，示例代码如下。

```
public class OrderItem {
    private Integer itemId;
    private String bookName;
    private Double price;
    private String imgPath;
    private Integer itemCount;
    private Double itemAmount;
```

```
    private Integer orderId;

    //省略 get、set 等方法
}
```

14.7.2 登录状态检查

由于"结账"功能和"我的订单"功能都需要获取当前登录人的信息,如果不进行登录就单击"结账"或"我的订单",就会出现异常,因此我们创建一个过滤器,用于检查登录状态,如果处于登录状态就放行,如果不处于登录状态就跳转至登录页面,让用户进行登录。

```
package com.atguigu.filter;
//省略 import 语句

@WebFilter(urlPatterns = "/order")
public class LoginFilter implements Filter {
    public void destroy() {
}
    public void doFilter(ServletRequest req, ServletResponse resp, FilterChain chain) throws
ServletException, IOException {
        //1. 检查本次请求是否处于登录状态
        HttpServletRequest request = (HttpServletRequest) req;
        HttpServletResponse response = (HttpServletResponse) resp;
        HttpSession session = request.getSession();
        Object user = session.getAttribute("user");
        if(user==null){
            //说明不处于登录状态(跳转至登录页面)
            response.sendRedirect(request.getContextPath()+"/user?method=login.html");
        }else{
            //说明处于登录状态
            chain.doFilter(req, resp);
        }
    }
    public void init(FilterConfig config) throws ServletException {
    }
}
```

同时,完善项目页面中涉及显示用户名的头信息,从 session 中获取数据进行展示。示例代码如下。

```
<h3>
    欢迎<span><b th:text="${session.user.username}">张总</b></span>光临尚硅谷书城</h3>
```

14.7.3 结账

单击"去结账",发送请求到服务器端,需要从 session 中获取购物车数据,创建订单项数据和订单数据,以及购物车清空操作。具体步骤如下。

(1)修改 cart.html 页面中"去结账"超链接,示例代码如下。

```
<a class="pay" th:href="@{/order?method=checkout}">去结账</a>
```

(2)创建 OrderServlet 类,并声明 checkout()方法处理结账请求,示例代码如下。

```
package com.atguigu.servlet.model;
//省略 import 语句

@WebServlet("/order")
public class OrderServlet extends ViewBaseServlet {
    private OrderService orderService=new OrderServiceImpl();
```

```
    @Override
    protected void doGet(HttpServletRequest request,HttpServletResponse response) throws
ServletException, IOException {
        this.doPost(request, response);
    }

    @Override
    protected void doPost(HttpServletRequest request,HttpServletResponse response) throws
ServletException, IOException {
        String method = request.getParameter("method");
        if(method.equals("checkout")){
            checkout(request, response);
        }
    }
    protected void checkout(HttpServletRequest request,HttpServletResponse response) throws
ServletException, IOException {
        //处理结账的请求
        //1. 获取处理请求需要的相关数据
        //1.1 需要购物车的数据
        HttpSession session = request.getSession();
        Cart cart = (Cart) session.getAttribute("cart");
        //1.2 当前登录人的 User 对象
        User user=(User)session.getAttribute("user");
        //2. 调用业务层处理业务
        String sequence = orderService.checkout(cart, user);
        //2.1 清空购物车
        request.getSession().removeAttribute("cart");
        //3. 给响应
        request.setAttribute("sequence",sequence);
        processTemplate("cart/checkout",request,response);
    }
}
```

（3）完善业务层和持久层代码。

创建 OrderService 接口，并声明 checkout()方法，示例代码如下。

```
package com.atguigu.service;
//省略 import 语句

public interface OrderService {
    /*
     * 返回值：订单号
     * 参数：购物车对象和当前登录人的 User 对象
     */
    String checkout(Cart cart, User user);
}
```

创建 OrderServiceImpl 实现类，实现 OrderService 接口中的方法，示例代码如下。

```
package com.atguigu.service.impl;
//省略 import 语句

public class OrderServiceImpl implements OrderService {

    private OrderDao orderDao=new OrderDaoImpl();
    private OrderItemDao orderItemDao=new OrderItemDaoImpl();
    private BookDao bookDao=new BookDaoImpl();
```

```java
    @Override
    public String checkout(Cart cart, User user) {
        //1. 新增订单记录
        //1.1 准备订单数据
        String orderSequence="atguigu"+System.currentTimeMillis();
        SimpleDateFormat sdf=new SimpleDateFormat("yyyy-MM-dd HH:mm:ss");
        String date = sdf.format(new Date());
        Order order=new Order(null,orderSequence,date,cart.getTotalCount(),
        cart.getTotalAmount(),0,user.getId());
        //1.2 进行订单的新增操作
        orderDao.insert(order);
        //2. 新增订单项记录
        //2.1 获取刚刚新增订单的 id 值
        Integer orderId = orderDao.getId(orderSequence);
        //2.2 获取所有的购物项
        Collection<CartItem> cartItems = cart.getCartItems();
        for (CartItem cartItem : cartItems) {
            //2.3 准备订单项的数据
            OrderItem orderItem=new OrderItem(null, cartItem.getBook().getBookName(),
cartItem.getBook().getPrice(), cartItem.getBook().getImgPath(), cartItem.getCount(),
cartItem.getAmount(), orderId);
            //2.4 调用 dao 层进行数据的新增
            orderItemDao.insert(orderItem);
            //3. 修改图书的库存和销量
            Book book = cartItem.getBook();
            book.setStock(book.getStock()-cartItem.getCount());
            book.setSales(book.getSales()+cartItem.getCount());

            bookDao.update(book);
        }
        return orderSequence;
    }
}
```

创建 OrderDao 接口，声明 getId()和 insert()方法，示例代码如下。

```java
package com.atguigu.dao;
import com.atguigu.bean.Order;

public interface OrderDao {
    void insert(Order order);
    Integer getId(String sequence);
}
```

创建 OrderDaoImpl 实现类，并实现 OrderDao 接口，示例代码如下。

```java
package com.atguigu.dao.impl;
//省略 import 语句

public class OrderDaoImpl implements OrderDao {
    private QueryRunner runner=new QueryRunner();
    @Override
    public void insert(Order order) {
        try {
            Connection connection = JDBCTools.getConnection();
            String sql="insert into t_order values(null,?,?,?,?,?,?)";
            runner.update(connection,sql,order.getOrderSequence(),
            order.getCreateTime(),order.getTotalCount(),
```

```
            order.getTotalAmount(),order.getOrderStatus(),order.getUserId());
        }catch (SQLException e) {
            e.printStackTrace();
            throw new RuntimeException();
        }finally {
            try {
                JDBCTools.freeConnection();
            }catch (SQLException e) {
                throw new RuntimeException(e);
            }
        }
    }


    @Override
    public Integer getId(String sequence) {
        try {
            Connection connection = JDBCTools.getConnection();
            String sql="select order_id from t_order where order_sequence=?";
            return (Integer) runner.query(connection, sql,
            new ScalarHandler(), sequence);
        }catch (SQLException e) {
            e.printStackTrace();
            throw new RuntimeException();
        }finally {
            try {
                JDBCTools.freeConnection();
            }catch (SQLException e) {
                throw new RuntimeException(e);
            }
        }
    }
}
```

创建 OrderItemDao 接口，声明 insert()方法，示例代码如下。

```
package com.atguigu.dao;
import com.atguigu.bean.OrderItem;

public interface OrderItemDao {
    void insert(OrderItem orderItem);
}
```

创建 OrderItemDaoImpl 实现类，并实现 OrderItemDao 接口，示例代码如下。

```
package com.atguigu.dao.impl;
//省略 import 语句

public class OrderItemDaoImpl implements OrderItemDao {
    private QueryRunner runner=new QueryRunner();
    @Override
    public void insert(OrderItem item) {
        try {
            Connection connection = JDBCTools.getConnection();
            String sql="insert into t_order_item values(null,?,?,?,?,?,?)";
            runner.update(connection,sql,item.getBookName(),item.getPrice(),
            item.getImgPath(),item.getItemCount(),
            item.getItemAmount(),item.getOrderId());
        }catch (SQLException e) {
            e.printStackTrace();
```

```
            throw new RuntimeException();
        }finally {
            try {
                JDBCTools.freeConnection();
            }catch (SQLException e) {
                throw new RuntimeException(e);
            }
        }
    }
}
```

（4）修改 checkout.html 结算页面，进行数据渲染，示例代码如下。

```html
<!DOCTYPE html>
<html xmlns:th="http://www.thymeleaf.org">
<head>
<meta charset="UTF-8">
<title>结算页面</title>
<link type="text/css" rel="stylesheet" th:href="@{/static/css/style.css}" >
    <link rel="stylesheet" th:href="@{/static/css/minireset.css}" />
    <link rel="stylesheet" th:href="@{/static/css/common.css}" />
    <link rel="stylesheet" th:href="@{/static/css/cart.css}" />
<style type="text/css">
    h1 {
        text-align: center;
        margin-top: 200px;
        font-size: 26px;
    }
    .oid{
        color: red;
        font-weight: bolder;
    }
</style>
</head>
<body>
    <div class="header">
        <div class="w">
            <div class="header-left">
                <a th:href="@{/index.html}">
                    <img th:src="@{/static/img/logo.gif}" alt=""
                    /></a>
                <span>我的购物车</span>
            </div>
            <div class="header-right">
                <h3>欢迎<span>张总</span>光临尚硅谷书城</h3>
                <div class="order">
                    <a href="../order/order.html">我的订单</a></div>
                <div class="destory"><a th:href="@{/index.html}">注销</a></div>
                <div class="gohome">
                    <a th:href="@{/index.html}">返回</a>
                </div>
            </div>
        </div>
    </div>

    <div id="main">
        <h1>你的订单已结算，订单号为:<span class="oid">546845626455846</span></h1>
```

```
    </div>

    <div id="bottom">
        <span>
            尚硅谷书城.Copyright &copy;2015
        </span>
    </div>
</body>
</html>
```

运行代码，从首页添加几本图书到购物车，如图 14-31 所示，单击"去结账"按钮。

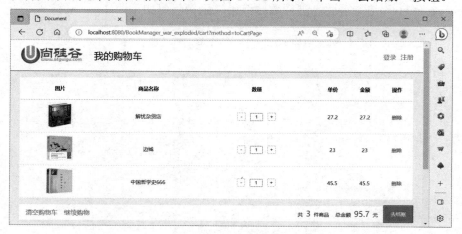

图 14-31　单击"去结账"按钮

由于当前未登录，所以跳转登录页面，成功实现登录拦截。然后再次回到首页来到购物车，单击"去结账"按钮，如图 14-32 所示，生成订单编号。

图 14-32　生成订单编号

如果在已登录的状态下，单击"去结账"按钮将直接跳转该页面，生成订单编号。

14.7.4　我的订单

在登录成功页面和购物车页面都有"我的订单"超链接，单击"我的订单"将当前账户的订单展示在页面上，具体步骤如下。

（1）修改"我的订单"超链接，示例代码如下。

```
<a th:href="@{order?method=showOrder}">我的订单</a>
```

（2）在 OrderServlet 的 doPost()方法中增加一个分支（加粗部分），示例代码如下。

```
@Override
protected void doPost(HttpServletRequest request, HttpServletResponse response) throws
ServletException, IOException {
    String method = request.getParameter("method");
    if(method.equals("checkout")){
        checkout(request, response);
    }else if(method.equals("showOrder")){
        showOrder(request,response);
    }
}
```

并在 OrderServlet 类中，创建 showOrder()方法，示例代码如下。

```
protected void showOrder(HttpServletRequest request,
HttpServletResponse response) throws ServletException, IOException {
    //1. 获取到当前登录人的 User 对象
    HttpSession session = request.getSession();
    User user=(User)session.getAttribute("user");
    //2. 调用业务层处理业务
    List<Order> orders = orderService.showOrder(user.getId());
    //3. 给响应
    request.setAttribute("orders",orders);
    processTemplate("order/order",request,response);
}
```

（3）完善业务层和持久层代码。

在 OrderService 接口中，创建 showOrder()方法，示例代码如下。

```
List<Order> showOrder(Integer userId);
```

在 OrderServiceImpl 实现类中，实现 OrderService 接口的方法，示例代码如下。

```
@Override
public List<Order> showOrder(Integer userId) {
    return orderDao.findOrderByUserId(userId);
}
```

在 OrderDao 接口中，创建 findOrderByUserId()方法，示例代码如下。

```
List<Order> findOrderByUserId(Integer userId);
```

在 OrderDaoImpl 实现类中，实现 OrderDao 接口的方法，示例代码如下。

```
@Override
public List<Order> findOrderByUserId(Integer userId) {
    try {
        Connection connection = JDBCTools.getConnection();
        String sql="select " +
                "order_id orderId,order_sequence orderSequence," +
                "create_time createTime,total_count totalCount," +
                "total_amount totalAmount,order_status orderStatus,user_id userId " +
                "from t_order where user_id=?";
        return                                    runner.query(connection,sql,new
BeanListHandler<Order>(Order.class),userId);
    }catch (SQLException e) {
        e.printStackTrace();
    }finally {
        try {
            JDBCTools.freeConnection();
        }catch (SQLException e) {
            throw new RuntimeException(e);
```

```
        }
    }
    return null;
}
```

运行代码，单击"我的订单"进入订单页面，如图 14-33 所示。

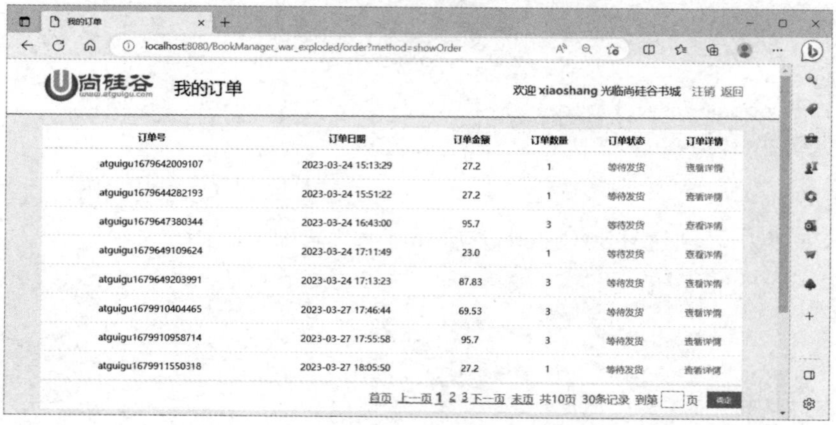

图 14-33　我的订单

14.8　本章小结

　　本章主要介绍了尚硅谷书城项目，该项目整合了全书所有的技术知识，功能模块包括用户管理模块、后台管理模块、前台图书展示、购物车功能及结账功能等。通过本章的学习，巩固和提升对 JavaWeb 相关知识的掌握和综合应用，加深对项目的理解和开发能力。